OPUSCULES MATHÉMATIQUES,

OU

MÉMOIRES sur différens sujets de GÉOMÉTRIE, de MÉCHANIQUE, D'OPTIQUE, D'ASTRONOMIE &c.

Par M. D'ALEMBERT, de l'Académie Françoise, des Académies Royales des Sciences de France, de Prusse & d'Angleterre, de l'Académie Royale des Belles-Lettres de Suéde, & de l'Institut de Bologne.

TOME SECOND.

A PARIS,

Chez DAVID, rue & vis-à-vis la grille des Mathurins.

M. DCC. LXI.

AVEC APPROBATION ET PRIVILÉGE DU ROI.

TABLE
DES MÉMOIRES
Contenus en ce ſecond Tome.

DIXIÉME MÉMOIRE.

ONZIÉME MÉMOIRE.

DOUZIÉME MÉMOIRE.

TREIZIÉME MÉMOIRE.

QUATORZIÉME MÉMOIRE.

QUINZIÉME MÉMOIRE.

OPUSCULES

OPUSCULES

MATHÉMATIQUES.

DIXIÉME MÉMOIRE.

Réfléxions sur le calcul des Probabilités.

I.

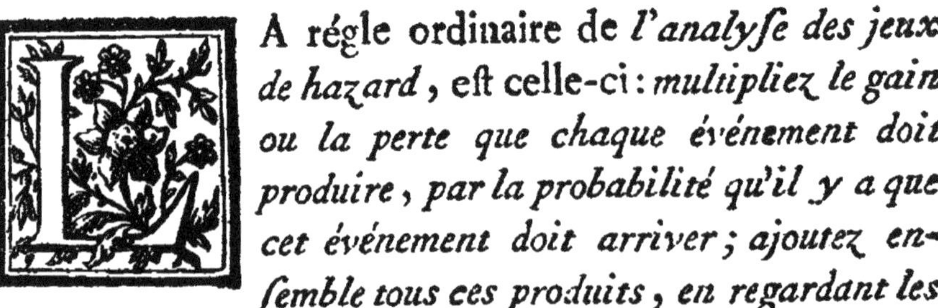

LA régle ordinaire de *l'analyse des jeux de hazard*, est celle-ci : *multipliez le gain ou la perte que chaque événement doit produire, par la probabilité qu'il y a que cet événement doit arriver ; ajoutez ensemble tous ces produits, en regardant les pertes comme des gains négatifs ; & vous aurez l'espérance du joueur, ou, ce qui revient au même, la somme*

que ce joueur devroit donner avant le jeu, pour commencer à jouer but-à-but. Aucun Analyſte, que je ſache, n'a juſqu'ici révoqué cette régle en doute, & tous s'y ſont conformés dans les calculs qu'ils ont faits des différentes probabilités. Il ſe trouve néanmoins des cas où elle paroît être en défaut, & qui vont faire la matiere de quelques réfléxions.

I I.

Le premier de ce cas eſt celui dont il eſt fait mention dans le Tome V des Mémoires de l'Académie de Peterſbourg. Pierre joue avec Jacques à *croix* ou *pile*, à cette condition, que ſi Pierre amene *croix* au premier coup, Jacques lui donnera un écu; s'il n'amene *croix* qu'au ſecond coup, deux écus; ſi au troiſiéme coup, quatre écus; ſi au quatriéme, huit écus, & ainſi de ſuite en progreſſion Géométrique; on demande l'eſpérance de Pierre, ou ce qu'il doit donner à Jacques pour jouer avec lui à jeu égal.

Suivant les régles ordinaires, la probabilité que *croix* arrivera au premier coup, eſt $\frac{1}{2}$, au ſecond coup $\frac{1}{4}$, au troiſiéme $\frac{1}{8}$, &c. & ainſi de ſuite; donc conformément à la régle ci-deſſus, l'eſpérance ou l'enjeu de Pierre ſeroit $1 \times \frac{1}{2} + 2 \times \frac{1}{4} + 4 \times \frac{1}{8} +$ &c. $= \frac{1}{2} + \frac{1}{2} + \frac{1}{2}$ &c. à l'infini $= \infty$; c'eſt-à-dire, que Pierre devroit donner à Jacques avant de commencer le jeu, une ſomme infinie, pour jouer avec lui à jeu égal. Or, indépendamment de ce qu'une *ſomme infinie* eſt une chimere, il n'y a perſonne qui voulût donner pour jouer à ce jeu, je ne dis pas une ſomme infinie, mais même une ſomme aſſez modique. La régle paroît donc être en défaut, au moins pour ce cas.

III.

La premiere idée qui ſe préſente pour la juſtifier, eſt de dire, que ſi l'eſpérance où l'enjeu de Pierre ſe trouve infini, c'eſt parce qu'on ſuppoſe tacitement que le jeu doit ou peut durer un tems infini ; c'eſt-à-dire, que *croix* peut n'arriver qu'après un nombre infini de jets. Or, dira-t-on, cette ſuppoſition eſt abſurde ; car il faudra bien que *croix* arrive enfin après un nombre de jets *fini*, ſi grand qu'on voudra. Le jeu propoſé ne doit donc pas durer toujours, ne le ſauroit même, & par conſéquent l'eſpérance de Pierre n'eſt que finie.

IV.

A cela je réponds d'abord qu'on ſuppoſe gratuitement que *croix* doit arriver *néceſſairement* après un nombre fini de coups ; car il eſt dans l'ordre des choſes poſſibles (telles que l'analyſe ordinaire des jeux de hazard les conſidere) que *pile* arrive à tous les coups, & que par conſéquent *croix* n'arrive jamais. L'analyſe des jeux de hazard (telle encore une fois que tous les Mathématiciens l'ont ſuivie juſqu'à préſent) ſuppoſe que toutes les combinaiſons ſont également poſſibles, chacune en particulier. Que l'on joue, par exemple, en 60 coups, au lieu de jouer en un nombre de coups indéfini; le nombre des combinaiſons poſſibles eſt 2^{60}, & ſur ces combinaiſons il y en a une qui n'amenera jamais *croix;* mais cette combinaiſon eſt regardée par les Analyſtes, comme étant auſſi poſſible, qu'aucune des autres combinaiſons priſe en particulier. Il eſt donc poſſible (au moins en ſuivant les principes adoptés juſqu'à préſent par les Analyſtes) que *croix* n'arrive jamais; & par conſéquent on ne doit point reprocher au calcul précédent, ni cette ſuppoſition, ni la conſéquence néceſſaire qui en réſulte, ſavoir une ſomme infinie pour l'eſpérance ou l'enjeu de Pierre; ou bien, ſi on attaque cette ſuppoſition, il faudra néceſſairement réformer, à pluſieurs autres égards, l'analyſe des probabilités; c'eſt ce que nous diſcuterons plus bas.

V.

En ſecond lieu, je veux bien ſuppoſer que *croix* arrivera enfin *néceſſairement* après un nombre fini de coups; il eſt au moins évident qu'on ne ſauroit fixer ce nombre de coups, qu'il eſt *indéterminé* ou *indéfini*; d'où je conclus deux choſes; 1°. que quelque ſomme finie qu'on aſſigne pour l'eſpérance ou l'enjeu de Pierre, cette ſomme pourra être au-deſſous de celle qu'il doit donner réellement à Jacques. Suppoſons, par exemple, qu'on aſſigne trente écus pour l'eſpérance de Pierre; on aura donc ſuppoſé que *croix* doit arriver *néceſſairement* en ſoixante coups; ce qui eſt abſurde. Car il eſt évident (§. précédent) qu'en ſe bornant à conſidérer ce qui eſt rigoureusement possible, *pile* peut arriver soixante fois de suite; & d'ailleurs pourquoi *croix* arriveroit-il *nécessairement* en soixante coups, plutôt qu'en cinquante-neuf ou en soixante-un? Il en sera de même de toute autre supposition qu'on pourroit faire. 2°. Si on dit que la somme qui indique l'espérance de Pierre, est *finie & indéterminée*, on ne fait qu'éluder la question; car il est évident qu'on peut supposer deux joueurs qui jouent ensemble aux conditions proposées; il est évident de plus que Pierre doit avoir à ce jeu un grand avantage, & il s'agit de savoir comment estimer cet avantage inconnu; car il est évident encore que cet avantage n'est pas infini, quoique le calcul semble le donner plus grand qu'aucun avantage fini. Voilà donc un cas, très-possible dans les jeux de hazard, où la régle est en défaut; cette régle n'est donc pas générale.

V I.

En troisiéme lieu, je suppose que l'on joue en un nombre fini de coups, par exemple, en cent coups; on trouvera que Pierre doit donner cinquante écus à Jacques. Or il n'y a point de joueur qui voulût donner cette somme en pareil cas; car il faudroit, pour qu'il rattrappât cette somme en jouant, que *croix* ne vînt qu'au septiéme coup; & assurément Pierre croiroit trop risquer d'attendre que ce cas arrivât.

V I I.

Un Géometre célébre de l'Académie des Sciences,

plein de ſavoir & de ſagacité, avec lequel je raiſonnois un jour ſur cette queſtion, m'en donna une ſolution qui paroît d'abord ſatisfaiſante, & qui eſt très-ſimple, quoique très-ingénieuſe. » On ne doit point ſuppoſer, me » dit-il, que le nombre des jets ſoit infini, ni même in» déterminé; car Jacques, quelque riche qu'on le ſup» poſe, n'a pas une ſomme infinie en argent à donner » à Pierre; il n'a, & ne peut avoir qu'une certaine quan» tité finie d'argent. Suppoſons-le riche de 2^{99} écus, ſom» me exorbitante, & qui paſſe le vraiſemblable; il eſt » évident qu'il ne pourra jouer au-delà de cent coups; » & qu'ainſi l'eſpérance ou l'enjeu de Pierre eſt cinquante » écus. Voilà ce que Pierre doit donner à Jacques pour » jouer avec Jacques à jeu égal: & en genéral ſi le bien » de Jacques eſt 2^x, ou entre 2^x & 2^{x+1}, il ne peut » jamais y avoir plus de $x + 1$ coups poſſibles, & l'eſpé» rance ou l'enjeu de Pierre ſera $\frac{1+x}{2}$ écus «. Telle eſt la ſolution imaginée par ce ſavant Géometre.

VIII.

Mais la remarque faite dans le §. VI, montre, ce me ſemble, l'inſuffiſance de cette ſolution, toute ingénieuſe & toute ſimple qu'elle eſt. Car dans le cas propoſé, où le bien de Jacques eſt ſuppoſé 2^{99} écus, & où l'on joue en cent coups, il eſt bien certain que Pierre croiroit riſquer beaucoup au-delà de ce qu'il doit, en donnant cinquante écus à Jacques. Pourquoi cela? C'eſt, comme nous l'avons dit, qu'il faudroit, pour que Pierre rattrappât sa mise & au-delà, que *croix* n'arrivât qu'au septiéme coup; que, suivant les régles ordinaires du calcul des combinaisons, il y a 127 contre un à parier que *croix* arrivera plutôt, auquel cas Pierre perdra sa mise en partie ou en total; & qu'une probabilité de 127 contre un est si petite, qu'on ne doit point risquer une somme d'argent (même assez médiocre) vis-à-vis de cette probabilité, quand même le gain qui en pourroit résulter, seroit immense. En voici la preuve. Qu'on propose à quelque homme que ce soit de gagner dix millions à une Loterie de 128 billets, où il n'y a que ce seul lot de dix millions; son espérance & son enjeu par conséquent, ce qu'il devroit donner pour jouer au pair (suivant les régles ordinaires des probabilités) seroit $\frac{10000000}{128} =$ 78125 #. Cependant quel seroit l'homme assez insensé pour risquer cette somme?

IX.

Dira-t-on que cette somme ne peut pas être risquée par cette seule raison, qu'étant trop forte, elle feroit une bréche trop considérable aux biens du Joueur? Mais 1°. il s'ensuivra au moins de-là, que quelque grande que soit la somme espérée (qui est ici de dix millions) la mise ne doit pas toujours y être proportionnelle, tout le reste d'ailleurs égal; & qu'ainsi il y auroit au moins à cet égard des modifications à donner à la régle, jusqu'à présent admise par tous les Analystes, que la mise doit être proportionnelle à la somme que l'on espere. 2°. Supposons qu'au lieu de dix millions, le lot ou la somme espérée ne soit que de 128 écus, il faudra que le joueur donne un écu pour sa mise; & quoiqu'un des 128 billets doive sortir de la roue, & que ce billet puisse être absolument celui qui porte le lot, il n'est personne qui en ce cas ne doive regarder sa mise comme de l'argent perdu, par le grand risque qu'elle court. Il est vrai, que si le joueur n'est pas fort pauvre, cette perte l'incommodera peu; mais enfin c'est toujours une perte; & dans l'analyse des jeux de hazard, on considere la perte ou le gain d'une maniere absolue, & indépendamment de la fortune des Joueurs.

X.

Que conclure de ces réfléxions? C'est que *quand la probabilité d'un événement est fort petite, elle doit être regardée & traitée comme nulle; & qu'il ne faut point multiplier* (comme on l'a prescrit jusqu'à présent) *cette probabilité par le gain espéré, pour avoir l'enjeu ou l'espérance.* Par exemple, que Pierre joue avec Jacques en 100 coups, à cette condition que si Pierre amene *croix* au centiéme coup, & non auparavant, il recevra de Jacques 2^{100} écus: on trouve (en suivant la régle ordinaire) que Pierre devroit donner un écu à Jacques avant le jeu. Or je dis que Pierre ne doit pas donner cet écu; parce qu'il le perdra *certainement*, & que *croix* arrivera

certainement

certainement avant le centiéme coup, bien qu'il ne doive pas arriver *néceſſairement.*

X I.

Pour confirmer ce que je viens de dire, je ſuppoſe qu'on jette une piéce en l'air cent fois de ſuite: il eſt certain; 1°. que le nombre des combinaiſons poſſibles eſt 2^{100}, c'eſt-à-dire, qu'il y a 2^{100} différentes combinaiſons poſſibles de la maniere dont *croix* & *pile* peuvent arriver, lorſqu'on jette la piéce en l'air cent fois de ſuite; ce qui fait en tout $2^{100} \times 100$ coups. 2°. Que ſi par conſéquent on jette la piéce en l'air $2^{100} \times 100$ fois de ſuite, c'eſt-à-dire, qu'on recommence le jeu 2^{100} fois, il ſera arrivé 2^{100} combinaiſons de *croix* & *pile* pris dans cent jets conſécutifs. 3°. Que par conſéquent chacun des 2^{100} événemens ſe trouvera une fois, ou quelqu'un pluſieurs fois, parmi les 2^{100} combinaiſons que *croix* ou *pile* doivent produire dans ce cas. Or je dis qu'on peut parier ſans rien craindre, que de ces 2^{100} combinaiſons, celle qui amenera *croix* cent fois de ſuite, ou *pile* cent fois de ſuite, n'arrivera pas une ſeule fois dans les 2^{100} qu'on a (*hyp.*) recommencé le jeu, en jettant à chaque jeu la piéce en l'air cent fois de ſuite; par conſéquent quelqu'une ou pluſieurs des combinaiſons, où *croix* & *pile* ſe trouvent mêlés, arriveront néceſſairement pluſieurs fois dans ces 2^{100} fois. J'ajoute que les combinaiſons qui arriveront le plus ſouvent, ſeront celles où *croix* & *pile* ſe trouveront le plus mêlés, c'eſt-à-dire, où *croix* & *pile* ne ſe trouveront pas un grand nombre de fois de ſuite; d'où il s'enſuit, ce me ſemble, qu'on doit regarder les combinaiſons où *croix* & *pile* ſe trouvent mêlés, comme les plus probables & les plus *poſſibles* de toutes. Pour rendre cela encore plus ſenſible, je ſuppoſe que 2^{100} Joueurs jettent en même-tems un écu en l'air, cent fois de ſuite; je dis que dans aucun de ces jets, on n'aura cent fois de ſuite ni *croix* ni *pile*, & que par conſéquent il y aura pluſieurs jets qui donneront la même choſe; & que les jets où *croix* & *pile* ſont entremêlés, ſans ſe trouver un grand nombre de fois de ſuite, ſeront ceux qui ſeront répétés.

XII.

C'eſt qu'il faut diſtinguer entre ce qui eſt *métaphyſiquement* poſſible, & ce qui eſt poſſible *phyſiquement*. Dans la premiere claſſe ſont toutes les choſes dont l'exiſtence n'a rien d'abſurde; dans la ſeconde ſont toutes celles dont l'exiſtence non-ſeulement n'a rien d'abſurde, mais même rien de trop extraordinaire, & qui ne ſoit dans le cours journalier des événemens. Il eſt *métaphyſiquement* poſſible, qu'on amene raſle de ſix avec deux dez, cent fois de ſuite; mais cela eſt impoſſible *phyſiquement*, parce que cela n'eſt jamais arrivé, & n'arrivera jamais. Dans le cours ordinaire de la nature, le même événement (quel qu'il ſoit) arrive aſſez rarement deux fois de ſuite, plus rarement trois & quatre fois, & jamais cent fois conſécutives; & il n'y a perſonne qui en toute sûreté ne puisse parier tout son bien, quelque grand qu'il soit, que rafle de six n'arrivera jamais cent fois de suite.

XIII.

On peut donc, ce me semble, poser pour régle, que quand la probabilité est fort petite, on doit dans l'usage ordinaire de la vie, la regarder comme zéro, & la traiter comme telle. Or sur cela on peut faire les questions suivantes.

1°. Quel est le terme où la probabilité commence à pouvoir être regardée comme nulle ? Quelle est la fraction qui exprime le premier terme de cette suite de probabilités équivalentes à zéro ?

2°. Supposé qu'on puisse fixer ce terme, & que ce soit, par exemple, quand la probabilité est $\frac{1}{1000}$, comment faudra-t-il estimer les probabilités qui différent très-peu de celle-ci, quoiqu'un peu plus grandes, par exemple, les probabilités $\frac{1}{999}$, $\frac{1}{998}$, &c ? S'il ne faut pas regarder ces probabilités comme plus petites qu'elles ne sont en effet, je demande comment la probabilité $\frac{1}{999}$ devient tout d'un coup $= o$ dans le cas où elle est $\frac{1}{1000}$? L'expression de la probabilité peut-elle passer ainsi brusquement & sans gradation, d'une expression finie à une valeur nulle ? Et s'il faut regarder ces probabilités comme plus petites qu'elles ne sont, je demande suivant quelle loi il faut les diminuer ? Si l'Analyste répond qu'il l'ignore, en ce cas il doit convenir que la régle générale des probabilités eſt fautive & imparfaite ; ce que nous voulions prouver.

3°. S'il faut diminuer ces probabilités $\frac{1}{599}$, $\frac{1}{598}$, $\frac{1}{597}$, $\frac{1}{596}$ &c. qui forment une eſpèce de ferie, juſqu'à quel terme faudra-t-il les diminuer ? S'il ne faut les diminuer que juſqu'à un certain terme, pourquoi faut-il s'arrêter à ce terme là ? S'il faut diminuer tous les termes, même ceux qui contiennent des fractions aſſez grandes, comme $\frac{3}{4}$, $\frac{1}{2}$, &c. pour lors la régle des probabilités ſe trouvera fautive & imparfaite, même dans le cas où la probabilité ne ſera pas fort petite.

X I V.

En voilà plus qu'il n'en faut, ce me ſemble, pour montrer aux Mathématiciens que la régle générale du calcul des probabilités eſt défectueuſe à certains égards. Je vais tâcher de le faire voir encore par d'autres exemples. Mais auparavant je propoſerai une idée qui m'eſt venue, pour eſtimer dans les cas précédens le rapport des probabilités.

Je ſuppoſe, par exemple, qu'on jette une piéce en l'air quatre fois de ſuite ; on aura 2^4 ou 16 combinaiſons différentes de *croix* & *pile* pris quatre à quatre. Si donc on recommence ce jeu un nombre de fois qui ſoit multiple de 16, ou, ce qui revient au même, ſi 32 ou 64 &c. Joueurs différens jouent à la fois ce jeu, chacun en particulier, en jettant chacun un écu en l'air quatre fois de ſuite ; il eſt évident que quelqu'une ou quelques-unes des 16 combinaisons se trouveront répétées. Or je crois que les combinaisons qui seront répétées le plus rarement, & qui peut-être n'arriveront point du-tout dans un grand nombre de jets, seront celles dans lesquelles *croix* se trouve quatre fois de suite, ou *pile* quatre fois de suite. D'après cette expérience, répétée un grand nombre de fois de suite, on pourroit peut-être estimer le rapport des probabilités, par le nombre des événemens. Il est vrai que le résultat pourra laisser des doutes; & que d'ailleurs l'expérience seroit impraticable, si le nombre des jets, au lieu d'être de quatre, ainsi qu'on l'a supposé, étoit beaucoup plus grand, comme de cent; mais voilà, ce me semble, le seul moyen de parvenir en ce cas à un résultat qui soit au moins approchant du vrai.

X V.

Venons aux autres exemples que j'ai promis dans l'Article précédent, du peu d'éxactitude du calcul ordinaire des probabilités.

Dans ce calcul, en combinant tous les événemens possibles, on fait deux suppositions qui peuvent, ce me semble, être contestées.

La premiere de ces suppositions est, que si un même événement est déja arrivé plusieurs fois de suite, par exemple, si au jeu de *croix* ou *pile*, *croix* est arrivé trois fois de suite, il est également probable que *croix* ou *pile* arriveront au quatriéme coup? Or je demande si cette ſuppoſition eſt bien vraie, & ſi le nombre de fois que *croix* eſt déja arrivé de ſuite par l'hypothèſe, ne rend pas plus probable l'arrivée de *pile* au coup ſuivant? Car enfin il n'eſt pas vraiſemblable, il eſt même *phyſiquement* impoſſible que *pile* n'arrive jamais. Donc plus *croix* ſera arrivé de fois conſécutives, plus il eſt vraiſemblable que *pile* doit arriver le coup d'enſuite. Si cela eſt, comme il me paroît qu'on ne ſauroit guères en diſconvenir, la régle des combinaiſons des événemens poſſibles eſt donc encore défectueuſe à cet égard.

X V I.

Une autre ſuppoſition que l'Analyſe fait d'ordinaire, & qui a du rapport à la précédente, c'eſt que dans le nombre des combinaiſons poſſibles, celle qui amenera pluſieurs fois de ſuite le même événement, eſt auſſi poſſible que chacune des autres en particulier. Par exemple, dans un jeu où on doit jouer à *croix* ou *pile* en cent coups, on regarde la combinaiſon qui amenera *croix* cent fois de ſuite, comme auſſi poſſible que chacune de celles où *croix* & *pile* ſeront mêlés. Or je demande ſi cette ſuppoſition eſt bien juſte; puiſqu'il eſt *phyſiquement* certain (§. X & XI.) que *croix* n'arrivera jamais cent fois de ſuite, & qu'il ne l'eſt pas qu'une combinaiſon où *croix* & *pile* ſeroient mêlés à volonté, n'arrivera pas. On peut réduire ceci à la queſtion ſuivante. Que *A* repréſente *croix* & *B* *pile*, la combinaiſon *A A A A A A A A* &c. doit-elle être regardée comme aussi possible que toute autre combinaison particuliere à volonté, par exemple *AABABABB* &c. où *croix* & *pile* sont mêlés sans ordre & sans suite? C'est ce que je ne crois pas, par la raison que j'ai déja dite plus haut; savoir, que la variété des événemens successifs est un phénomène constant de la nature; & que leur similitude constante ou répétée un grand nombre de fois, est au contraire un phénomène qui n'arrive jamais.

XVII.

Or si on ne doit pas regarder toutes les combinaisons comme également possibles; si on doit rejetter, ou au moins subordonner aux autres, celles qui ameneroient le même événement un très-grand nombre de fois de suite, quelle régle doit-on se faire sur ce sujet? Doit-on étendre cette restriction aux combinaisons qui ameneroient le même événement un petit nombre de fois de suite, par exemple, trois ou quatre fois? Et si on ne doit pas l'étendre jusqu'à ces combinaisons, quelle est celle où il faudra commencer? Voilà, ce me semble, des questions bien dignes d'exercer les Mathématiciens, supposé néanmoins qu'il soit possible de les résoudre.

XVIII.

Autre inconvénient où l'on tombe dans le calcul des Probabilités. J'ai déja remarqué dans l'*Encyclopédie*, au mot CROIX ou PILE, que dans ce calcul on fait souvent une énumération fautive des événemens possibles.

Par exemple, on demande combien on peut parier d'amener *croix* en deux coups? » Toutes les combinaisons » possibles, répond-on, sont celles-ci:

Premier coup.	Second coup.
Croix	*Croix*
Croix	*Pile*
Pile	*Croix*
Pile.	*Pile.*

» Or de ces quatre combinaisons la derniere seule fait » perdre, & les trois autres font gagner; la probabilité » est donc de trois contre un «.

Il est aisé de voir que cette énumération est fautive. Car dès que *croix* sera arrivé au premier coup, le jeu est fini, on n'en jouera pas un second; & ainsi les deux premieres combinaisons *croix croix*, *croix pile*, se réduisent à *croix* seule. Il n'y a donc que trois coups possibles;

Premier coup.	Second coup.
Croix	
Pile	*Croix*
Pile	*Pile*

D'où j'ai conclu à l'endroit cité, que la probabilité étoit seulement de deux contre un, & non pas de trois contre un. J'examinerai plus bas si j'ai eu raison de réduire la probabilité au rapport de deux à un; mais il est au moins bien certain que la maniere dont on prouve qu'elle est de trois à un, est un paralogisme.

XIX.

X I X.

Le paralogiſme eſt encore plus grand, ſi l'on parie d'amener *croix*, non pas en deux coups, mais en cent coups de ſuite. Car dans ce cas, en ſuivant le raiſonnement ordinaire, on ſuppoſe que la combinaiſon qui ameneroit *croix* cent fois de ſuite, eſt auſſi poſſible qu'aucune des autres en particulier. Or cette ſuppoſition (§. XVI.) eſt au moins très-ſuſceptible de conteſtation. Il eſt donc au moins démontré, que cette maniere de réſoudre le Problême eſt incertaine, & peut-être fautive.

X X.

Je ſai qu'on peut enviſager la choſe d'une autre maniere, & faire le raiſonnement ſuivant. » La probabilité » que *croix* arrivera au premier coup eſt $\frac{1}{2}$; la probabi» lité que *pile* arrivera au premier coup, eſt pareillement » $\frac{1}{2}$; or dans ce ſecond cas, la probabilité que *croix* ar» rivera au ſecond coup eſt $\frac{1}{2} \times \frac{1}{2}$, & celle que *pile* arri» vera au ſecond coup eſt $\frac{1}{2} \times \frac{1}{2}$; ainſi la ſomme des pro» babilités favorables, eſt à celle des probabilités défa» vorables, comme $\frac{1}{2} + \frac{1}{2 \cdot 2}$ eſt à $\frac{1}{2 \cdot 2}$, ou comme » 3 à 1. Donc la probabilité eſt toujours comme trois à » un, même en ne conſidérant que les trois coups réel» lement poſſibles; ſavoir, *croix* au premier coup; *pile* » & *croix* au premier & au ſecond coup; ou bien *pile* » & *pile* au premier & au ſecond coup «.

XXI.

Je réponds en premier lieu, que je ne sai si on doit estimer par $\frac{1}{2}$ ou $\frac{1}{4}$, la probabilité qu'on amenera *pile* ou *croix* au second coup. Je conviens qu'il est incertain si on jouera un second coup ou non; & que la probabilité qu'on jouera ce second coup est $\frac{1}{2}$: mais la probabilité qu'on amenera *pile* ou *croix* au second coup, suppose *nécessairement* qu'on jouera ce second coup: ainsi, multiplier la probabilité $\frac{1}{2}$ d'amener *croix* ou *pile* au second coup (en supposant qu'on joue ce second coup), par la *probabilité* $\frac{1}{2}$ qu'on jouera ce second coup, n'est-ce pas regarder à la fois ce second coup comme devant avoir lieu, & comme étant néanmoins simplement probable? Ce qui me paroît impliquer contradiction. Sans difficulté $\frac{1}{2}$ est la probabilité d'amener *croix* à un coup quelconque, en supposant qu'on joue ce coup; mais s'il est incertain qu'on joue ce coup, si la probabilité qu'on le jouera, est $\frac{1}{2}$, alors multiplier la premiere probabilité $\frac{1}{2}$ par la seconde $\frac{1}{2}$ n'est-ce pas multiplier l'une par l'autre deux probabilités de différente nature, une probabilité (savoir la premiere) qui reste toujours $=\frac{1}{2}$, & une probabilité (savoir la seconde) qui ne reste pas toujours $\frac{1}{2}$, mais qui devient *certitude* dès qu'on la multiplie par la premiere? En effet la probabilité $\frac{1}{2}$ d'amener *croix* ou *pile*, suppose nécessairement qu'on jouera le coup; ainsi la combinaison de cette probabilité avec la seconde fait changer à celle-ci de nature, & la ſuppoſe *certaine*, de ſimplement *probable* qu'elle étoit auparavant?

XXII.

Je réponds en ſecond lieu, que cette maniere d'eſtimer les probabilités, eſt ſujette à toutes les difficultés dont nous avons parlé au commencement de ce Mémoire. Car ſuppoſons qu'on joue, par exemple, en cent coups; la probabilité que *croix* n'arrivera qu'au centiéme coup, ſeroit ſuivant cette méthode $\frac{1}{2^{99}}$; ce qui ſuppoſe que la probabilité que *pile* arrivera 99 fois de ſuite, eſt $\frac{1}{2^{99}}$. Or je demande s'il eſt phyſiquement poſſible que *pile* arrive 99 fois de ſuite; & ſi par conſéquent on ne doit pas (§. XII.) regarder la probabilité $\frac{1}{2^{99}}$ comme égale à zéro? Si cela eſt, il s'enſuivra; 1°. que la régle eſt fautive, au moins dans le cas où on joue un grand nombre de coups de ſuite; 2°. qu'elle eſt au moins fort incertaine dans les autres, puiſqu'il n'y a pas de raiſon, par exemple, de ne pas diminuer la probabilité $\frac{1}{8}$ ou $\frac{1}{16}$ de quelque petite partie, ſi la probabilité $\frac{1}{2^{99}}$ doit être regardée comme nulle.

XXIII.

Je viens maintenant aux difficultés qu'on peut faire ſur la méthode que nous avons donnée Art. XVIII, pour déterminer le rapport des probabilités dans le cas où l'on joue à *croix* ou *pile* en deux coups. On convient d'abord (voyez l'*Encyclopédie* au mot GAGEURE) que les trois coups

Croix
Pile Croix
Pile Pile

ſont à la vérité les ſeuls poſſibles; mais on prétend qu'ils ne le ſont pas également; » car, dit-on, la probabilité » d'amener *croix* au premier coup eſt égale à celle d'ame- » ner *pile* au premier coup. Or la probabilité d'amener » *pile* au premier coup, eſt double de celle d'amener *pile* » au premier coup & *croix* au ſecond, ou *pile* au premier coup & *pile* au ſecond. Donc &c. «

Pour développer en quoi conſiſte, ſelon moi, le vice de ce raiſonnement, j'emprunterai le langage des Logiciens; & je dirai que dans cet argument le *moyen terme* n'eſt pas le même dans les deux Propoſitions. Car le moyen terme dans la premiere Propoſition, eſt la probabilité d'amener *pile* au premier coup, *avant d'avoir joué ce premier coup*. Dans la ſeconde Propoſition, le moyen terme eſt la probabilité d'amener *pile* au premier coup, *comparée à la probabilité d'amener croix* ou *pile au ſecond coup*. Or cette derniere probabilité (celle d'amener *croix* ou *pile* au ſecond coup) ſuppoſe que le premier coup eſt joué, & qu'il a donné *pile*; ainſi cette derniere probabilité ſuppoſe que la premiere probabilité (celle d'amener *pile* au premier coup) n'eſt plus une *probabilité*, mais une *certitude*. Le *moyen terme* eſt donc réellement différent dans les deux Propoſitions. En un mot il y a cette différence entre le coup *croix* & le coup *pile*, arrivant l'un ou l'autre au premier coup, que le coup *croix* n'amene point de ſecond coup, au lieu que le coup *pile* en amene néceſſairement un autre; ainſi il ne faut point comparer d'abord la probabilité de *croix* au premier coup, avec celle de *pile* au même premier coup, & enſuite la probabilité de *pile* au premier coup, avec la probabilité de *croix* ou *pile* au ſecond coup; mais la probabilité de *croix* au premier coup, avec celle de *pile* & *croix* au premier & ſecond coup, ou de *pile* & *pile* aux mêmes premier & ſecond coups.

XXIV.

Je ne voudrois pas cependant regarder en toute rigueur les trois coups dont il s'agit, comme également poſſibles. Car 1°. il pourroit ſe faire en effet (& je ſuis même porté à le croire), que le cas *pile croix* ne fût pas éxactement auſſi poſſible que le cas *croix* ſeul; mais le rapport des poſſibilités me paroît inapprétiable. 2°. Il pourroit ſe faire encore que le coup *pile croix* fût un peu plus poſſible que *pile pile*, par cette ſeule raiſon que dans le dernier le même effet arrive deux fois de ſuite; mais le rapport des poſſibilités (ſuppoſé qu'elles ſoient inégales), n'eſt pas plus facile à établir dans ce ſecond cas, que dans le premier. Ainſi il pourroit très-bien ſe faire que dans le cas propoſé, le rapport des probabilités ne fût ni de 3 à 1, ni de 2 à 1 (comme nous l'avons ſuppoſé dans l'*Encyclopédie*) mais un incommenſurable ou inappréciable, moyen entre ces deux nombres. Je crois cependant que cet incommenſurable approchera plus de 2 que de 3, parce qu'encore une fois il n'y a que trois cas poſſibles, & non pas quatre. Je crois de même & par les mêmes raiſons, que dans le cas où l'on joueroit en trois coups, le rapport de 3 à 1, que donne ma méthode, eſt plus près du vrai, que le rapport de 7 à 1, donné par la méthode ordinaire, & qui me paroît exorbitant.

Pour bien fixer l'état de la queſtion, tenons-nous en au cas où l'on joue en deux coups. Il eſt d'abord certain que la probabilité d'amener *croix* au premier coup, eſt égale à celle d'amener *pile* au même premier coup; la difficulté ſe réduit à ſavoir; 1°. quel eſt le rapport de la probabilité d'amener *pile* au premier coup, à la probabilité d'amener *croix* au ſecond coup, quand on aura amené *pile* au premier, & que par conſéquent *il devra y avoir* un ſecond coup; 2°. ſi la probabilité d'amener *pile* au ſecond coup, quand on aura amené *pile* au premier coup, eſt égale ou un peu plus petite que celle d'amener *croix* au ſecond coup, quand on aura amené *pile* au premier; & ſi ces probabilités ne ſont pas égales, quel en eſt le rapport?

XXV.

Lorſqu'on joue en plus de deux ou trois coups, alors le rapport des poſſibilités ou probabilités devient encore infiniment plus difficile à déterminer. Il eſt évident en effet que ſi on joue en quatre coups, par exemple, il eſt plus probable qu'on amenera *croix* au premier coup, que *pile*, *pile*, *pile*, *pile* en quatre coups conſécutifs. Or le rapport de ces poſſibilités eſt encore, ſelon moi, inappréciable, quoique ces poſſibilités ſoient réellement différentes. Je dis plus : il peut ſe faire que *pile*, *pile*, *pile*, *croix*, ſoient plus poſſibles (§. XV.) que *pile* 4 fois de ſuite : or comment comparer ces probabilités ? Comment aſſigner leur rapport ?

XXVI.

C'eſt par cette conſidération de la différente poſſibilité des cas (lorſque le nombre des jets eſt tant ſoit peu conſidérable) que je vais répondre à une objection qui m'a été faite, & qu'on peut voir dans l'Art. GAGEURE de l'Encyclopédie. Il s'enſuivroit, dit-on, une abſurdité de ma maniere de compter les probabilités ; ſavoir, qu'on ne pourroit jamais parier avec avantage, d'amener une des faces *A*, d'un dez à trois faces *A*, *B*, *C*, en tant de coups qu'on voudroit. Car ſoit n ce nombre de coups, on trouveroit toujours que la probabilité eſt de $2^n - 1$ contre 2^n.

Par exemple, ſi $n = 3$, on trouvera que les combinaiſons favorables ſont *A*, *BA*, *CA*, *BBA*, *BCA*, *CCA*, *CBA* ; & que les combinaiſons défavorables ſont *BBB*, *BBC*, *BCB*, *BCC*, *CBB*, *CBC*, *CCC*, *CCB* ; ce qui donne le rapport de 7 à 8, ou de $2^3 - 1$ à 2^3.

Cette objection suppose que tous les cas sont également possibles dans l'énumération faite à ma maniere; or ils ne le sont pas; car *A* au premier coup est plus possible, par exemple, que *B* quatre fois de suite. Il est vrai que je crois difficile d'en assigner le rapport, & que la théorie ordinaire des Analystes sur cet objet me paroît peu satisfaisante; mais il suffit, pour répondre à l'objection, que tous les cas ne soient pas également possibles.

XXVII.

Concluons de toutes ces réfléxions; 1°. que si la régle que j'ai donnée dans l'*Encyclopédie* (faute d'en connoître une meilleure) pour déterminer le rapport des probabilités au jeu de *croix* & *pile*, n'est point éxacte à la rigueur, la régle ordinaire pour déterminer ce rapport, l'est encore moins; 2°. que pour parvenir à une théorie satisfaisante du calcul des probabilités, il faudroit résoudre plusieurs Problêmes qui sont peut-être insolubles; savoir, d'assigner le vrai rapport des probabilités dans les cas qui ne sont pas également possibles, ou qui peuvent n'être pas regardés comme tels; de déterminer quand la probabilité doit être regardée comme nulle; de fixer enfin comment on doit estimer l'espérance ou l'enjeu, selon que la probabilité est plus ou moins grande.

XXVIII.

Je ne parle point ici des considérations relatives à l'état

&

& à la fortune des joueurs; considérations essentielles sans doute à faire, mais qui demanderoient presqu'autant de régles que de cas particuliers. C'est d'après ces considérations qu'on a essayé de résoudre dans le To. V. des Mém. de Petersbourg, la question proposée ci-dessus Art. II. Les vûes qu'on propose sur cela, sont fines & ingénieuses. Mais il y avoit peut-être d'autres réfléxions plus simples à faire sur cette question, plus relatives à la question prise en elle-même, & plus indépendantes de l'état des joueurs; & ce sont, ce me semble, celles que nous avons faites au commencement de ce Mémoire, & qui ont fait naître nos autres doutes sur le calcul des probabilités. Ces doutes m'ont paru dignes d'être proposés aux Mathématiciens Philosophes. J'ai tout lieu de croire qu'ils en seront frappés comme moi, s'ils les examinent sans prévention.

Fin du dixiéme Mémoire.

ONZIÉME MÉMOIRE.

Sur l'application du Calcul des Probabilités à l'inoculation de la petite Vérole (a).

ON a tant écrit depuis quelques années pour & contre l'inoculation, & principalement en sa faveur, que le Public doit être aujourd'hui plus que suffisamment instruit sur ce sujet, & par conséquent fatigué d'avance de tout ce qu'on pourroit ajouter encore, pour éclaircir ou pour embrouiller la question. J'ai donc tout lieu de craindre que ce Mémoire n'ennuye déja par son seul titre ceux qui me font l'honneur de m'entendre. Je me propose au moins de ne pas les ennuyer long-tems; & pour leur tenir parole, j'entre promptement en matiere.

Cet écrit aura deux objets : 1°. de prouver que dans les calculs qu'on a faits jusqu'à présent en faveur de l'inoculation, on n'a point encore, ce me semble, envisagé la question sous son véritable point de vûe : 2°. que la

(a) Ce Mémoire a été lû à l'Assemblée publique de l'Académie Royale des Sciences, le 12 Novembre 1760.

difficulté, & peut-être l'impossibilité de réduire au calcul les avantages de l'inoculation, n'est point une raison pour la proscrire.

On n'inocule gueres avant l'âge de quatre ans; depuis cet âge jusqu'au terme ordinaire de la vie, la petite Vérole naturelle détruit, selon les Inoculateurs, environ la septiéme partie du genre humain (*A*); au contraire, selon eux, l'inoculation enleve à peine une victime sur trois cens (*B*). Je ne prétends point leur contester ces faits, & je ne m'arrête qu'à la conséquence qu'ils en tirent; donc, disent-ils, le risque de mourir de la petite Vérole naturelle est à celui de mourir de la petite Vérole inoculée, comme 300 à 7, c'est-à-dire, 40 à 50 fois plus grand.

Cette conséquence, ainsi présentée, peut être attaquée avec quelqu'apparence de droit par les adversaires de l'inoculation. Car en supposant, diront-ils, que le nombre de ceux qui périssent de la petite Vérole, soit 40 ou 50 fois plus grand que le nombre de ceux qui meurent de l'inoculation, s'ensuit-il que les deux risques soient entr'eux dans le même rapport? La nature de l'un & de l'autre est bien différente. Quelque petit qu'on veuille supposer le risque de mourir de l'inoculation, celui qui se fait inoculer se soumet à ce risque dans le court espace de quinze jours, dans celui d'un mois tout

(*A*) Voyez les Remarques à la fin de ce Mémoire.

(B) Voyez les Remarques à la fin de ce Mémoire.

au plus : au contraire le risque de mourir de la petite Vérole naturelle, se répand sur tout le tems de la vie, & en devient d'autant plus petit pour chaque année & pour chaque mois. Si l'on veut faire, continueront-ils, un parallèle éxact des deux risques, il faut que les tems soient égaux; il faut comparer le risque de mourir de l'inoculation, non pas vaguement & en général au risque de mourir de la petite Vérole naturelle dans tout le cours de la vie, mais au danger qu'on court de mourir de cette maladie pendant le même-tems où l'on s'expose à mourir de l'inoculation, c'est à-dire, dans l'espace de quinze jours ou d'un mois.

Il faut avouer que si on admettoit cette maniere de comparer les deux risques, elle donneroit beaucoup d'avantage aux adversaires de l'inoculation. En effet, on ne peut raisonnablement supposer (car on seroit démenti par les faits) que la petite Vérole emporte par mois (année commune) la trois centiéme partie du genre humain; donc le nombre des victimes que la petite Vérole naturelle feroit périr en un mois, est beaucoup moindre que le nombre de celles qui seroient sacrifiées à l'inoculation. Donc on court moins de risque de mourir en un mois de la petite Vérole naturelle qu'on attend, que de la petite Vérole qu'on se donne. Or ne peut-on pas, diront les adversaires de l'inoculation, faire à chaque mois un raisonnement semblable? Donc, ajouteront-ils, dans tout le cours de la vie, on ne pourra parvenir à aucun mois où l'inoculation soit réellement moins à craindre que la petite Vérole naturelle ; par conſéquent on ſera toujours plus ſage d'attendre la petite Vérole que de ſe la donner (*C*).

Cet argument, qui n'a point encore été propoſé, que je ſache, d'une maniere auſſi frappante, a quelque choſe de ſpécieux. Cependant ſi le calcul des Inoculateurs eſt défectueux en ce qu'on y compare deux riſques dont la durée eſt différente, celui des adverſaires de l'inoculation pêche auſſi par le même côté, quoiqu'à la vérité ſous un autre point de vûe. Celui qui ſe fait inoculer, court, ſi l'on veut, plus de riſque de mourir de la petite Vérole dans le mois, que s'il attendoit cette maladie ; mais le mois étant paſſé, le riſque une fois couru s'éteint, & l'inoculé en eſt délivré ; celui au contraire qui attend la petite Vérole, court, ſi l'on veut, pour chaque mois un moindre riſque que l'inoculé ; mais le mois fini, le riſque ſe renouvelle, & peut même devenir de jour en jour plus grand, au moins juſqu'à un certain âge.

Ainſi, pour ſavoir ce qu'on gagne ou ce qu'on riſque à ſe faire inoculer, il ne ſuffit pas d'avoir égard au danger que l'on court en un mois de mourir de la petite Vérole naturelle ; il faut ajouter à ce danger celui que l'on court de mourir de la même maladie dans les mois ſuivans, juſqu'à la fin de la vie.

C'eſt ici que la difficulté du calcul commence à ſe faire ſentir. Non-ſeulement on n'a point encore d'ob-

(C) Voyez les Remarques à la fin de ce Mémoire.

ſervations ſuffiſantes pour conſtater au juſte, ni même à-peu-près, quel eſt le riſque qu'on court à chaque âge de mourir de la petite Vérole naturelle dans le courant d'un mois : mais quand on pourroit apprétier éxactement ce danger, pour chaque mois pris ſéparément, comment apprétier enſuite le riſque total, réſultant de la ſomme de ces riſques particuliers, qui s'affoibliſſent en s'éloignant, non-ſeulement par la diſtance où on les voit, diſtance qui tout-à-la-fois les rend incertains, & en adoucit la vûe, mais par l'eſpace de tems qui doit les précéder, & durant lequel on doit jouir de l'avantage de vivre? Il faudroit pouvoir déterminer ſuivant quel rapport un riſque de cette eſpèce diminue, quand on l'enviſage dans le lointain, & fuyant, pour ainſi dire, devant nous. Problême qui me paroît inſoluble, & dont la ſolution d'ailleurs, quand elle ſeroit poſſible, ſeroit vraiſemblablement différente pour chaque individu, eû égard aux circonſtances où il ſe trouve (*D*).

Un très-grand Géometre, qui nous a donné ſur l'inoculation un ſavant Mémoire Mathématique, a cherché à répandre ſur ce ſujet toute la lumiere dont il l'a cru ſuſceptible.

M. Daniel Bernoulli ſuppoſe d'abord, que parmi tous ceux qui n'ont pas eû la petite Vérole, & qui ſont de même âge, cette maladie en attaque conſtamment un huitiéme chaque année; & qu'il périſſe auſſi un huitiéme

---

(*D*) Voyez les Remarques à la fin de ce Mémoire.

de ceux qui en ſont attaqués. D'après cette hypothèſe, il détermine, par une Analyſe très-ingénieuſe, la loi de la mortalité cauſée par la petite Vérole naturelle. Il ſuppoſe enſuite que l'inoculation enleve une victime ſur 200, & il en déduit la loi de mortalité dans l'hypothèſe de l'inoculation : comparant enfin les réſultats que les deux hypothèſes fourniſſent, il détermine pour chaque âge le tems qu'on peut eſpérer de vivre de plus, en ſe faiſant inoculer, qu'en attendant la petite Vérole.

Quelques éloges que cette théorie mérite, par l'habileté & la fineſſe avec laquelle l'Auteur l'a développée, elle laiſſe, ce me ſemble, beaucoup à deſirer encore.

En premier lieu, la ſuppoſition que fait l'illuſtre Mathématicien ſur le nombre de perſonnes de chaque âge qui prennent la petite Vérole, & ſur le nombre de ceux qui en meurent, paroît abſolument gratuite. Il n'eſt nullement certain, il eſt même plus que douteux, pour ne rien dire de plus, que la petite Vérole attaque conſtamment (à quelque âge que ce ſoit) la huitiéme partie de ceux qui n'ont pas eû cette maladie; & il eſt plus douteux encore qu'elle faſſe périr conſtamment (à quelque âge que ce ſoit) la huitiéme partie de ceux qu'elle attaque. Il faudroit ſavoir de plus, ſi l'inoculation emporte toujours, comme on le ſuppoſe, la même partie conſtante des inoculés, à quelque âge qu'on les inocule (*E*).

J'avouerai cependant que s'il n'y avoit que des diffi-

(*E*) Voyez les Remarques à la fin de ce Mémoire.

cultés de cette eſpéce, qui empêchaſſent de fixer par le calcul les avantages de l'inoculation, ces difficultés n'auroient lieu, que vû l'imperfection actuelle de nos connoiſſances ſur cette matiere, & le petit nombre d'obſervations certaines qu'on a recueillies juſqu'à préſent. En formant avec le tems des tables éxactes de ceux qui prennent la petite Vérole à chaque âge, de ceux qui en meurent, & du ſort des inoculés, on parviendroit dans la ſuite à une connoiſſance préciſe de la mortalité du genre humain, dans l'hypothèſe qu'on laiſſe agir la petite Vérole naturelle, & dans l'hypothèſe de l'inoculation; & on auroit la différence de mortalité dans les deux cas.

Mais qu'apprendra-t-on par cette différence de mortalité? On apprendra, je le veux, que *la vie moyenne* de ceux qui ſe font inoculer, c'eſt-à-dire, le tems que chacun d'eux peut raiſonnablement eſpérer de vivre après avoir ſubi l'inoculation, ſurpaſſe la vie moyenne de ceux du même âge qui prennent le parti d'attendre la petite Vérole; on déterminera, pour chaque âge, de combien la vie moyenne dans le premier cas eſt plus grande que dans le ſecond; & par conſéquent on aura, en comparant ces deux riſques, le tems qu'on peut eſpérer d'ajouter à ſa vie en ſe faiſant inoculer.

Or cette connoiſſance ne me paroît pas ſuffire pour fixer d'une maniere ſatisfaiſante les avantages de l'inoculation. Afin de me faire mieux entendre, j'appliquerai à un exemple le raiſonnement que je vais faire. Je ſuppoſe

suppose que la vie moyenne d'un homme de trente ans, soit trente autres années, c'est-à-dire, que, suivant les tables de mortalité connues, il puisse raisonnablement espérer de vivre encore trente ans, en s'abandonnant à la nature, & en ne se faisant point inoculer. Je suppose ensuite, qu'en se soumettant à cette opération, sa vie moyenne soit de 34 ans (*F*), c'est-à-dire, de quatre ans de plus que s'il attendoit la petite Vérole. Je suppose enfin, avec M. Bernoulli, que le risque de mourir de l'inoculation soit de 1 sur 200. Cela posé, il me semble que pour apprétier l'avantage de l'inoculation, il faut comparer, non la vie moyenne de 34 ans à la vie moyenne de trente; mais le risque de 1 sur 200, auquel on s'expose de mourir en un mois par l'inoculation (& cela à l'âge de trente ans, dans la force de la santé & de la jeunesse), à l'avantage éloigné de vivre quatre ans de plus au bout de soixante ans, lorsqu'on sera beaucoup moins en état de jouir de la vie.

En un mot, si on admet les suppositions précédentes, celui qui se fait inoculer, est à-peu-près dans le cas d'un Joueur, qui risque un contre deux cens de perdre tout son bien dans la journée, pour l'espérance d'ajouter à ce bien une somme inconnue & même assez petite, au bout d'un nombre d'années fort éloigné, & lorsqu'il sera beaucoup moins sensible à la jouissance de cette augmentation de fortune. Or comment comparer ce risque présent à cet

(F) Voyez les Remarques à la fin de ce Mémoire.

avantage inconnu & éloigné ? C'eſt ſur quoi l'Analyſe des probabilités ne peut rien nous apprendre. Toutes les régles de cet Analyſe n'enſeignent qu'à comparer un riſque préſent ou proche, à un avantage également préſent ou proche, & non un riſque préſent à un avantage qui diminue par ſa diſtance même, ſans qu'on puiſſe eſtimer au juſte, ni même à-peu-près, ſuivant quelle loi ſe fait cette diminution (*G*).

Voilà, il n'en faut point douter, ce qui rend tant de perſonnes, & ſur-tout tant de meres, peu favorables parmi nous à l'inoculation. Le raiſonnement que nous venons de développer, elles le font implicitement: ſans pouvoir comparer éxactement leur crainte à leur eſpérance, elles prennent acte, ſi on peut parler ainſi, de l'aveu que font les Inoculateurs, qu'on peut mourir de la petite Vérole artificielle; elles voyent l'inoculation comme un péril inſtant & prochain de perdre la vie en un mois, & la petite Vérole comme un danger incertain, & dont on ne peut aſſigner la place dans le cours d'une longue vie. Ne pouvant donc faire un parallèle éxact des deux riſques, & en fixer le rapport, la préſence du premier les frappe plus que la grandeur incertaine du ſecond; & l'on ſait combien la préſence ou la proximité d'un danger qu'on craint, ou d'un avantage qu'on eſpere, a de poids pour déterminer la multitude. Jouir du préſent, & s'inquiéter peu de l'avenir, voilà la Logique

(*G*) Voyez les Remarques à la fin de ce Mémoire.

commune; Logique moitié bonne, moitié mauvaise, dont il ne faut pas espérer que les hommes se corrigent.

Pour rendre encore plus sensible l'impossibilité d'appliquer à cette matiere d'une maniere précise le calcul des probabilités, & pour développer même les sophismes qu'on pourroit faire à ce sujet, je joindrai ici le raisonnement suivant, auquel je prie qu'on fasse attention. Si l'inoculation étoit avantageuse par cette considération seule, que la vie moyenne des inoculés est plus grande que celle des autres hommes, elle seroit d'autant plus avantageuse, & on devroit être d'autant plus empressé de la pratiquer, qu'elle augmenteroit davantage la longueur de la vie moyenne. Or il est aisé d'imaginer une infinité d'hypothèses, où l'inoculation augmenteroit énormément la vie moyenne, & où néanmoins on seroit très-imprudent de se soumettre à cette opération. Voici, par exemple, un de ces cas. Je supposerai que la plus longue vie de l'homme soit de cent ans; que la petite Vérole soit la seule maladie mortelle, & que cette maladie enleve tous les ans un nombre égal d'hommes: dans ce cas la vie moyenne de ceux qui attendroient la petite Vérole, seroit de cinquante ans, puisque tous les hommes vivroient chacun cinquante ans, l'un portant l'autre, en ne se faisant point inoculer. Je suppose ensuite que l'inoculation une fois pratiquée délivre de la petite Vérole pour tout le reste de la vie; & que par conséquent les inoculés soient sûrs de vivre cent ans, s'ils échappent à l'inoculation; mais que cette opération enleve une victime sur cinq, ensorte qu'il n'en réchappe que les quatre cinquiémes. Cela posé, il est très-aisé de voir que la vie moyenne de ceux qui seront inoculés, sera les quatre cinquiémes de 100 ans, c'est-à-dire, de 80 ans, & par conséquent de 30 années plus grande que la vie moyenne de ceux qui s'abandonneront à la nature. Si donc on appliquoit à cette hypothèse le raisonnement fondé sur l'augmentation de la vie moyenne des inoculés, on en concluroit que dans le cas présent l'inoculation seroit très-avantageuse. Cependant je doute que dans ce même cas personne voulût prendre le parti de se faire inoculer; par la raison, que le risque de mourir de l'inoculation étant un danger instant & présent, & se trouvant d'un contre quatre, est plus que suffisant pour balancer la certitude de vivre cent ans, après avoir échappé à cette opération. Envain répondroit-on que nous avons fait une supposition arbitraire, qui n'a point lieu dans l'état actuel de la vie des hommes. Cette supposition suffit pour l'objet que nous nous sommes proposé, pour montrer que l'augmentation de la vie moyenne des inoculés n'est pas un argument suffisant en faveur de l'inoculation; car encore une fois, si ce principe étoit juste, il seroit applicable à toutes sortes d'hypothèses; sur-tout à celles où la vie moyenne des inoculés seroit considérablement plus grande que la vie moyenne de ceux qui ne le sont pas. Dans le cas imaginaire que nous avons pris, le risque de mourir de l'inoculation est très-grand, mais la vie moyenne est prodigieusement augmentée; dans le cas réel, le risque est sans doute beaucoup moindre, mais l'augmentation de la vie moyenne est beaucoup moindre aussi. Ce n'est donc ni la longueur seule de la vie moyenne, ni la seule petitesse du risque, qui doit déterminer à admettre l'inoculation; c'est uniquement le rapport entre le risque d'une part, & de l'autre l'augmentation de la vie moyenne, ou plutôt l'avantage que doit procurer cette augmentation relativement au tems & à l'âge où l'on en doit jouir. Or la difficulté est de fixer ce rapport.

La supposition que nous avons faite il n'y a qu'un moment, toute gratuite qu'elle est, peut conduire encore à une autre considération, qu'on n'a pas, ce me semble, assez faite en cette matiere. On a trop confondu l'intérêt que l'Etat en général peut avoir à l'inoculation, avec celui que les particuliers peuvent y trouver; car ces deux intérêts peuvent être fort différens. Par exemple, dans l'hypothèse que nous venons de faire, il est certain que l'Etat gagneroit à l'inoculation, puisqu'en sacrifiant un citoyen sur cinq, la société seroit assurée de conserver ses autres membres sains & vigoureux, jusqu'à l'âge de 100 ans; cependant nous venons de voir que dans cette même hypothèse, il n'y auroit peut-être pas de citoyen assez courageux ou assez téméraire pour s'exposer à une opération, où il risqueroit un contre quatre de perdre la vie. C'est que pour chaque individu, l'intérêt de sa conservation particuliere est le premier de tous;

l'Etat au contraire considére tous les citoyens indifféremment; & en sacrifiant une victime sur cinq, il lui importe peu quelle sera cette victime, pourvû que les quatre autres soient conservées. Or je demande si aucun Législateur seroit en droit d'obliger les citoyens à l'inoculation, dans la supposition (d'ailleurs si favorable à l'Etat) qu'il en pérît un sur cinq, & que les quatre qui en réchapperoient, fussent assurés de cent ans de vie? C'est une question digne d'exercer les Arithméticiens politiques; mais on apprendra du moins par notre hypothèse, que dans cette matiere délicate, l'intérêt de l'Etat & celui des Particuliers doivent être calculés séparément. On ne pensera pas, par exemple, comme le célébre Mathématicien déja cité paroît l'avoir cru, que si l'inoculation ne faisoit périr qu'une victime sur dix, elle seroit encore avantageuse, par cette seule raison, qu'elle augmenteroit de quelques jours la vie moyenne (*H*).

Il paroît donc que tous les calculs qu'on a faits jusqu'à présent, pour déterminer les avantages de l'inoculation, sont insuffisans & prématurés. Mais faut-il conclure de-là que l'inoculation doive être proscrite? Je suis bien éloigné de le prétendre. Toutes nos objections contre les calculs des Inoculateurs se réduisent à prouver qu'on n'a ni observations ni méthodes assez éxactes, pour appuyer solidement ces calculs, & pour arriver à un résultat précis & satisfaisant. Mais combien d'occasions

(*H*) Voyez les Remarques à la fin de ce Mémoire.

dans la vie, où ſans ſavoir préciſément l'avantage qu'on peut eſpérer en prenant quelque parti, on eſt déterminé par le ſeul motif que cet avantage peut être très-grand? Il ne s'agit plus que de ſavoir ſi l'inoculation eſt dans ce cas.

Je ſuppoſerai d'abord, comme je l'ai fait juſqu'ici, d'après les Inoculateurs, que l'inoculation augmente en effet la vie moyenne des hommes; je reviendrai dans un moment ſur cette ſuppoſition; admettons-la d'abord pour vraie. Il eſt inconteſtable que dans cette hypothèſe l'inoculation ſeroit avantageuſe, ſi on ne couroit pas quelque riſque de mourir en ſe ſoumettant à cette opération. Si donc ce riſque étoit abſolument nul, ſi tous les inoculés, ſans exception, échappoient à la mort, il n'y a point de citoyen qui dût balancer à ſe faire inoculer. Or quoique l'inoculation ait fait périr quelques victimes, cependant les Inoculateurs aſſurent qu'aucun de ceux qui ont ſubi cette épreuve avec les précautions convenables, n'y a ſuccombé. Des liſtes fidéles, diſent-ils, prouvent que de douze cens inoculés bien choiſis, & traités par la même perſonne dans le même lieu, il n'en eſt pas mort un ſeul. Il ne s'agit donc, ajoutent-ils, que de ſe mettre entre les mains d'un Médecin habile, ſage & expérimenté; & on peut alors ſe regarder comme ſûr de ſa guériſon.

C'eſt-là, ce me ſemble, le point eſſentiel, auquel les Partiſans de l'inoculation doivent s'attacher; c'eſt à prouver qu'on n'en meurt point, quand elle eſt pratiquée &

conduite avec prudence; c'eſt à prouver (autant que cela eſt poſſible en Médecine) que le petit nombre d'inoculés qui ont péri juſqu'à préſent, ont été la victime, ou de leur imprudence, ou de celle de leurs guides, ou de quelques accidens particuliers, tout-à-fait étrangers à cette maladie. Il eſt certain, & c'eſt déja un préjugé favorable, que les Médecins ſages qui ont pratiqué cette opération, n'ont juſqu'ici perdu aucun de leurs malades. Ces mêmes Médecins paroiſſent perſuadés que plus ils la pratiqueront, plus il paſſera pour conſtant qu'on n'en meurt jamais, quand elle n'eſt pas faite au hazard. Or dans une matiere qui ne peut être ſuſceptible de démonſtrations rigoureuſes, la grande probabilité du ſuccès eſt un argument ſuffiſant pour ne pas proſcrire, pour encourager même des expériences utiles. C'eſt pourquoi ſi ces Médecins ſe tiennent aſſurés de ne faire périr aucun malade par l'inoculation, on ne ſauroit trop les exhorter à la répandre : c'eſt le moyen le plus ſûr de répondre à la principale objection contre l'inoculation, la crainte d'y ſuccomber: crainte qui aura toujours beaucoup de force ſur le commun des hommes, quelque peu fondée qu'on la ſuppoſe; parce que d'un côté elle a pour objet un danger préſent, & que de l'autre ils ne peuvent comparer avec aſſez de certitude le riſque qu'ils courent à l'avantage qu'ils eſperent.

Allons plus loin. Quand même l'inoculation, faite avec les précautions convenables, emporteroit quelques victimes en très-petit nombre ſur une quantité infiniment plus

plus considérable qui en réchapperoit, ce ne seroit pas encore une raison pour la condamner. En effet, il faut considérer, que la petite Vérole naturelle emporte tous les ans, année commune, une certaine partie du genre humain, & par conséquent aussi une certaine partie tous les mois, c'est-à-dire, dans un espace de tems égal à celui où l'on subit le risque de l'inoculation. Ce nombre de victimes de la petite Vérole naturelle est à Paris d'environ un sur 6000 par mois; c'est-à-dire, que sur 6000 personnes vivantes, prises au hazard & à tout âge, il en meurt une par mois de la petite Vérole (*I*); encore faut-il observer, que des 6000 personnes actuellement vivantes, & de tout âge, dont il meurt une par mois de la petite Vérole naturelle, il y en a un très-grand nombre qui a déja eu la petite Vérole, & qui par conséquent ne doit point être compté parmi les 6000 personnes dont il s'agit. Supposons que ce nombre à retrancher ne soit que de la moitié des 6000; alors le risque de mourir de la petite Vérole en un mois, seroit de $\frac{1}{3000}$ pour tous les âges indifféremment. Il est même certainement plus considérable. Car on peut assurer, quoiqu'on n'ait point encore là-dessus d'observations exactes, que de toutes les personnes actuellement vivantes à tout âge, il y en a beaucoup plus de la moitié qui ont déja payé le tribut à la petite Vérole naturelle (*K*).

(*I*) Voyez les Remarques à la fin de ce Mémoire.

(*K*) Voyez les Remarques à la fin de ce Mémoire.

Si donc l'inoculation, qui enleve déja, comme on vient de le voir, si peu de personnes, se perfectionnoit au point de n'en faire périr qu'une sur trois mille, ou sur un plus grand nombre, alors la partie du genre humain que la petite Vérole enleve chaque mois, ne seroit pas plus petite, ou même seroit plus grande que celle qui succomberoit à l'inoculation, sagement administrée. En ce cas le danger de cette opération seroit réellement & absolument nul; & personne au monde ne devroit craindre de s'y exposer, ou pour soi, ou pour les siens; car alors on ne courroit pas plus de risque, ou même on en courroit moins à se donner la petite Vérole, qu'à attendre qu'elle vînt naturellement dans le courant du mois où on se seroit inoculer; avec cet avantage de plus, que l'inoculation délivreroit pour le reste de la vie de la crainte d'une maladie affreuse & cruelle.

Or si 1200 inoculés bien choisis, & traités avec prudence, ont échappé au danger de l'inoculation, n'y a-t-il pas lieu de croire que 3000 inoculés, choisis & traités de même, en réchapperoient? On assure qu'à Constantinople, 10000 personnes inoculées avec précaution dans une seule année, ont subi heureusement cette épreuve. Quand le fait seroit exagéré du triple, c'en seroit plus que nous n'en demandons.

Enfin, quand même le risque de mourir de l'inoculation (sagement administrée) seroit plus grand que celui de mourir de la petite Vérole naturelle dans le courant du même mois, ce risque, s'il n'étoit en effet que de 1 fur 1200, feroit encore plus petit que celui de mourir de la petite Vérole naturelle dans l'efpace de trois mois. Car, fuivant le calcul qu'on vient de faire, le nombre de ceux qui meurent à Paris de la petite Vérole, année commune, eft tout au moins de 1 fur 3000 en un mois; & par conféquent de 1 fur 1000 en trois mois (*a*). Donc le rifque de mourir de la petite Vérole naturelle en trois mois, feroit au moins le même, & vraifemblablement plus grand, que celui de mourir en un mois de l'inoculation. Or rifquer de mourir au bout d'un mois, ou dans l'efpace de trois, eft à-peu près la même chofe pour le commun des hommes. On ne devroit donc pas balancer à préférer celui de ces deux rifques qui délivre de la crainte de la petite Vérole naturelle; parlà on auroit l'avantage de s'affurer à la fois une vie plus longue & une plus grande tranquillité; avantage affez grand, pour l'emporter fur la légere probabilité de fuccomber à l'inoculation, en ne facrifiant que deux mois de fa vie (*L*). Lorfqu'il eft queftion d'un avantage, même éloigné, il y a une infinité de cas, fur-tout dans le cours de la vie, où une probabilité très-petite de danger, qui balance cet avantage, doit être traitée comme fi elle étoit abfolument nulle. Ce principe, pour le dire en paffant, eft très-important dans la théorie des

(*a*) On verra dans les Notes que ce rifque peut être porté, fans craindre de fe tromper, à 1 fur 1500 en un mois; ce qui réduiroit abfolument à rien (dans la fuppofition préfente) le danger de l'inoculation.

(*L*) Voyez les Remarques à la fin de ce Mémoire.

jeux de hazard : il peut ſervir à réſoudre des queſtions épineuſes & délicates, qui n'ont point été réſolues juſqu'ici, ou qui l'ont été mal, mais qui ne ſont pas de l'objet de ce Mémoire (*M*).

Il ne nous reſte plus qu'à examiner la ſuppoſition que nous avons faite, que l'inoculation augmente la vie moyenne des hommes. Cette ſuppoſition eſt fondée ſur deux autres. 1°. Que l'inoculation garantiſſe de la petite Vérole naturelle. 2°. Que l'inoculation n'emporte après elle aucune autre maladie mortelle ou dangereuſe. Les obſervations, ſelon les Inoculateurs, paroiſſent favorables juſqu'ici à la premiere ſuppoſition, ou du moins n'y paroiſſent pas contraires. On n'a point encore, diſent-ils, un ſeul exemple inconteſtable d'un inoculé qui ait repris la petite Vérole ; & il faut avouer au reſte que quand même le cas arriveroit, il pourroit être ſi rare, qu'on ſeroit en droit de le regarder, dans la pratique, comme n'éxiſtant pas (*a*). A l'égard de la ſeconde ſuppoſition, on ne ſauroit, il eſt vrai, démontrer en rigueur, que l'inoculation, en nous délivrant de la petite Vérole, ne nous rende ſuſceptibles d'aucune autre maladie dangereuſe ; mais il eſt encore plus vrai qu'on n'a pas de preuve du contraire. Juſqu'ici les inoculés paroiſſent avoir joui d'une auſſi bonne ſanté après cette

(*M*) Voyez les Remarques à la fin de ce Mémoire. Voyez auſſi le Mémoire précédent *ſur le Calcul des probabilités.*

(*a*) Voyez la Note (*D*) n. 1.

opération, qu'auparavant. Un doute qui n'eſt point appuyé ſur des faits, n'eſt donc point un motif pour rejetter l'inoculation. Ce doute à la vérité ne pourra être entiérement détruit, que quand on ſe ſera aſſuré par l'obſervation de pluſieurs années, que l'inoculation augmente la vie moyenne des citoyens. Mais cette augmentation étant au moins déja très-probable, c'eſt une raiſon pour la conſtater rigoureuſement par l'expérience. Or cela ne ſe pourra faire qu'en pratiquant l'inoculation; en dreſſant des tables éxactes de ceux qui ſe feront inoculer à chaque âge, du petit nombre de ceux qui en mourront, & du nombre de ceux qui meurent à chaque âge de la petite Vérole naturelle.

Concluons de tout ce qui a été dit dans ce Mémoire, que ſi les avantages de l'inoculation ne ſont pas de nature à être apprétiés mathématiquement, il eſt néanmoins vraiſemblable que ces avantages ſont réels pour ceux qui la ſubiront avec les précautions convenables; qu'il faut donc bien ſe garder d'en arrêter ou d'en retarder les progrès; & que c'eſt le ſeul moyen d'acquérir ſur cette matiere importante toutes les lumieres que l'on peut deſirer, pour mettre déſormais l'inoculation à l'abri de toute atteinte. Mes objections n'attaquent que les Mathématiciens qui pourroient trop ſe preſſer de réduire cette matière en équations & en formules; mais je me regarderois comme coupable envers la Société, ſi j'avois eû pour but de diſſuader mes concitoyens d'une pratique que je crois utile.

Il y auroit encore beaucoup d'autres réfléxions (*N*) à faire sur un sujet si important ; mais il est tems de finir cet Ecrit, dans lequel je ne crois pas que les Partisans ni les Adversaires de l'inoculation m'accusent d'avoir marqué la plus légére partialité ; ses Adversaires, puisque j'ai tâché de prouver que les calculs qu'on leur a opposés jusqu'à présent, n'étoient peut-être pas suffisans pour les convaincre ; ses Partisans, puisqu'en partant d'un fait avancé par eux, & qui ne paroît pas leur avoir été contesté, j'en conclus que l'inoculation mérite d'être encouragée.

(*N*) Voyez les Remarques à la fin de ce Mémoire.

Fin du onziéme Mémoire.

NOTES

Sur le Mémoire précédent.

CE Mémoire ayant été fait pour être lû dans une Assemblée publique de l'Académie des Sciences, j'ai été obligé de le renfermer dans certaines bornes, & d'en supprimer les détails de calcul. Les Notes suivantes, qui sont très-étendues, suppléront à ce que je n'ai pû dire dans cet Ecrit.

(*A*) Suivant les Listes mortuaires, publiées en Angleterre, il meurt de la petite Vérole $\frac{1}{14}$ des enfans qui naissent; à quatre ans il ne reste plus que la moitié de ces enfans, dont l'autre moitié a péri presque toute entiere par des maladies de l'enfance, différentes de la petite Vérole. Ainsi c'est à-peu-près la septiéme partie du genre humain, que la petite Vérole emporte depuis l'âge de quatre ans, jusqu'à la fin de la vie. Voyez *le Mémoire de M. de la Condamine.*

Au reste, cette proportion qui paroît avoir été adoptée en Angleterre pour la Ville de Londres, n'est pas la même pour toutes les autres Villes. M. Daniel Bernoulli dit qu'à Bâle, dans des Epidémies assez malignes de la petite Vérole, il n'en meurt pas un malade sur 20; ce qui seroit considérablement au-dessous de ce qu'il en meurt à Paris dans des cas ſemblables. M. Bernoulli eſtime qu'à Bâle le nombre de ceux qui meurent de la petite Vérole, eſt tout au plus la douziéme partie de ceux qui en ſont attaqués, & tout au plus la vingtiéme partie de ceux qui meurent ; ce qui ſeroit fort au-deſſous du rapport $\frac{1}{7}$ que nous venons de ſuppoſer.

En général, il paroît que la mortalité de la petite Vérole doit être conſidérablement plus forte dans les grandes Villes, que dans les petites ; & dans les Villes, que dans les Campagnes. Et ſi l'inoculation faiſoit périr partout à-peu-près une victime ſur 300, elle ſeroit moins avantageuſe, à proportion que la petite Vérole naturelle ſeroit moins dangereuſe. Par exemple, à Bâle, l'avantage (en ſuivant les calculs des Inoculateurs) ne ſeroit plus que dans le rapport de 300 à 20, ou de 15 à 1, beaucoup moindre par conſéquent qu'à Paris. Cependant il eſt vraiſemblable, que moins la petite Vérole ſera dangereuſe dans un Pays, moins l'inoculation le ſera de ſon côté. Il n'y a que des obſervations & des tables éxactes qui puiſſent fixer pleinement nos idées ſur ce ſujet ; mais ces obſervations & ces tables nous manquent encore.

(*B*) Les Liſtes de ceux qui ſont morts de l'inoculation varient beaucoup entr'elles. Suivant quelques-unes il eſt mort un inoculé ſur ſoixante ; ſuivant d'autres, il n'en eſt pas mort un ſur douze cens. C'eſt en prenant un milieu entre toutes les Liſtes, qu'on a fixé le nombre des morts de l'inoculation, à environ 1 ſur 300 ; mais il faut avouer

avouer que cette eſtimation eſt très-imparfaite, & cela pour deux raiſons. 1°. Elle a été faite indifféremment ſur toutes les Liſtes de ceux qui ſont morts de l'inoculation, tant après avoir été inoculés au hazard & ſans préparation, qu'après avoir été inoculés avec les précautions convenables. Cette maniere d'évaluer les avantages de l'inoculation eſt peu éxacte. Car ſi on prend les inoculés au hazard, il en meurt bien plus de un ſur 300, & au contraire ſi on les inocule avec précaution, le nombre des victimes paroît être beaucoup moindre. Donc dans le premier cas, la ſuppoſition d'une victime ſur 300 eſt trop favorable à l'inoculation; & dans le ſecond elle lui eſt contraire. Or ce ſecond cas eſt celui que tout Partiſan de l'inoculation, & même que tout Philoſophe raiſonnable doit naturellement ſuppoſer. Car perſonne ne conſeillera l'inoculation à un ſujet mal ſain, ſur-tout s'il n'y eſt pas préparé. Nous faiſons d'avance cette derniere remarque, qui nous ſervira dans la ſuite de ce Mémoire à établir les avantages de l'inoculation, & ſur laquelle il paroît que les Partiſans de cette pratique n'ont pas appuyé, ou ont appuyé trop légérement; en quoi ils ont abandonné, ce me ſemble, leur véritable avantage; & ce qu'il y a de plus déciſif en leur faveur dans cette queſtion.

2°. Une autre raiſon pour laquelle le rapport de 1 à 300 eſt peu éxact, c'eſt que ce rapport eſt ſuppoſé le même pour quelque âge que ce ſoit. Nous ne pouvons à la vérité faire une autre ſuppoſition, faute d'obſervations suffisantes ; mais on ne sauroit trop exhorter les Inoculateurs à constater par des expériences réitérées quel est ce rapport pour chaque âge, afin d'arriver là-dessus à toute la précision que le sujet peut comporter. Quoi qu'il en soit, nous partirons du rapport de 1 à 300, supposé par les Inoculateurs même ; & c'est d'après cette supposition, que nous allons examiner les conséquences qu'ils en tirent.

(*C*) 1. Pour fixer les idées, je suppose que le tems où on est sujet à la petite Vérole, soit depuis 5 jusqu'à 65 ans. Je sai qu'on a souvent la petite Vérole plutôt & quelquefois plus tard ; mais il faut remarquer en même tems ; 1°. que si on fait commencer le risque de la petite Vérole au moment de la naissance, alors, suivant la Note (*A*) ci-dessus, on trouvera par les tables de mortalité $\frac{1}{14}$ seulement de risque au lieu de $\frac{1}{7}$; 2°. que si on suppose que le risque de la petite Vérole s'étende au-delà de 65 ans, alors en prolongeant le tems de ce risque, on diminue d'autant à proportion le risque d'en mourir en un mois ; ainsi les deux suppositions que nous avons faites, tendent à augmenter le risque de mourir de la petite Vérole, & sont par conséquent (à cet égard) favorables aux Inoculateurs ; 3°. enfin on n'inocule guères avant l'âge de 4 à 5 ans ; c'est donc de ce point qu'il faut partir pour apprétier les avantages de l'inoculation.

2. Cela posé, imaginons pour un moment qu'il meure tous les ans un égal nombre de personnes de la petite Vérole ; il est évident que le risque d'en mourir dans

l'année, fera $\frac{1}{7.60}$; & que celui d'en mourir dans le mois, fera $\frac{1}{7.60.12}$. Donc le risque de mourir de l'inoculation, est à celui de mourir de la petite Vérole (*dans le même tems*) comme $\frac{1}{300}$ est à $\frac{1}{420.12}$; c'est-à-dire, comme 84 à 5, ou à-peu-près comme 17 à 1. Ce rapport augmenteroit du double, si on supposoit que le risque de mourir de l'inoculation ne s'étendît qu'à quinze jours ; & si on supposoit encore avec M. Bernoulli, qu'il y a des Villes, comme Bâle, où le risque $\frac{1}{7}$ se réduit à $\frac{1}{20}$, les deux rapports seroient entr'eux comme $\frac{1}{300}$ à $\frac{1}{20.60.24}$, ou comme 96 à 1.

3. On auroit tort de nous objecter que nous avons fait une fausse hypothèse, en supposant qu'il meurt tous les ans un égal nombre de personnes de la petite Vérole ; cette supposition sans doute est peu éxacte, mais nous ne l'avons faite que pour nous expliquer plus aisément par un exemple. Car dans toute autre hypothèse, pourvû qu'elle ne soit pas trop forcée, on trouvera toujours que le risque de mourir de l'inoculation en un mois, est plus grand que celui de mourir de la petite Vérole *dans le même tems*. Supposons, par exemple, que le nombre des morts de la petite Vérole de 5 à 65 ans, soit chaque année en progression Arithmétique décroissante depuis 5 ans jusqu'à 65, & qu'à 65 ans ce nombre soit $= o$; on trouvera que le dernier terme de cette progression étant

supposé x, on a pour le premier terme $60x$, & pour la somme des morts pendant les 60 ans, $(x + 59x) \times \frac{60}{2}$, qui doit être égal à $\frac{1}{7}$; donc $x = \frac{1}{7 \cdot 30 \cdot 60}$; d'où il est aisé de voir que le risque de mourir la premiere année est $\frac{1}{210}$, & par conséquent le premier mois $\frac{1}{12 \times 210}$; que celui de mourir le premier mois de la seconde année est $\frac{1}{210} \times \frac{59}{60} \times \frac{1}{12}$; que celui de mourir le premier mois de la troisiéme est $\frac{1}{210} \times \frac{58}{60} \times \frac{1}{12}$ &c. & ainsi de suite ; or chacun de ces risques est fort au-dessous de $\frac{1}{300}$, qu'on suppose être le risque auquel les inoculés s'exposent.

4. En général, supposons que le nombre de ceux qui meurent à chaque instant de la petite Vérole soit du, & qu'on ait $du = A(60 - x)^n dx$, x exprimant un nombre quelconque d'années écoulées depuis 5 ans jusqu'à 65 ; on aura donc $u = -A \frac{(60 - x)^{n+1}}{n+1} + \frac{A \cdot 60^{n+1}}{n+1}$; qui doit être $= \frac{1}{7}$ lorsque $x = 60$; d'où l'on tire $A = \frac{n+1}{7 \cdot 60^{n+1}}$: donc $du = \frac{n+1 \cdot dx}{7 \cdot 60} \times \left(1 - \frac{x}{60}\right)^n$: quantité qu'on peut prendre pour le nombre de ceux qui meurent de la petite Vérole chaque année à la fin du tems x ; en regardant dx comme $= 1$, & comme représentant une année de tems. Donc en général le risque de l'inoculation sera à celui de mourir de la pe-

tite Vérole (*dans le même tems, c'est-à dire en un mois*) comme $\frac{1}{300}$ est à $\frac{n+1}{7.60.12} \times (1 - \frac{x}{60})^n$; ce rapport sera la premiere année, comme $\frac{1}{300}$ est à $\frac{n+1}{7.60.12}$ à très-peu-près, pourvû que le nombre n ne soit pas fort grand; parce que x étant $= 1$, $(1 - \frac{x}{60})^n$ est à-peu-près égal à l'unité.

Si l'on fait dans cette formule $n = 0$, ou $n = 1$, on retombera dans les deux cas des art. 3 & 4 ci-dessus. Si au lieu de $\frac{1}{7}$ on prenoit toute autre fraction, par exemple, $\frac{1}{10}$, pour représenter le risque de la petite Vérole naturelle, on trouveroit de même le rapport des deux risques (*a*).

5. Il faut remarquer cependant, qu'en supposant toujours $du = A(60 - x)^n dx$, la formule précédente du rapport entre les deux risques, n'est éxacte que pour la premiere année; & que dans les années suivantes, il faut, pour connoître le risque de mourir de la petite Vérole, multiplier ce risque par $\frac{a}{z}$, a étant le nombre des vivans à l'âge de cinq ans, & z le nombre de ceux qui vivent à $5 + x$ ans, & qui n'ont point encore eu la

(*a*) On pourroit encore supposer $du = Ac^{-x} dx$, c étant le nombre dont le Logarithme est l'unité. Mais comme la véritable loi des du est inconnue jusqu'ici, toutes ces hypothèses seroient arbitraires; nous ne voulons ici que faire sentir par différens exemples, que le risque de mourir de la petite Vérole naturelle en un mois, est plus petit que celui de mourir de l'inoculation.

petite Vérole ; ce qui augmente à la vérité le riſque de mourir de la petite Vérole en un mois, mais non pas au point de le rendre = à $\frac{1}{300}$, qui eſt le riſque de l'inoculation dans ce même tems d'un mois.

6. Par exemple, ſi on ſuppoſe avec M. Daniel Bernoulli, que de 64 perſonnes de même âge qui n'ont point eu la petite Vérole, il en meurt une dans l'année, (ſuppoſition qui paroît néanmoins être trop forte, ſur-tout quand on a paſſé les 30 ans) on aura pour le riſque de mourir de la petite Vérole naturelle en un mois, la fraction $\frac{1}{64 \times 12} = \frac{1}{768} < \frac{1}{300}$.

7. Au reſte, quelque hypothèſe qu'on veuille faire ſur la loi de mortalité de la petite Vérole, il eſt du moins certain, diront les Anti-inoculateurs, que faute d'obſervations & de tables ſuffiſantes, il n'y a aucun mois dans la vie, où on puiſſe être aſſuré qu'on riſquera davantage de mourir de la petite Vérole naturelle, que d'en mourir par l'inoculation ; ainſi, concluront-ils, l'inoculation, à quelque âge que ce ſoit, eſt, ou téméraire, ou tout au moins haſardée. Telle eſt l'objection qu'ils peuvent faire, & qu'on ne nous accuſera pas d'avoir affoiblie.

(*D*) 1. La raiſon pour laquelle le riſque de mourir en un mois de la petite Vérole naturelle, eſt ſi peu conſidérable, c'eſt par le peu de probabilité qu'on aura la petite Vérole naturelle dans le mois. Car ſi on doit l'avoir, alors le riſque eſt beaucoup plus grand, ſavoir de $\frac{1}{7}$ environ, ſuivant les Inoculateurs ; & ſi on ne doit pas l'avoir, en ce cas on se retrouvera encore le mois suivant dans le danger d'avoir la petite Vérole, & d'en mourir. Au contraire, le risque qu'on court par l'inoculation (à la vérité en un mois) suppose qu'on a reçu effectivement la petite Vérole, & délivre de ce danger pour le reste de la vie, lorsqu'une fois on en est échappé. Je dis pour le reste de la vie; car quand il ne seroit pas rigoureusement prouvé que l'inoculation délivre absolument d'avoir la petite Vérole, au moins il paroît que les inoculés n'ont pas plus à la craindre que ceux qui l'ont déja eûe naturellement. Or nous voyons que ceux qui ont déja eu la petite Vérole naturelle, ne la craignent plus; & les Médecins sont partagés sur la question, si on a deux fois cette maladie; ce qui prouve au moins que le cas est rare.

2. Voilà donc le point de vûe sous lequel on doit comparer les deux risques; l'un plus grand (quoiqu'assez petit en lui-même) mais ne devant durer qu'un mois sur tout le cours de la vie; l'autre plus petit, mais devant se répéter à chaque mois: le premier de ces risques sera nul dès qu'on y aura échappé; le second, dès qu'on y aura échappé, recommencera tout de nouveau, & pourra même aller toujours en augmentant de mois en mois, au moins jusqu'à un certain âge. Ainsi la difficulté Mathématique de la question consiste à savoir comment on doit comparer ces deux risques. Le premier (suivant les Inoculateurs) est $\frac{1}{300}$; & le second est formé de la somme des risques qu'on court à chaque mois,

chacun de ces riſques devant pourtant être diminué à raiſon de l'éloignement du tems où chacun des mois eſt placé. Car il eſt clair que ſi $\frac{1}{1200}$, ou toute autre fraction, exprime le riſque de mourir à 40 ans de la petite Vérole en un mois, pour ceux qui ſont parvenus à cet âge; ce riſque ne doit pas être eſtimé $\frac{1}{1200}$ quand on l'enviſage long-tems avant l'âge de 40 ans, par exemple, à l'âge de 5 ans; ſur-tout quand on compare ce riſque au riſque $\frac{1}{300}$ de mourir de l'inoculation en un mois; parce que le riſque $\frac{1}{300}$ eſt un riſque préſent & *inſtant* de perdre la vie en un mois, & que le riſque $\frac{1}{1200}$ eſt un riſque éloigné, & que l'on ne doit courir qu'après avoir vêcu 35 ans, c'eſt-à-dire, après avoir profité des plus belles années de la vie. En un mot, le riſque de périr de l'inoculation, quelque petit qu'il ſoit, eſt un danger *préſent*, & le riſque de mourir de la petite Vérole naturelle (quoique plus grand) eſt un danger *éloigné*, qui ſe répand ſur tout le tems de la vie, & dont les différentes parties s'affoibliſſent par degrés, en ſe répandant ſur cet eſpace. Or par quelle méthode réduire ce dernier riſque en calcul? Comment en apprétier les différentes parties, & comment en évaluer la ſomme?

3. La ſeule maniere dont il paroît qu'on puiſſe comparer les deux riſques, eſt celle-ci. On conſidere la vie comme une loterie, d'où il ſort un certain nombre de lots qui portent la mort; les inoculés mettent à cette loterie un billet de plus que les autres hommes; en conſéquence de ce billet le lot de la mort peut ſortir

pour

pour eux dans l'espace d'un mois; mais ce mois passé, le lot de la mort doit sortir plus tard pour eux, que pour ceux qui n'ont point mis ce billet. Or on demande quel est l'avantage des Joueurs à cette loterie, ou quel est le rapport de l'espérance des Joueurs qui n'ont point mis le billet, à l'espérance des Joueurs qui l'ont mis? Je vais tâcher de donner dans la théorie suivante la seule réponse qu'on puisse faire à cette question; & je ne dissimulerai point en même-tems ce que l'on peut encore desirer dans cette théorie, pour en être pleinement satisfait.

THÉORIE MATHÉMATIQUE *DE L'INOCULATION.*

4. Soit AO (*fig.* 1.) une ligne indéfinie, qu'on suppose divisée en un nombre indéfini de parties très-petites AB, BC, CD &c. dont chacune représente une année. Supposons de plus qu'au point K, on éleve une perpendiculaire AK, qui représente le nombre de personnes qui naissent en même-tems dans un même lieu, & principalement dans une grande Ville, telle que Paris, Londres &c. Quand je dis *en même-tems*, je n'entends point par ce mot le même instant de tems pris rigoureusement, mais un espace de tems assez court, par exemple, celui d'une année: car on peut supposer sans erreur sensible, que s'il naît, par exemple, 20000 personnes par an à Paris, ces 20000 personnes naissent tout-à-la-

fois au commencement de l'année. Mais pour nous exprimer d'une maniere encore plus générale & plus éxacte, nous supposerons que *A K* représente en général un nombre donné de personnes, toutes du même âge, & vivantes au commencement *A* du tems indéfini *A O*.

5. Soit *A R* une portion de la ligne indéfinie *A O*, laquelle portion *A R* représente un certain nombre *n* d'années, ensorte que $AR = n AB$; supposons de plus qu'à la fin du tems *A R*, le nombre de personnes qui existent encore, & qui restent de la quantité *A K* qu'il y en avoit au commencement du tems *A R*, soit représenté par *R E*; & imaginons qu'à chaque point *R* de la ligne *A O*, on éleve de pareilles lignes *R E*, qui représentent le nombre d'hommes restant: il est évident; 1°. qu'on formera par ce moyen une courbe *K E Q* qui ira rencontrer la ligne indéfinie *A O* en un point *Q*, & que $\frac{AQ}{AB}$ exprimera le tems à la fin duquel les personnes dont le nombre est représenté par *A K*, & qui existent en même tems, seront toutes mortes, sans qu'il en reste une seule; 2°. que toutes les personnes vivantes à la fois à la fin d'un tems quelconque *A R*, & dont le nombre est représenté par l'ordonnée *R E*, seront du même âge; 3°. que puisque pendant l'espace de tems *R r*, qu'on peut supposer d'une année, le nombre des vivans *R E* de même âge est diminué de la quantité $E\epsilon$, le nombre des vivans de ce même âge, s'il étoit *R F*, seroit diminué pendant le même tems *R r* d'une quantité $F\varphi = \frac{E\epsilon \times RF}{RE}$.

6. Imaginons maintenant par le point *K* la ligne *KN* indéfinie & parallèle à *AO*; & ſur cette ligne élevons à chaque point *G* des perpendiculaires *GH*, marquant le nombre de perſonnes qui meurent de la ſeule petite Vérole pendant le tems *AR*, & qui par conſéquent n'exiſtent plus à la fin de ce tems *AR* par le ravage de cette ſeule maladie. Il eſt aiſé de voir; 1°. qu'on formera par ce moyen une courbe *KHL*; 2°. que comme il eſt rare d'avoir la petite Vérole dans un âge avancé, par exemple, à 60 ans, ſi on prend $AM = 60\,AB$, la partie *LS* de cette courbe *KHL*, qui commence au point *L*, ſera ſenſiblement parallèle à l'axe, & pourra même lui être abſolument parallèle, ſi *AM* exprime un âge auquel perſonne n'a plus la petite Vérole, comme 70 ou 75 ans, plus ou moins; 3°. que ſi on mene *HT* parallèle à *KN*, les ordonnées *LV* repréſenteront le nombre de perſonnes mortes de la ſeule petite Vérole pendant le tems *RM*; & que par conſéquent *Xx* repréſentera ce qui meurt de la ſeule petite Vérole pendant le tems *Rr*.

7. Cela poſé, ſoit $AK = k$; $AR = x$; $RE = y$; $GH = u$; on voit d'abord que ſi toutes les perſonnes exiſtantes à-la-fois au commencement *A* du tems *AR*, avoient eû la petite Vérole auparavant, il en périroit un moindre nombre pendant le tems *AR*, puiſque l'une des cauſes de mort, ſavoir la petite Vérole, n'exiſteroit plus, ou du moins ne cauſeroit plus que très-peu de morts; (Voyez cette Note *D* art. 1.). Ainſi à la fin du tems *AR*, le nombre des perſonnes de même âge qui vivroient

encore, feroit plus grand que RE. Suppofons ce nombre $= RF = z$; il eft évident, 1°. que $E\epsilon$ repréfentant la quantité dont le nombre RE eft diminué pendant le tems Rr, tant par la petite Vérole, que par d'autres maladies, $F\varphi = \frac{E\epsilon \times FR}{RE}$ repréfenteroit la quantité dont le nombre RF des perfonnes du même âge feroit diminué durant le même tems, *toutes chofes d'ailleurs égales*; 2°. que fi les perfonnes dont le nombre eft repréfenté par RF étoient fujettes à la petite Vérole, cette maladie en feroit périr pendant le tems Rr la quantité $X\xi = \frac{Xx \times RF}{RE}$. Mais comme on fuppofe que toutes les perfonnes dont le nombre eft repréfenté par RF, ont eu la petite Vérole, le nombre $F\varphi$ qui devroit mourir dans le tems Rr, foit de la petite Vérole, foit autrement, doit être diminué de la quantité $fz = X\xi$, qui exprime ce qui périroit par la petite Vérole feule. C'eft pourquoi on trouvera $RF - rz$ ou $dz = \frac{E\epsilon \times RF}{RE} - X\xi = \frac{z\,dy}{y} + \frac{z\,du}{y}$; je mets $+ \frac{z\,du}{y}$, & non $- \frac{z\,du}{y}$, parce que z & y diminuent pendant que u croît.

8. On aura donc $dz = \frac{z\,dy}{y} + \frac{z\,du}{y}$; dont l'intégrale eft $z = y\,c^{\int \frac{du}{y}}$; c exprimant le nombre dont le Logarithme eft l'unité. On voit par cette équation;

1°. que z est toujours plus grand que y, excepté lorsque $y = k$, & lorsque $y = o$; car dans le premier cas $\int \frac{du}{y} = o$, & par conséquent $z = y$; & dans le second, $z = o$ aussi-bien que y; 2°. que vers l'extrémité de AQ, par exemple, au point M, où la courbe KLS dégénére en une partie LS, qui est exactement ou sensiblement parallèle à l'axe, on a $c^{\int \frac{du}{y}}$ = à un nombre constant, ou éxactement, ou à très-peu-près; de sorte que z est pour lors en raison constante, ou à-très-peu-près constante avec y.

9. De-là il est évident; 1°. que si toutes les personnes qui existent en même-tems en nombre AK au commencement du tems AR, ont eu la petite Vérole, ensorte qu'elles n'ayent plus ou presque plus à la craindre, le nombre RF qui en restera à la fin du tems AR, sera plus grand que si ces mêmes personnes avoient la petite Vérole à craindre, & sera plus grand dans le rapport du nombre $c^{\int \frac{du}{y}}$ à l'unité; 2°. qu'à la fin du tems AQ, les personnes dont le nombre est représenté par AK, seront toutes mortes, soit qu'elles n'ayent pas eu la petite Vérole avant le commencement A du tems AQ, soit qu'elles l'ayent eûe.

10. C'est pourquoi si de 20000 personnes, par exemple, qui naissent ou qui existent en même-tems au même âge, il n'en existe plus une seule au bout d'un certain

nombre n d'années ; il n'en existera pas non plus une seule au bout de ce même nombre d'années, quand même ces personnes auroient eû toutes la petite Vérole avant le commencement de ce nombre n d'années. Il ne faut pas cependant conclure de-là que tout soit égal dans les deux cas. Car 1°. comme la courbe KFQ est toute extérieure à la courbe KEQ, la *vie moyenne* de toutes les personnes AK qui existent en même-tems & au même âge, sera dans le premier cas égale à l'aire $AKEQ$ divisée par AK, & dans le second égale à l'aire $AKFQ$ divisée par AK. Ainsi dans le premier cas la vie moyenne sera plus courte que dans le second, en raison de $AKEQ$ à $AKFQ$; c'est-à-dire, de $\int y\,dx$ à $\int y\,dx\,c^{\int\frac{du}{y}}$; en prenant ces intégrales pour ce qu'elles sont au point Q. 2°. Si RE & $R'F'$ (*fig.* 2.) sont faites égales à la moitié de AK, les abscisses correspondantes AR, AR' représenteront les tems au bout desquels dans les deux cas le nombre AK des personnes vivantes au même âge sera réduit éxactement à la moitié, & par conséquent le tems que chacune des personnes AK en particulier peut raisonnablement espérer de vivre ; donc puisque $AR < AR'$, ce tems sera plus petit dans le premier cas que dans le second. C'est pourquoi si toutes les personnes représentées par AK, & de même âge, ont eu la petite Vérole au commencement du tems AQ, leur vie moyenne en sera plus longue, & chacune d'elles pourra espérer de vivre plus long-tems, que si ces personnes AK

avoient encore la petite Vérole à craindre ; quoiqu'à la fin du tems AQ toutes ſoient mortes dans les deux cas.

11. Je ſuppoſe préſentement que parmi le nombre AK de perſonnes exiſtantes au même âge, AK' (*fig.* 3.) repréſente toutes celles qui n'ont point eu la petite Vérole, ou un nombre quelconque d'entr'elles. Il eſt d'abord évident qu'en traçant la courbe $K'F'Q$, qui ſoit telle que RF' ſoit à RF comme AK eſt AK', cette courbe exprimeroit la mortalité des perſonnes AK', en ſuppoſant qu'elles euſſent toutes eu la petite Vérole. Donc ſi on les inocule toutes, & qu'il en ſurvive la partie Ak', alors traçant la courbe $k'f'Q$, qui ſoit telle que Rf' ſoit à RF comme Ak' eſt à AK; cette courbe $k'f'Q$ exprimera la mortalité des inoculés. Donc la vie moyenne des inoculés AK' ſera repréſentée par l'aire $\frac{Ak'f'Q}{AK'} = \frac{AKFQ}{AK} \times \frac{Ak'}{AK'}$; & ſi on fait $A\Lambda = \frac{AK'}{2}$, & $R'O = A\Lambda$, AR' marquera le tems que les inoculés AK' peuvent raiſonnablement eſpérer de vivre.

12. Il s'agit à préſent de ſavoir quelle ſeroit la mortalité des perſonnes AK' (dont on ſuppoſe qu'aucune n'a eu la petite Vérole) ſi toutes ces perſonnes s'abandonnoient à la nature. Il eſt d'abord évident que cette mortalité ſera la même (c'eſt-à-dire, que le nombre des ſurvivans après un tems quelconque, ſera dans le même rapport avec AK') ſoit que le nombre AK' repréſente toutes les perſonnes qui n'ont point eu la petite Vérole ſur le nombre AK des vivans au même âge, ſoit qu'il

n'en repréſente qu'une partie. Suppoſons donc que AK' repréſente toutes les perſonnes de même âge, & habitantes d'un même lieu, qui n'ont point eu la petite Vérole; & que $K'EQ$ (*fig.* 4.) ſoit leur courbe de mortalité. Soit $RE' = u'$ le nombre de perſonnes reſtantes après le tems AR ſur le nombre AK' de ceux qui n'ont point encore eu la petite Vérole à l'inſtant A; il eſt clair d'abord que ſi toutes les perſonnes u' avoient eû la petite Vérole, on auroit $-du' = -\frac{u'dz}{z}$, pour le nombre de perſonnes qui mourroient pendant le petit tems dt; à quoi il faut ajouter le nombre $+du$ de ceux qui meurent dans ce même-tems de la petite Vérole. Donc $-du' = -\frac{u'dz}{z} + du$; or on a trouvé plus haut (n. 8.) $dz = \frac{zdy}{y} + \frac{zdu}{y}$, ou $-dy = -\frac{ydz}{z} + du$; donc $\frac{dy - du'}{y - u'} = \frac{dz}{z}$; ou $y - u' = Pz$; P exprimant une conſtante. Or au point A, on a $z = y = k$ (en ſuppoſant $AK = k$); donc ſi on appelle k' la valeur de u' au point A, on aura $k - k' = Pk$; donc $P = 1 - \frac{k'}{k}$; donc $y - u' = z\left(1 - \frac{k'}{k}\right)$ $= yc^{\int \frac{du}{y}} \times \left(1 - \frac{k'}{k}\right)$; & $u' = y - yc^{\int \frac{du}{y}}$ $+ \frac{yc^{\int \frac{du}{y}} \times k'}{k}$. Il ne s'agit plus que de ſavoir quelle

quelle est la valeur de k', ou le rapport de k' à k.

13. A cet effet, soit n un nombre quelconque de personnes vivantes à un certain âge donné; on peut savoir assez facilement (au moins à-peu-près) quel est parmi elles le nombre m de celles qui ont eu la petite Vérole; pour cela il suffiroit que quelques personnes zélées & éclairées, se chargeassent de faire là-dessus des informations, & d'en dresser des tables. Donc $\frac{k'}{k} = \frac{n-m}{n}$;

& $u' = y - \frac{y\,c^{\int \frac{du}{y}}\,m}{n}$. Supposant donc qu'on ait pour chaque âge la valeur de $\frac{m}{n}$; on aura la courbe de mortalité $K'E'Q$ d'un nombre quelconque AK' de personnes qui n'ont point eu la petite Vérole; on connoîtra la valeur de leur vie moyenne $= \int \frac{u'\,dx}{AK'} =$

$\int \frac{y\,dx}{k} \times \frac{n}{n-m} - \int \frac{y\,dx\,c^{\int \frac{du}{y}}\,m}{k\,(n-m)}$. Pour connoître de même le tems $A\rho$ que chacune des personnes AK' peut raisonnablement espérer de vivre, on fera $A\Lambda = \frac{AK'}{2}$, & on cherchera l'abscisse $A\rho$ correspondante à $\rho O' = A\Lambda$.

14. Ainsi (*fig.* 3.) le rapport des vies moyennes sera pour les inoculés, & pour ceux qui ne le sont pas, celui de $\int \frac{z\,dx}{k} \times \frac{Ak'}{AK'}$, à $\frac{n\int y\,dx}{k\,(n-m)} - \frac{m\int z\,dx}{k\,(n-m)}$. Donc

ſuppoſant $z = y + \omega$, on voit que la vie moyenne $\int \frac{y\,dx}{k}$, de toutes les perſonnes d'un même âge, priſes indiſtinctement (telle qu'on la trouve dans les tables déja calculées) ſera augmentée par l'inoculation à-très-peu-près de $\int \frac{\omega\,dx}{k} \times \frac{A\,k'}{A\,K'}$; & qu'elle ſera diminuée par le riſque de la petite Vérole naturelle, d'une quantité $\frac{m \int \omega\,dx}{k\,(n - m)}$. Donc 1°. $\int \frac{y\,dx}{k}$ exprimant la vie moyenne marquée dans les tables juſqu'ici connues, $\int \frac{y\,dx}{k} - \frac{m \int \omega\,dx}{k\,(n - m)}$ ſera la vie moyenne de ceux qui n'ont point eu la petite Vérole; 2°. $\left(\frac{\int y\,dx}{k} + \frac{\int \omega\,dx}{k}\right) \times \frac{A\,k'}{A\,K'}$, ſera la vie moyenne des inoculés; 3°. par conſéquent l'augmentation totale de vie moyenne, qu'on ſe procure par l'inoculation, lorſqu'on n'a point encore eu la petite Vérole, ſera $\left(\frac{\int \omega\,dx}{k}\right) \times \left[\frac{A\,k'}{A\,K'} + \frac{m}{n - m}\right] - \int \frac{y\,dx}{k} \times \left(1 - \frac{A\,k'}{A\,K'}\right)$. De plus le rapport des tems qu'on peut eſpérer de vivre dans les deux cas, ſera celui de AR' (*fig.* 3.) à $A\rho$ (*fig.* 4.).

15. J'ai ſuppoſé dans les calculs précédens, que d'un nombre quelconque AK' (*fig.* 3.) de perſonnes du même âge, qu'on inocule à l'inſtant A, il en meurt à cet inſtant A la partie $K'\,k'$; & cette ſuppoſition n'eſt pas rigoureu-

ſement éxacte : car ce nombre $K'k'$ ne meurt que pendant un certain tems, qui eſt d'environ un mois, ou, ſi l'on aime mieux, de 15 jours. C'eſt pourquoi ce n'eſt pas l'ordonnée AK' qu'il faut diminuer de la quantité $K'k'$, mais une autre ordonnée de la courbe $K'F'Q$ qui répond à une abſciſſe égale à un mois. Or ſoit μ cette ordonnée ; il eſt viſible qu'en la diminuant de la quantité $K'k'$, c'eſt la même choſe que ſi on diminuoit l'ordonnée AK' d'une quantité $= \frac{AK' . K'k'}{\mu}$; mais comme μ differe très-peu de AK', il s'enſuit qu'on pourra mettre ſans erreur ſenſible $K'k'$ au lieu de $\frac{AK' . K'k'}{\mu}$. Une plus grande éxactitude ſeroit ſuperflue dans un calcul tel que celui-ci, où il ne s'agit, & où il n'eſt poſſible d'arriver qu'à des *à-peu-près*.

16. Pour trouver les valeurs de AR', $A\rho$ (*fig.* 3. & 4.), il faut ſuppoſer d'abord que l'on connoiſſe par des tables de mortalité le nombre de perſonnes $K'k'$ qui meurent de l'inoculation, ſur un nombre donné AK' de perſonnes du même âge qu'on inocule : ce nombre, toujours très-petit, ne doit pas vraiſemblablement être le même pour chaque âge ; c'eſt-à-dire, que le rapport de $K'k'$ à AK' ne doit pas être conſtant ; c'eſt ſur quoi on n'a pas encore d'obſervations ſuffiſantes. Cela poſé,

17. On prendra d'abord le nombre AK des enfans qui naiſſent dans une même année : on ſaura par les tables de mortalité, combien il meurt de ces enfans par an ;

& on formera par ce moyen une table, dont la premiere colonne verticale contiendra les différentes valeurs de l'abſciſſe x ou AR (*fig.* 1.), depuis o juſqu'à 90 ou 95 ans. La ſeconde contiendra les valeurs de y ou RE, c'eſt-à dire, le nombre des perſonnes reſtantes à la fin de chaque tems AR. Une troiſiéme colomne verticale contiendra les valeurs de u ou GH, c'eſt-à-dire, le nombre de perſonnes que la petite Vérole a emportées pendant les tems AR (*a*) Une quatriéme colomne contiendra les quantités correſpondantes $\int \frac{du}{y}$, qu'il faudra multiplier par la ſoutangente $o,434294$ de la Logarithmique des tables; j'appelle ces quantités ainſi multipliées ζ. Pour avoir les quantités z, on ajoutera les Logarithmes des y avec les quantités correſpondantes ζ, & les quantités z ſeront celles qui auront pour Logarithmes $\zeta + \text{Log.}\, y$. On écrira ces quantités z dans une cinquiéme colomne. Dans une ſixiéme colomne on mettra les valeurs de $c^{\int \frac{du}{y}}$, ou de $\frac{z}{y}$. Une ſeptiéme co-

(*a*) Il eſt vrai que ces valeurs de GH ne ſont point encore connues par les Tables de mortalité; mais il ſeroit facile, pour peu que le Gouvernement voulût ſe prêter à cette recherche utile, de former en 15 ou 20 ans des Regiſtres Mortuaires, d'après leſquels on dreſſeroit fort aiſément de pareilles tables; & comme ces tables ſi néceſſaires à la queſtion préſente, n'exiſtent pas encore, c'eſt une raiſon de plus pour eſpérer qu'on y penſera. Car ſans ce ſecours, on n'aura jamais que des calculs imparfaits & fautifs ſur les avantages de l'inoculation.

lomne marquera pour chaque âge le rapport de m à n, & une huitiéme celui de $n - m$ à n. La neuviéme colomne donnera le rapport de $K'k'$ à AK' (*fig.* 3.) pour chaque âge; c'eſt-à-dire, le rapport du nombre des morts de l'inoculation au nombre des inoculés. La dixiéme colomne ſera la valeur de $\int \frac{y\,dx}{k}$, c'eſt-à-dire, la vie moyenne propre à chaque âge, avant ou après la petite Vérole. La onziéme, la valeur de $\int \frac{z\,dx}{k} \times \frac{Ak'}{AK'}$, c'eſt-à-dire, la vie moyenne des inoculés. La treiziéme, le tems AR' que les inoculés peuvent eſpérer de vivre. La quatorziéme, la vie moyenne $\int \frac{u'\,dx}{k'} = \int \frac{y\,dx}{k}$

$$\times \frac{n}{n-m} - \int \frac{y\,dx\,c^{\int \frac{du}{y}}\,m}{k(n-m)} = \int \frac{y\,dx}{k} \times \frac{n}{n-m}$$

$- \int \frac{mz\,dx}{k(n-m)}$, de ceux qui n'ont pas eu la petite Vérole; ou, ſi l'on veut, la quantité $\frac{m \int \omega\,dx}{k(n-m)}$, dont leur vie moyenne eſt plus courte que la vie moyenne générale $\int \frac{y\,dx}{k}$ de toutes les perſonnes du même âge, priſes indiſtinctement. La quinziéme enfin, le tems $A\rho$ (*fig.* 4.) qu'ils peuvent raiſonnablement eſpérer de vivre, c'eſt-à-dire, celui où ils ſeront réduits à la moitié; on aura ainſi pour chaque âge le rapport de AR' (*fig.* 3.) à $A\rho$ (*fig.* 4.).

18. Voilà tout ce que la théorie Mathématique peut

nous apprendre ſur cette queſtion; encore faut-il ſuppoſer qu'on ait par une bonne ſuite d'obſervations la valeur des u, celle de $\frac{m}{n}$ pour chaque âge, & celle de $\frac{K' k'}{A K'}$ auſſi pour chaque âge. Juſqu'à ce qu'on connoiſſe ces valeurs, il ne ſera pas poſſible de rien établir de certain ſur l'augmentation de vie moyenne que l'inoculation procure à quelque âge que ce ſoit.

19. On peut remarquer ſeulement; 1°. que la quantité $\frac{m}{n}$ augmente à meſure qu'on avance en âge, & que par conſéquent la quantité exprimée par le rapport $\frac{m}{n-m}$, augmente continuellement; 2°. qu'au contraire la quantité $\int \omega dx = \int (z - y) dx$, va en diminuant, ainſi que la quantité k; 3°. que l'expérience ſeule peut par conſéquent décider dans quel cas la diminution $\frac{m \int \omega dx}{k(n-m)}$ de la vie moyenne, pour ceux qui n'ont pas eu la petite Vérole, ſera la plus grande qu'il eſt poſſible; 4°. que pour connoître les quantités u & $\frac{m}{n}$, & par conſéquent celles qui en dépendent, il n'eſt pas néceſſaire d'avoir des obſervations particulieres pour chaque âge; il ſuffit d'en avoir pour cinq ou ſix âges différens; & on déterminera à-très peu-près les valeurs correſpondantes aux autres âges par la méthode connue des *interpolations*, & des courbes de *genre parabolique*; 5°. que la diminution de la vie moyenne par le riſque de la petite

Vérole naturelle, & ſon augmentation par l'inoculation, ſont différentes, quand on ne prend que ceux qui attendent la petite Vérole, & quand on prend le total des perſonnes vivantes à chaque âge; & que la diminution dans le ſecond cas eſt différente de ce qu'elle eſt dans le premier, ainſi que l'augmentation. Le premier cas eſt celui qui intéreſſe chaque particulier à part; le ſecond cas eſt celui qui intéreſſe la totalité de l'Etat. Ainſi les calculs doivent être différens pour les deux cas. Dans le premier cas, la diminution de la vie moyenne eſt $\int \frac{\omega\, dx}{k} \times \frac{m}{n - m}$; dans le ſecond cas elle eſt $= \int \frac{\omega\, dx}{k}$; dans le premier cas, l'augmentation de vie moyenne par l'inoculation eſt $\int \frac{\omega\, dx}{k} \times \frac{Ak'}{AK'} - \int \frac{y\, dx}{k} \left(1 - \frac{Ak'}{AK'}\right) + \int \frac{\omega\, dx}{k} \times \frac{m}{n - m} = \int \frac{\omega\, dx}{k} + \int \frac{\omega\, dx}{k} \times \frac{m}{n - m} - \int \frac{z\, dx}{k} \left(\frac{AK' - Ak'}{AK'}\right)$; dans le ſecond l'augmentation eſt $\int \frac{\omega\, dx}{k} - \int \frac{z\, dx}{k} \times \left(\frac{AK' - Ak'}{AK}\right)$: donc excepté le cas de $m = 0$ & de $AK = AK'$, l'augmentation eſt différente dans les deux cas; & la diminution auſſi, excepté le cas de $n = 2m$.

20. On peut encore remarquer; 1°. que l'aire de la courbe de mortalité KEQ (*fig.* 1.) repréſente à-peu-près le nombre des Habitans d'un même lieu, en poſant que le nombre de ceux qui en ſortent, ſoit à-peu-

près égal au nombre de ceux qui y entrent; car il naît chaque année un nombre d'enfans $= AK$, & il meurt une quantité de personnes $= \int dy = AK$; 2°. Donc le nombre total des vivans est $= AK$ multiplié par la vie moyenne. 3°. Par la même raison le nombre des vivans depuis un âge quelconque AR jusqu'à l'âge AQ, est $= RE$ multiplié par la vie moyenne qui répond à AR. 4°. Si on fait $AR =$ 30 ans, on trouvera par ce moyen, en consultant les tables de mortalité, que l'aire REQ est à-peu-près la moitié de l'aire $AKEQ$, c'est-à-dire, qu'il y a à-peu-près autant d'hommes vivans de 0 ans à 30 ans, que de 30 à 100. Cette remarque nous sera utile dans la suite.

(*E*) 1. D'un côté, les Inoculateurs assurent, que dans les 4 premieres années de la vie, on est moins sujet à la petite Vérole que dans les suivantes; car on a vû plus haut (Note *A*), que, suivant eux-mêmes, presque tout ce qui meurt avant quatre ans, (c'est-à-dire, environ la moitié de l'espéce humaine) meurt avant d'avoir eu la petite Vérole. D'un autre côté, plusieurs Médecins prétendent (Voyez le Journal de Médecine de Janvier 1761) que dans les 10 premieres années de la vie on est dix fois plus sujet à la petite Vérole que dans les autres. En admettant ces hypothèses, la plus grande probabilité d'être attaqué de la petite Vérole, seroit depuis 4 ans jusqu'à 10. En même-tems, il ne paroît pas moins certain, que la petite Vérole est d'autant plus dangereuse qu'on est plus avancé en âge. C'est pourquoi si $\frac{1}{n}$ exprime

à

à chaque âge la fraction ou partie des *non variolés* qui a la petite Vérole, & $\frac{1}{nm}$ la partie qui en meurt; il y a lieu de croire que $\frac{1}{n}$ est d'abord assez petit, & qu'il augmente ensuite, pour recommencer à diminuer après l'âge de 10 ans, & pour redevenir très-petit vers l'âge de 50 à 60 ans; & que $\frac{1}{m}$ augmente à mesure que l'âge augmente, sur-tout depuis 15 ans jusqu'à la fin de la vie.

2. Il est vrai que la table de M. Bernoulli ne s'étend que depuis 0 ans jusqu'à 24 ans. Mais 1°. il paroît croire lui-même qu'il a fait le nombre $\frac{1}{n}$ de ceux qui ont la petite Vérole, trop grand pour la premiere année de la vie; 2°. sur un nombre égal de personnes de 20 ou 24 ans d'une part, & de l'autre d'enfans de 4, 5, 6, &c. ans qui auront la petite Vérole, peut-on raisonnablement supposer qu'il n'en mourra pas davantage dans la premiere classe que dans la seconde?

3. Aussi les suppositions de M. Bernoulli conduisent-elles à des conséquences qui ne paroissent pas fort vraisemblables; par exemple, à celle-ci, que dans le cours de la neuviéme année de la vie, il meurt par la seule petite Vérole les deux tiers de ce qui meurt par toutes les autres maladies prises ensemble. Il y a, ce me semble, tout lieu de douter que l'expérience confirme jamais cette effrayante conclusion.

(*F*) 1. Ces suppositions n'ont rien de forcé, même

dans les principes des Inoculateurs. Suivant M. Bernoulli, il y a quatre ans de différence de vie moyenne pour les enfans de 5 ans qui n'ont pas eu la petite Vérole, & pour ceux qui l'ont eûe; & suivant le même Géometre, il doit y avoir à-peu-près le même gain pour les personnes de 30 ans, dont la vie moyenne est d'ailleurs d'environ 30 années par les tables de mortalité; ce seroit donc environ 34 ans pour les inoculés, ou plus éxactement (Note *D*. art. 14.) un peu plus de 30 ans pour ceux-ci, & environ 26 pour les non-inoculés.

2. En admettant cette supposition, & en supposant de plus que le risque de mourir de l'inoculation soit $\frac{1}{200}$, celui qu'on inocule à 30 ans, risque $\frac{1}{200}$ d'avancer sa mort d'environ 26 ans, contre l'avantage d'augmenter d'un septiéme ce qui lui reste de tems à vivre, & sa vie totale d'un quatorziéme, dont il ne devra jouir qu'à 56 ans. Or en ce cas le risque est-il égal ou plus grand que l'avantage? Voilà la question qu'il faut résoudre, pour apprétier mathématiquement (dans les hypothèses précédentes) les avantages ou les risques de l'inoculation.

(*G*) 1. Avant que de développer cette difficulté, il ne sera pas inutile d'en proposer une autre, qui est générale pour l'estimation de la mortalité. Elle tombe sur la maniere d'apprétier les degrés de probabilité de la vie. Si on s'en tient sur cela aux régles ordinaires des probabilités, & qu'on regarde la vie comme une espéce de Loterie ou de jeu de hazard, on trouvera que l'*espérance* de chaque Joueur ou homme, est égale à la somme des personnes vivantes à la fin de chaque année *A R* (*fig.* 1.) divisée par le nombre *A K* des personnes vivantes au commencement *A* du tems *A Q*; ce qui donne l'aire entiere *A K E Q* divisée par *A K*: c'est à-dire, que l'*espérance* de chaque homme est égale au tems que doivent vivre tous ces hommes pris ensemble, ce tems étant divisé par le nombre des hommes; comme dans une Loterie où chaque joueur a pris un billet, l'*espérance* de chaque joueur est égale à la somme des lots divisée par le nombre des billets. Il semble donc, suivant cette premiere maniere si naturelle d'envisager la chose, que le tems que chaque homme peut espérer de vivre, doit être censé égal à ce qu'on appelle communément, *sa vie moyenne*.

2. Cependant il y a une autre maniere tout aussi plausible d'envisager la question, qui donne un autre résultat. C'est de chercher le tems *A R*, au bout duquel il sera mort la moitié des vivans *A K*; & de regarder ce tems comme celui qu'on peut espérer de vivre: puisqu'on peut parier au pair ou un contre un, qu'on sera encore vivant au bout de ce tems. Ce tems *A R* est différent de celui qui donne la *vie moyenne*; excepté dans un seul cas qui n'a pas lieu dans la nature: c'est le cas où *K E Q* seroit une ligne droite, c'est-à-dire, où il mourroit chaque année un nombre égal de personnes. Or laquelle doit-on préférer de ces deux manieres d'estimer la durée de la vie? Elles paroissent toutes deux également plausibles, quoiqu'elles donnent des résultats très-différens.

Par exemple, la durée de la vie des enfans nouveaux nés, est estimée, suivant la premiere méthode, de 26 ans à-peu près par les calculs de M. Halley; & la durée de la vie de ces enfans, estimée suivant la seconde méthode, est d'environ 8 ans. (*Voyez la Table insérée à la fin du second Volume de l'Histoire Naturelle de Mrs de Buffon & d'Aubenton*). Cela vient de ce qu'il meurt une quantité prodigieuse d'enfans dans la premiere année de la vie.

3. En supposant cette premiere difficulté résolue, celle que nous avons touchée dans notre Mémoire, subsistera encore dans toute sa force. Supposons que a soit *l'espérance de vivre*, ou la durée de la vie, estimée de l'une ou l'autre des deux manieres précédentes; & que $a+c$ soit l'*espérance de vivre* pour les inoculés. Il est visible 1°. que celui qui se fait inoculer, acquiert l'espérance de vivre après le tems a, un nombre d'années $=c$; 2°. qu'il risque $\frac{1}{500}$, ou, si l'on veut, en général $\frac{1}{n}$ de sacrifier en un mois, en 15 jours, &, pour ainsi dire, tout d'un coup (car cela revient à peu-près au même pour un tems si court) tout le tems a qu'il peut espérer de vivre. On pourroit donc regarder $-\frac{a}{n}$ comme le risque, & c comme l'espérance, si toutes choses étoient d'ailleurs égales. Mais il faut remarquer 1°. que le risque $-\frac{a}{n}$ est couru dans le mois, & pour ainsi dire dans le jour; au lieu que l'espérance de vivre un nombre c

d'années, eſt rejettée au bout du tems a. Et quand même on ne regarderoit pas l'eſpérance c comme diminuée par le tems a au bout duquel elle eſt placée, on ne peut guères ſe diſſimuler que le riſque $-\frac{a}{n}$ ne ſoit augmenté par le peu de tems durant lequel il eſt couru, ſur-tout lorſqu'il s'agit de la vie, c'eſt-à-dire, du plus précieux de tous les biens. Or en quelle raiſon le riſque $-\frac{a}{n}$ eſt-il augmenté par cette briéveté de tems? C'eſt ſur quoi on ne peut faire que des hypothèſes. 2°. Si le tems a, au bout duquel les années d'eſpérance c ſont placées, atteint juſqu'à un âge avancé, comme de 60 ans & plus, il eſt évident, que pendant ces années c, on ſera ſujet aux infirmités de la vieilleſſe; & qu'ainſi l'eſpérance c doit être diminuée à cet égard: puiſque le tems qu'on ſouffre, eſt proprement un tems à retrancher ſur la véritable durée de la vie, ſur la vie proprement dite. Or ſuivant quelle loi cette quantité c doit-elle être diminuée? C'eſt encore ſur quoi on ne peut faire que des hypothèſes, toujours vagues & peu ſatisfaiſantes.

(*H*) 1. J'en dis autant de ceux qui ont prétendu qu'on devroit ſe faire inoculer, quand l'inoculation ne diminueroit le riſque de mourir de la petite Vérole, que de la moitié, du tiers, du quart &c. Il me ſemble que dans cette aſſertion on n'a pas aſſez fait d'attention à la différence d'un riſque préſent où l'on s'expoſe, à un riſque éloigné & incertain. Il meurt, dit-on, de la petite Vérole naturelle, un ſeptiéme de ceux qui en ſont attaqués; s'il mouroit un quatorziéme des inoculés (ce qui réduiroit le riſque à la moitié) oſeroit-on dire que dans ce cas l'inoculation dût être pratiquée?

2. J'ai été bien ſurpris, je l'avoue, de lire dans un Ouvrage de Médecine, que *l'éloignement* du riſque ne devoit être ici compté pour rien. Sur ce pied-là, un riſque de la vie qu'on doit courir dans le jour, & un riſque pareil qu'on ne doit courir qu'au bout de 30 ans, ſeroient égaux; qui pourra le croire?

(*I*) Selon les obſervations faites en Angleterre, la petite Vérole emporte $\frac{1}{14}$ du genre humain. Il meurt à Paris 20000 perſonnes par an; M. *de la Condamine* conclud de-là qu'il meurt à Paris (année commune) environ 1400 perſonnes de la petite Vérole. En ſuppoſant le nombre des Habitans de cette Ville de 700000 ames, c'eſt environ 1 ſur 500 qui meurt de la petite Vérole en un an, & par conſéquent 1 ſur 6000 en un mois. On pourra, dans la ſuite, avec des Liſtes éxactes, connoître plus préciſément ce rapport, & même, ce qui eſt eſſentiel, les variétés de ce rapport ſuivant les différens âges. Mais pour le préſent nous ſommes obligés de nous borner à cette eſtimation, qui même eſt beaucoup au-deſſous de la vérité; car on va voir que le nombre de ceux qui meurent de la petite Vérole, eſt beaucoup plus grand.

(*K*) En voici la preuve. De toutes les perſonnes actuellement vivantes, depuis le moment de la naiſſance jusqu'à 100 ans, il y en a à-peu-près autant (suivant les tables de mortalité) depuis 30 ans jusqu'à 100 ans, que depuis 0 ans jusqu'à 30 (Note *D*, Art. 20.). Donc de toutes les personnes actuellement vivantes, le nombre de celles qui existent depuis 0 ans jusqu'à 30 ans, est à-peu-près la moitié du tout. Or à 30 ans presque tout le monde a eu la petite Vérole; donc le nombre des personnes qui n'ont pas eu la petite Vérole, prises depuis 0 ans jusqu'à 100 ans, differe très-peu du nombre de celles qui ne l'ont pas eûe depuis 0 ans jusqu'à 30 ans. Or ce dernier nombre est évidemment plus petit, & beaucoup plus petit, que le nombre total des personnes vivantes depuis 0 ans jusqu'à 30 ans. Donc le nombre de personnes actuellement vivantes, & qui n'ont pas eu la petite Vérole, est moindre & beaucoup moindre, que la moitié du nombre total des personnes vivantes.

(*L*) 1. La plûpart des hommes ayant la petite Vérole long-tems avant 30 ans, on peut supposer sans risque, que le nombre de ceux qui n'ont pas eu la petite Vérole avant cet âge, est tout au plus la moitié de ceux qui parviennent à ce même âge, & par conséquent tout au plus le quart du total des vivans. Or, cela posé, le risque de mourir de la petite Vérole, seroit au moins de $\frac{1}{1500}$ par mois; & par conséquent presqu'égal à celui de l'inoculation, sagement administrée.

2. Si le risque de mourir de la petite Vérole à chaque âge, étoit de $\frac{1}{64}$ par an, comme le veut M. Bernoulli, ce risque seroit de $\frac{1}{768}$ en un mois, & par conséquent

plus grand que le risque $\frac{1}{1100}$ de l'inoculation, sagement administrée. Mais le calcul que nous avons fait, porte sur des suppositions moins gratuites, & n'est guères moins favorable à l'inoculation.

3. Il est vrai qu'on y a supposé, faute d'observations suffisantes, que le risque $\frac{1}{3000}$ de la petite Vérole naturelle, est le même pour tous les âges; or il est peut-être plus grand pour quelques-uns. Mais aussi il faut remarquer; 1°. que dans ce cas il seroit plus petit pour d'autres âges; 2°. que le risque total $\frac{1}{3000}$ pour tous les âges pris indifféremment, est certainement fort au-dessous de la vérité, comme on l'a prouvé art. 1. de cette Note.

(*M*) 1. Quelques Partisans de l'inoculation ont fait en sa faveur le raisonnement suivant. Il meurt en un mois à-peu-près une personne sur trois cens; donc en supposant le risque de l'inoculation de 1 sur 300, ce risque n'est pas plus grand que celui de mourir dans le même-tems de toute autre maladie accidentelle, & qu'on ne peut ni prévoir, ni prévenir. Ce raisonnement ne me paroît pas concluant. Car il faudroit, pour qu'il fût juste, que de trois cens personnes *inoculées au hazard*, il n'en mourût qu'une, comme de trois cens personnes *prises au hazard*, il n'en meurt qu'une en un mois par les autres maladies. Or le nombre des victimes de l'inoculation paroît être beaucoup plus grand que de 1 sur 300, quand on inocule sans précaution, comme les Listes mortuaires le prouvent. Au contraire de 300 personnes saines & bien choisies, il n'en meurt aucune par l'inoculation:

lation : & il y a lieu de croire qu'il n'en mourroit non plus aucune en un mois, si on les abandonnoit à la nature. Ainsi, quoique le raisonnement dont il s'agit, ne soit pas concluant en faveur de l'inoculation, il ne sauroit du moins être rétorqué contr'elle.

2. Un autre raisonnement qu'on a fait en faveur de l'inoculation, ne me paroît pas non plus assez concluant. Il consiste à prouver que celui qui attend la petite Vérole, risque à-peu-près autant d'en mourir, que celui qui l'a déja. Je ne dispute point contre les calculs qu'on a faits là-dessus ; mais on a oublié d'avoir égard à cette différence essentielle entre les deux cas, que celui qui a déja la petite Vérole, court risque d'en mourir dans très-peu de jours, & que l'autre ne risque peut-être d'en mourir qu'au bout d'un grand nombre d'années. Or cette différence de tems doit en mettre une prodigieuse dans l'estimation des deux risques, & dans le parallèle qu'on en fait. C'est à quoi, je le répete, les Partisans de l'inoculation n'ont point eu assez d'égard. Je me flatte qu'on en conviendra, si on fait attention à toutes les réfléxions que nous avons exposées sur ce sujet, dans notre Mémoire, & dans les Notes précédentes.

3. Indépendamment de cette considération, je pourrois contester encore la supposition qu'on fait, que celui qui attend la petite Vérole, à quelque âge que ce soit, risque presqu'autant d'en mourir, que celui qui a cette maladie ; parce que le risque d'avoir la petite Vérole, diminue à mesure qu'on avance en âge. Quand il seroit

vrai, comme on le prétend, que de 100 enfans qui naiſſent, quatre ſeulement ſeront éxempts de la petite Vérole, & que par conſéquent la probabilité qu'on doit l'avoir, eſt de 24 ſur 25 lorſqu'on vient au monde; cette probabilité diminue vraiſemblablement à meſure qu'on vieillit, & à l'âge de 40, 50 ans &c. & par-delà, elle n'eſt peut-être plus que de 1 ſur 25. C'eſt ſur quoi les obſervations ſeules peuvent nous inſtruire parfaitement. Mais ce que nous venons de dire, ſuffit pour montrer que le raiſonnement précédent eſt appuyé ſur une ſuppoſition hazardée, & que d'ailleurs ce raiſonnement n'eſt pas concluant, même pour ceux qui admettroient la ſuppoſition.

(*N*) 1. Il y a d'autres conſidérations curieuſes à faire ſur l'inoculation, & en général ſur la vie des hommes; conſidérations qui rendent encore plus difficile l'application du calcul des probabilités à l'inoculation.

La premiere eſt celle-ci: que dans les premieres années de l'enfance, & dans les dernieres années de la vieilleſſe, les hommes ſont ſujets à beaucoup de maux & de maladies; qu'ainſi on peut regarder la vie pendant cet eſpace de tems, comme étant réellement accourcie; puiſqu'une partie de cette vie eſt à charge. C'eſt pourquoi on peut regarder, par exemple, le tems *phyſique* de la vie *AS* (*fig.* 5.) qui ſuit la naiſſance juſqu'à un certain âge, comme étant *réellement* réduit à un certain tems plus petit *TS*, égal au tems pendant lequel on n'a point ſouffert; & en général *AL* étant un tems *phy-*

sique quelconque donné de la vie, on ne devra censer ce tems égal qu'au tems *B L*, pendant lequel on a joui de la vie sans souffrir, & qu'on peut appeller le tems de la *vie réelle*. Par ce moyen on tracera une courbe *A T B*, qui d'abord, c'est-à-dire, au point *A*, touchera presque son axe, qui sera ensuite convexe vers ce même axe, jusqu'à ce qu'enfin à un certain point *T*, elle vienne à faire avec cet axe un angle presqu'égal à 45 degrés, quoiqu'un peu plus petit, comme il le doit toujours être; cet angle subsistera à-peu-près de cette grandeur, pendant le tems *S L* qui représente les plus belles années de la vie; & la courbe *T B* sera pour lors à-peu-près une ligne droite, faisant avec *S L* un angle d'un peu moins de 45 degrés; après cela la courbe deviendra concave vers son axe, & lui sera presque parallèle en *O*, vers les dernieres années de la vie.

2. Or cela posé, il faudra dans les constructions précédentes substituer aux abscisses *A R*, les ordonnées correspondantes *R X*, tout le reste demeurant d'ailleurs le même; c'est-à-dire, qu'il faudra conserver les mêmes valeurs des ordonnées y & z, & changer seulement les abscisses *A R* en *R X*.

3. Comme on a trouvé ci-dessus, dans le cas de l'inoculation, que le tems $A\rho$ que les inoculés peuvent espérer de vivre, est plus grand qu'un pareil tems *A R* pour les non inoculés, on aura évidemment $\rho\xi > RX$; ainsi le tems $\rho\xi$ qu'on peut espérer de vivre après avoir été inoculé, sera encore plus grand dans cette hypothèse

que le tems *R X* qu'on peut eſpérer de vivre ſans l'inoculation. Mais il reſtera *toujours* ſur le calcul précis des avantages de l'inoculation, des difficultés ſemblables à celles qu'on a expoſées dans ce Mémoire & dans les Notes ci-deſſus.

4. J'ai ſuppoſé dans, l'art. précédent, que les inoculés étoient précisément dans le même cas que les autres hommes; c'eſt-à-dire, que les tems *R X* de la vie *réelle*, répondans aux tems *A R* de la vie *phyſique*, ſont les mêmes pour les inoculés, & pour ceux qui ne le ſont pas. Cette ſuppoſition n'a rien qu'on puiſſe conteſter juſqu'ici par les obſervations; il y a même lieu de croire que les tems *R X* ſont un peu plus longs pour les inoculés que pour les autres; car ces inoculés une fois guéris, ſont délivrés d'une maladie, ſavoir de la petite Vérole; & cette maladie, même quand on n'en mourroit pas, eſt un mal qui doit être cenſé diminuer au moins de quelque choſe, le tems de la vie *réelle*. Au reſte la différence entre les deux états, eſt ſi petite à cet égard, qu'on ne doit ni ne peut en tenir aucun compte.

5. Je ne crains pas qu'on objecte que l'inoculation peut laiſſer dans le ſang le germe d'autres maladies, même non mortelles, qui rendroient à cet égard le ſort des inoculés moins favorable par rapport au tems *R X* de la vie *réelle*. Car outre que l'expérience ne prouve point cette prétention, je pourrois dire auſſi que l'inoculation raffermit le tempérament, & préſerve de diverſes maladies; ainſi à cet égard le ſort des inoculés ſeroit favo-

rable; mais dans l'incertitude je suppose tout égal. Les raisonnemens vagues de Médecine doivent être proscrits dans l'éxamen de cette question; les faits seuls doivent décider.

6. On demandera sans doute quelle doit être la loi des ordonnées de la courbe $ATXO$. Je réponds qu'on ne peut faire sur cela que des conjectures; cependant, pour donner là-dessus un essai de calcul, je crois qu'on ne s'écartera pas beaucoup de la vérité, si l'on suppose 1°. $AS = 10$ ans, qui est le tems où les dangers de l'enfance sont passés, & où l'on commence à jouir de la vie; 2°. que la courbe AT soit une Parabole ordinaire, dans laquelle les ordonnées soient comme les quarrés des abscisses; d'où l'on voit que l'angle en T étant (*hyp.*) de 45°, on aura $TS = \frac{1}{2} AS = 5$ ans; 3°. que TB soit une ligne droite, & que l'abscisse correspondante $SL = 50$ ans, savoir, depuis 10 ans jusqu'à 60; 4°. enfin que $LQ = 40$ ans, & que BO soit aussi une portion de Parabole, faisant en B un angle de 45°. avec son axe; ensorte que $OT' = \frac{1}{2} BT' = 20$. Ces suppositions, qu'on peut changer en d'autres, si on ne les approuve pas, approcheront peut-être assez de la vérité; mais je le répete, on est réduit ici aux conjectures.

7. Une seconde considération à faire par rapport à l'inoculation, & en général à la vie des hommes, c'est celle qui regarde l'utilité dont les hommes sont à l'Etat, ou le tems qu'ils vivent *réellement* pour l'Etat, & qu'on peut appeller leur *vie civile*. Je m'explique. Il est certain que

dans les premieres années de la vie, les hommes sont non-seulement peu utiles à l'Etat, mais même qu'ils lui sont à charge, puisqu'il faut les élever & les nourrir; ainsi le tems de leur vie par rapport à l'Etat dans les premieres années, c'est-à-dire, le tems de leur *vie civile* dans ces premieres années, est un tems qu'on doit considérer comme négatif; il en est de même des années de la décrépitude. C'est pourquoi si les abscisses *AR* (*fig.* 6.) représentent les tems de la vie *physique*, les tems de la vie *civile* seront représentés par les ordonnées *RX* d'une courbe *AYSXO*, qui d'abord aura des ordonnées négatives, qui coupera son axe en *A* sous un angle de 45°, deviendra ensuite concave vers son axe avec très-peu de courbure, en s'écartant toujours de ce même axe jusqu'à un point *Y*, dont l'abscisse *AE* exprimera le tems où les hommes commencent à n'être, ni à charge, ni utiles, ou plutôt aussi utiles qu'à charge à l'Etat. Ensuite la courbe se rapprochera de son axe, en demeurant toujours concave, jusqu'à un point *S* où elle fera avec son axe un angle de 45°. & dont l'abscisse *AT* marquera le tems où les citoyens commencent à être entiérement utiles. Après cela notre courbe deviendra une ligne droite *SB*, jusqu'à un point *B* dont l'abscisse *AL* exprimera l'âge où l'on commence à être moins utile à l'Etat par son âge & ses infirmités; enfin elle se rapprochera de son axe, en devenant toujours concave, jusqu'à un point *O* qui répond à *AQ* = 95 ou 100 ans, & où elle fera avec son axe un angle de

45° : & il faut remarquer qu'entre les points *B* & *O*, il y aura un point *V* où la courbe sera parallèle à son axe ; c'est celui qui répond au commencement *Z* de la décrépitude, qui est le tems où les hommes ne sont plus qu'à charge à l'Etat.

8. Si on demande quelle loi on peut donner aux ordonnées de la courbe *AYSXO*, j'imagine que ce ne sera peut-être pas s'écarter beaucoup de la vérité (dans une matiere aussi obscure & aussi conjecturale que celle-ci) de supposer *AYS* une Parabole dans laquelle $AC =$ 20 ans, les points *S* & *C* se confondant ; ce tems *AC* est celui où les hommes sont censés n'avoir point encore vêcu pour l'Etat. On fera ensuite $CL = 40$ ans, c'est-à-dire depuis 20 ans jusqu'à 60 ; $LQ = 40$ ans, depuis 60 jusqu'à 100 ; & *BVO* sera une portion de Parabole ordinaire ; ce qui donnera $Vu = \frac{1}{2} Bu = 10$ ans.

9. D'après ces suppositions, ou d'après d'autres semblables, & peut-être plus éxactes, qu'on pourra imaginer sur l'estimation de la vie civile des hommes ; voici les corrections qu'on pourra faire aux calculs de l'inoculation. Soit tracée d'abord la courbe $K'E'Q$, qui représente la courbe de *la vie physique* des inoculés, ou de ceux qui ne le sont pas. A chaque point ε correspondant à l'ordonnée RE', on élevera l'ordonnée $\varepsilon\xi = RX$, & qui sera positive ou négative, selon que *RX* sera positive ou négative ; on formera par ce moyen une courbe $K'\zeta\Omega\xi\omega$, qui aura d'abord des ordonnées négatives, qui coupera ensuite son axe au point Ω ou $A\Omega = CD$,

& qui reviendra ensuite le couper au point ω, ou $A\omega = QO$. L'aire de cette courbe sera égale à l'aire $A\Omega\xi\omega$ moins l'aire $K'\zeta\Omega$, & exprimera la vie moyenne des hommes, par rapport à l'Etat (c'est-à-dire, leur vie *civile*) soit que la courbe $K'E'Q$ représente la vie ordinaire des hommes, ou celle des inoculés.

10. Il n'est pas douteux que cette considération de la vie *réelle* & de la vie *civile* des hommes ne soit essentielle à la théorie Mathématique de l'inoculation, pour déterminer les tems où cette opération feroit la plus avantageuse, soit aux Particuliers dans le premier cas, soit à l'Etat dans le second; c'est-à-dire, pour déterminer les cas où la vie moyenne des citoyens (soit *réelle*, soit *civile*) feroit le plus augmentée par l'inoculation. Mais pour cela il faudroit commencer par avoir une bonne méthode pour estimer la vie *réelle* & la vie *civile* des hommes; or il n'est pas possible, comme nous l'avons déja dit, de parvenir sur ce sujet à une théorie satisfaisante. Tout au plus peut-on se flatter d'arriver à une estimation approchée; mais il restera toujours quelque chose de vague & d'arbitraire dans ces sortes d'estimations. Ce qu'il y a de certain, c'est que la vie *réelle*, & sur-tout la vie *civile* different beaucoup de la vie *physique*; l'Essai de théorie que nous venons d'en donner, tout imparfait qu'il est, en est une preuve suffisante.

11. Un savant Géometre m'a communiqué une maniere de calculer les avantages de l'inoculation, qui est fort simple, mais qui ne me paroît pas juste. J'en ferai mention

mention ici, parce que le sophisme en est assez délicat. Soit, dit-il, après avoir tracé la courbe de mortalité générale KEQ (*fig.* 7.), Ee = au nombre des morts de la petite Vérole pendant le tems AR; & ayant fait la même chose à chaque point E, soit tracée la courbe KeZ, qui marquera par ses ordonnées Ge le nombre de ceux qui meurent durant le tems AR par d'autres maladies que la petite Vérole. Il est visible, dit ce Géometre, que NZ marquera le nombre de ceux qui meurent pendant le tems total AQ, par d'autres maladies que la petite Vérole. Supposons à présent, continue-t-il, que Kk soit le nombre de ceux qui meurent de l'inoculation; il est clair qu'au bout du tems total AQ toutes les personnes Ak seront mortes, puisque ce tems AQ est supposé le plus long terme de la vie; il est clair de plus que toutes ces personnes Ak mourront d'autres maladies que de la petite Vérole; donc, continue toujours ce Géometre, si on fait $NZ : Ge :: Ak$ est à un quatriéme terme Gi, ce terme Gi exprimera le nombre de ceux, qui ayant été inoculés, meurent pendant le tems AR par d'autres maladies que la petite Vérole; & si à ce nombre Gi on ajoute $io = Kk$ = au nombre de ceux qui sont morts à l'instant A par l'inoculation, on aura Go = au nombre total des inoculés morts pendant le tems AR. Ainsi ce Géometre se sert de la courbe koQ pour représenter la courbe de mortalité des inoculés.

12. L'erreur de ce raisonnement est, si je ne me

trompe, dans la proportion $NZ : Ge :: Ak : Gi$. Pour le faire sentir, je suppose $Kk = o$, & $QZ : Ee :: NZ : Ge$; donc, suivant ce Géometre, Gi seroit $= GE$; c'est-à-dire, que malgré l'inoculation, dont on suppose qu'il ne meurt pas une seule personne, il mourroit dans le même-tems autant de personnes que si on n'avoit pas inoculé. Or cela ne se peut, puisque l'inoculation faite à l'instant A, & dont (*hyp.*) il ne meurt personne, sauve la petite Vérole à toutes les personnes AK, & par conséquent leur sauve une grande cause de mort. Ainsi, quoiqu'à la fin du tems AQ, toutes les personnes AK soient mortes (parce que ce tems AQ est (*hyp.*) le plus long terme de la vie) il est certain qu'à la fin du tems AR, il devroit toujours y avoir plus d'inoculés vivans, surtout si Kk étoit $= o$.

13. Envain diroit-on que nous avons supposé gratuitement $QZ : Ee :: NZ : Ge$; car en général quelque supposition qu'on fasse sur le nombre des morts de la petite Vérole, il est visible que l'inoculation seroit avantageuse, s'il n'en mouroit personne, & si cette opération sauvoit la petite Vérole. Or c'est ce qui n'auroit pas lieu dans la construction que nous venons de rapporter; cette construction, ou plutôt cette solution n'est donc pas juste.

14. Mais pour le faire voir d'une maniere encore plus nette, & qui rendra sensible en même tems l'erreur du raisonnement dont il s'agit, je suppose $Kk = QZ$ (*fig.*8.), c'est-à-dire, que ceux qui meurent de l'inoculation à

l'instant A soient en nombre égal à ceux qui mourroient de la petite Vérole naturelle pendant le tems total AQ; en ce cas, suivant la construction de notre savant Géometre, Gi seroit $= Ge$, & la courbe koQ seroit parallèle, égale & semblable à la courbe KeZ; Ro seroit le nombre des inoculés vivans à la fin du tems AR, & l'on auroit $d(Ro) = -d(Ge)$. Or je dis que la différence de Ro devroit être $<$ que $-d(Ge)$. Car la différence de Ro exprime ceux qui meurent dans le tems infiniment petit Rr par d'autres maladies que la petite Vérole, sur le nombre de personnes Ro; & la quantité $-d(Ge)$ exprime ceux qui meurent dans le même tems par d'autres maladies que la petite Vérole sur un nombre de personnes $= RE$; donc puisque RE est $> Ro$, il faut que $d(Ro)$ soit $< -d(Ge)$; car $d(Ro)$ doit être à $-d(Ge) :: Ro : RE$.

15. L'erreur du raisonnement que nous réfutons, vient de ce qu'on y compare deux cas qui ne sont pas semblables. Dans le premier qui est celui de l'inoculation, tous ceux qui doivent mourir de la petite Vérole, en meurent, pour ainsi dire, au même instant; dans le second ils meurent à différens âges, & dans toute l'étendue du tems AQ. Ainsi en supposant, par exemple, $Kk = QZ$, il reste, après le tems AR, plus de vivans RE non inoculés, que d'inoculés Ro. Or comme il meurt toujours plus de personnes (indépendamment même de la petite Vérole) sur un nombre de vivans plus grand, il est aisé de conclure que le nombre de vivans RE

fera plus diminué durant le tems *R r* par d'autres maladies que la petite Vérole, que ne le fera pendant le même-tems le nombre de vivans *R o*, aussi par d'autres maladies. Cependant la construction ou solution proposée suppose le contraire; par conséquent elle suppose une chose fausse.

16. Voilà, ce me semble, en quoi consiste l'erreur de cette solution, qui d'ailleurs est fort simple, & dont l'élégance doit faire regretter qu'elle ne soit pas juste.

17. Que conclure de tout ce Mémoire? 1°. Que jusqu'à présent on n'a point calculé d'une maniere éxacte & satisfaisante, les avantages de l'inoculation, ni présenté la question comme elle le doit être. 2°. Qu'on n'y a pas assez distingué deux questions différentes, l'avantage que l'Etat peut tirer de l'inoculation, & celui que les Particuliers peuvent en espérer. 3°. Que pour calculer d'une maniere précise les avantages de l'inoculation, il faut d'abord & préliminairement avoir une bonne méthode pour calculer la probabilité de la vie; méthode sur laquelle on peut former des doutes bien fondés. 3°. Que quand on aura cette méthode, il faudra en trouver une autre pour comparer le risque de mourir en un mois ou 15 jours, ou en général en un tems fort court, à l'espérance de vivre quelques années ou quelques mois de plus au bout d'un tems fort éloigné; méthode très-difficile, & peut-être impossible à trouver. 4°. Qu'il faudra trouver outre cela une bonne théorie pour parvenir à comparer la vie *physique* des hommes avec leur vie

réelle & leur vie *civile*; théorie qui est pour le moins aussi remplie de difficultés. 5°. Enfin, & c'est-là le plus facile, qu'il faudroit avoir des tables de mortalité, qui marquassent l'âge des personnes mortes de la petite Vérole; tables qui nous manquent encore. Ces tables au reste ne pourroient être trop étendues ni trop multipliées; elles donneroient le moyen de calculer la mortalité de la petite Vérole, pour les différens âges, pour les différens climats, pour les différentes saisons, pour les Villes & pour les Campagnes. On en déduiroit de combien le danger de la petite Vérole diminue dans chacun de ces cas la vie moyenne des hommes. On sauroit aussi par ce même moyen quel est le danger de l'inoculation dans ces différens cas, supposé qu'il y en ait encore pour l'inoculation sagement pratiquée; & de combien cette opération augmenteroit la vie moyenne. Et si le danger de l'inoculation se trouvoit nul, ou comme nul, alors l'augmentation de la vie moyenne seroit le véritable avantage résultant de cette opération.

18. On voit donc, que soit faute de théories suffisamment éxactes, soit faute d'observations suffisantes, on ne peut jusqu'ici, & peut-être qu'on ne pourra de longtems parvenir à une bonne Analyse Mathématique des avantages de l'inoculation. Mais d'un autre côté, si les Inoculateurs viennent à bout de constater par les faits, sans aucune replique, que le risque de l'inoculation n'est pas de 1 sur 1200, ou même sur un plus grand nombre, quand on la pratique avec les précautions nécessaires

ſaires (*a*), il faudra convenir que ce riſque devra pour lors être réputé nul, & qu'ainſi l'inoculation ſera inconteſtablement avantageuſe, non-ſeulement à l'Etat, mais encore aux Particuliers.

19. On m'objectera peut-être que je n'ai point tenu aſſez de compte dans ce Mémoire des faits contraires à l'inoculation, & rapportés par ſes adverſaires. Je réponds 1°. que mon objet n'a point été de diſcuter des faits, mais d'examiner ſeulement les conſéquences Mathématiques qu'on en tire, ou qu'on en peut tirer. 2°. Que les faits rapportés par les *anti-Inoculateurs*, ont été conteſtés pour la plûpart par leurs adverſaires, & qu'ainſi je ne pouvois parler de ces faits pour en rien conclure de certain. 3°. qu'au contraire le fait des 1200 inoculés bien choiſis, & guéris en Angleterre par M. Ranby, ne me paroît avoir été conteſté de perſonne ; & qu'en conſéquence c'eſt de cet unique fait *avoué* que je ſuis parti, pour y trouver, ſinon des preuves démonſtratives,

---

(*a*) On m'a objecté que ſi on ne donnoit l'inoculation qu'à des Sujets bien conſtitués, on ne gagneroit rien par-là, puiſque vraiſemblement ces Sujets auroient échappé à la petite Vérole naturelle. Je ne crois pas cette réfléxion juſte; car l'expérience prouve que les Sujets les plus vigoureux ſuccombent pour le moins autant que les autres à la petite Vérole naturelle. Au contraire on a vû des Sujets foibles & mal ſains, échapper à l'inoculation, après avoir été bien préparés. Le grand avantage de l'inoculation eſt cette préparation que l'on donne aux Sujets qu'on inocule, & en conſéquence de laquelle la petite Vérole doit être infiniment moins funeſte.

au moins un préjugé favorable à la pratique de l'inoculation.

20. Qu'on se garde donc bien de proscrire cette opération, puisque les faits qui lui sont avantageux, paroissent être jusqu'ici en beaucoup plus grand nombre que les faits contraires. Mais qu'on la pratique avec toute la prudence & toutes les précautions convenables, au point de faire évanouir le peu de crainte qu'elle peut encore laisser. Qu'on tâche de ne pas perdre, s'il est possible, un inoculé sur 3000, ou au moins sur 1500; alors l'inoculation ne devra plus faire de peur à personne; alors l'intérêt de l'Etat & celui des Particuliers seront les mêmes dans cette opération; & l'on pourra dans vingt ou trente années tout au plus, par des Listes éxactes & nombreuses, connoître au juste de combien l'inoculation augmente à chaque âge la vie moyenne des hommes. Cette augmentation de la vie moyenne sera pour lors le véritable avantage de l'inoculation; puisque le risque de cette opération sera entiérement nul, ou tout au plus égal à celui qu'on court d'avoir la petite Vérole & d'en mourir dans le même mois où l'on se fait inoculer.

Fin du onziéme Mémoire & de ses Notes.

DOUZIÉME MÉMOIRE.

Application de ma solution du Problême des trois Corps, à la Théorie des Cometes.

I.

SOIT A (*fig.* 9.) un corps lancé suivant une direction AH perpendiculaire à AS, & poussé vers le point fixe S, par une force qui soit en raison inverse des quarrés des distances, & qui au point A soit $= F$; supposons de plus que ce corps soit poussé par deux autres forces, dont l'une φ soit dans la direction du rayon vecteur CS, & dont l'autre π soit perpendiculaire au même rayon vecteur. J'ai démontré dans les Mémoires de l'Académie de 1745, que si on nomme

SC . . . . x,

SA . . . . a,

La vitesse en C . . . . v,

La différentielle de l'arc AC . . . . ds,

L'arc circulaire décrit du rayon SA, & compris entre SA & SC . . . . z,

Enfin la vitesse en A . . . . g,

J'ai

J'ai démontré, dis-je, qu'en supposant $u = \frac{a\,a}{x}$, on auroit pour l'équation de l'orbite *AC* décrite par le corps, $ddu + \frac{u\,dz^2}{a^2} - \frac{a^2\,dz^2}{gguu} \times \left(\frac{Fuu}{aa} + \varphi - \frac{\pi\,a\,du}{u\,dz}\right)$ $\times \left(1 - \frac{a\,ds}{v\,x\,x\,dz}\int\frac{\pi\,x\,ds}{v}\right)^2 = 0.$

II.

J'ai démontré de plus dans le même Mémoire, que l'on aura en général $\frac{ds}{v} = \frac{x\,x\,dz}{aag} - \frac{ds}{avg}\int\frac{\pi\,x\,ds}{v}$; & j'ai remarqué encore que si la force π est supposée très-petite par rapport à la force F, on pourra mettre dans le second membre de cette équation à la place de $\frac{ds}{v}$ sa valeur approchée $\frac{x\,x\,dz}{aag}$; ce qui donnera $\frac{ds}{v} = \frac{x\,x\,dz}{aag} - \frac{x\,x\,dz}{aag}\int\frac{\pi\,x^3\,dz}{a^3\,gg}$.

III.

J'ai remarqué aussi dans le même Mémoire, que si les forces φ & π sont très-petites par rapport à la force $\frac{Faa}{xx}$, ou (ce qui est la même chose) $\frac{Fuu}{aa}$, l'équation de l'art. I. se réduira à $ddu + \frac{u\,dz^2}{a^2} - \frac{F\,dz^2}{gg} + \frac{2F\,dz^2}{gg} \times$ $\int\frac{\pi\,a^7\,dz}{u^3\,gg} - \frac{\varphi\,a^2\,dz^2}{uugg} + \frac{\pi\,a^3\,du}{gg\,u^3\,dz} \times dz^2 = 0.$

I V

J'ai démontré de plus dans le même Mémoire, que si on fait $\frac{u}{a^2} - \frac{F}{gg} = \frac{t}{a^2}$, & $M = \frac{2F}{gg} \int \frac{\pi a^3 dz}{u^3 gg} - \frac{\varphi a^2}{uugg} + \frac{\pi a^3 du}{ggu^3 dz}$, on aura, en supposant $a=1$, l'équation à intégrer $ddt + tdz^2 + Mdz^2 = o$; & que l'intégrale de cette équation sera $t = \delta \text{ cos. } z + c^{z\sqrt{-1}} \int \frac{Mdzc^{-z\sqrt{-1}}\sqrt{-1}}{2} - c^{-z\sqrt{-1}} \int \frac{Mdzc^{z\sqrt{-1}}\sqrt{-1}}{2}$, δ étant la valeur de t quand $z=o$, c'est à-dire, au point A.

V.

Enfin j'ai dit dans le même Mémoire, que si on veut faire disparoître les imaginaires de cette équation, il n'y a qu'à supposer, suivant les formules si connues des Géometres, $c^{z\sqrt{-1}} = y\sqrt{-1} + \sqrt{1-yy}$, & $c^{-z\sqrt{-1}} = -y\sqrt{-1} + \sqrt{1-yy}$, y exprimant le sinus de l'angle z; ce qui donnera tout de suite $t = \delta \text{ cos. } z + \sqrt{1-yy} \int Mydz - y \int Mdz\sqrt{1-yy}$, ou $t = \delta \text{ cos. } z + \text{cos. } z \int Mdz \text{ sin. } z - \text{sin. } z \int Mdz \text{ cos. } z$.

V I.

Dans cette équation la partie $t = \delta \text{ cos. } z$ exprime l'équation de l'orbite non troublée par les forces φ & π; & la partie $\frac{c^{z\sqrt{-1}} \int Mdz\sqrt{-1}c^{-z\sqrt{-1}}}{2}$ —

$\frac{c^{-z\sqrt{-1}} \int M dz \sqrt{-1}\, c^{z\sqrt{-1}}}{2}$, ou, ce qui eſt la même choſe, $\operatorname{cof.} z \int M dz \operatorname{fin.} z - \operatorname{fin.} z \int M dz \operatorname{cof.} z$, exprime le changement que la perturbation cauſée par les forces φ & π produit dans la valeur primitive de t, ſavoir dans $\delta \operatorname{cof.} z$; & en ſuppoſant, comme ci-deſſus, $a = 1$, M ſera égale à $\frac{2F}{gg} \int \frac{\pi\, dz}{u^3 gg} - \frac{\varphi}{uugg} + \frac{\pi\, du}{gg u^3 dz}$; quantité dans laquelle j'ai remarqué encore qu'on pouvoit mettre au lieu de u ſa valeur $\frac{F}{gg} + t$, ou $\frac{F}{gg} + \delta \operatorname{cof.} z$, qui auroit lieu dans l'orbite non troublée; pourvû que les forces perturbatives φ & π fuſſent très-petites par rapport à la force $\frac{Faa}{xx}$.

VII.

Par toutes ces formules, il eſt facile de déterminer *au moyen des quadratures*, les perturbations de l'orbite des Comètes. En effet (comme je l'ai remarqué encore dans le Mémoire déja cité) ſoit que l'orbite d'une Comète ſoit fort inclinée ou non à l'Ecliptique, on peut toujours la regarder comme ſenſiblement plane, & trouver les forces φ & π qui agiſſent dans le plan de cette orbite, & qui ſeront ſenſiblement les mêmes que dans l'orbite non altérée. Pour trouver ces forces φ & π, il faut, comme je l'ai dit encore, avoir égard non-ſeulement à l'action des Planetes ſur la Comète, mais encore à l'action des mêmes Planètes sur le Soleil, qu'il faut transporter à la Comète en sens contraire. A l'égard du mouvement des nœuds & de la variation de l'inclinaison qui résultent des mêmes forces φ & π, j'ai donné dans le même Mémoire, les formules pour les trouver; formules que je rappellerai plus bas, pour indiquer les moyens d'en faire usage.

VIII.

1. Il est donc constant par tout ce qu'on vient de lire, que ma solution du Problême des trois corps, lüe en 1747 à l'Académie avant aucune autre, & imprimée dans les Mémoires de 1745, n'est pas moins applicable à la théorie des perturbations des Comètes, qu'à celle des Planetes, & que le Mémoire cité contient absolument tous les principes, & même toutes les formules nécessaires pour cette application.

2. Un savant Géometre a prétendu dans un Ecrit publié au mois d'Août 1759, que *jusqu'à ce moment* je n'avois point donné de solution du Problême des trois corps, applicable au mouvement des Comètes. Cependant il a reconnu depuis, qu'en 1754, dans *mes Recherches sur le Systême du Monde*, seconde Partie, pag. 230, j'avois donné une formule applicable à ce mouvement, cinq ans avant que personne pensât à le calculer. Si les occupations de ce Géometre lui eussent permis de jetter les yeux sur mon Mémoire de 1745, il auroit vû que la formule que j'ai donnée en 1754, ne differe point

du tout de celles de mon Mémoire de 1745, puisque j'ai dit expressément dans ce dernier Mémoire, que pour faire évanouir les imaginaires de la valeur de t, il falloit faire $c^{z\sqrt{-1}} = \text{sin}\, z\sqrt{-1} + \text{cos}.\, z$, & $c^{-z\sqrt{-1}} = -\text{sin}.\, z\sqrt{-1} + \text{cos}.\, z$, ce qui donne ma formule de 1754 par un calcul que le plus ignorant Algébriste peut faire en un moment. Voyez aussi sur cela mon Mémoire intitulé *Réfléxions sur le Problême des trois Corps*, imprimé dans ce Volume.

IX.

1. Soit donc C (*fig.* 10.) une Comète, A son perihelie,

S, le Soleil, dont nous appellerons aussi la masse . . S

Le rayon vecteur JS de la Planete perturbatrice, réduit au plan de l'orbite de la Comète, ... ξ

L'angle JSC . . . . ζ

DB, La ligne des nœuds de l'orbite de la Comète & de l'orbite de la Planete perturbatrice,

L'angle JSB V

La tangente de l'inclinaison des deux orbites . . . . m

La masse de la Planete perturbatrice . . . . J

On aura la distance de la Planete perturbatrice au Soleil . . . . $\xi\sqrt{1 + m^2\, \text{sin}.\, V^2}$.

La force suivant CS, résultante de l'action de la Planete J sur le Soleil, sera $\dfrac{J \,.\, \text{cos}.\, \zeta}{\xi^2\,(1 + m^2\, \text{sin}.\, V^2)^{\frac{3}{2}}}$.

La force perpendiculaire à CS, & résultante de la

même action, sera $\frac{J \text{ fin. } \zeta}{\xi^2 (1 + mm \text{ fin. } V^2)^{\frac{3}{2}}}$.

La force suivant CS, résultante de l'action de la Planete J sur la Comète, se trouvera . . . .

$$\frac{J \cdot x - J \cdot \xi \text{ cof. } \zeta}{(\xi^2 + xx - 2\xi x \text{ cof. } \zeta + \xi^2 m^2 \text{ fin. } V^2)^{\frac{3}{2}}}.$$

Et la force perpendiculaire à CS, résultante de la même action, sera $-\frac{J \xi \text{ fin. } \zeta}{(\xi^2 + xx - 2\xi x \text{ cof. } \zeta + \xi^2 m^2 \text{ fin. } V^2)^{\frac{3}{2}}}$.

2. De plus la Comète étant continuellement tirée vers S par une masse $= S + C$, & avec une force réciproquement proportionnelle au quarré des distances, on aura $\frac{Faa}{xx} = \frac{S + C}{x^2}$.

3. Donc en faisant, pour abréger $a = 1$, ou plutôt, ce qui revient au même, substituant au lieu de l'angle $\frac{z}{a}$, la quantité z qui représentera le même angle, en prenant le sinus total pour l'unité, on aura pour les Comètes

$$F = S + C,$$

$$M = \frac{2S}{gg} \int \frac{\pi^3 \, dz}{aagg} - \frac{\phi x^2}{gg} + \frac{\pi a^4 \, du}{u^3 gg \, dz},$$

$$\phi = ... \frac{J \cdot \text{cof. } \zeta}{\xi^2 (1 + m^2 \text{ fin. } V^2)^{\frac{3}{2}}} +$$

$$\frac{J \cdot x - J \xi \text{ cof. } \zeta}{(\xi^2 + x^2 - 2\xi x \text{ cof. } \zeta + \xi^2 m^2 \text{ fin. } V^2)^{\frac{3}{2}}},$$

$$\pi = \ldots\ldots\ldots \frac{J \cdot \text{fin.}\,\zeta}{\xi^2 (1 + m^2 \,\text{fin.}\, V^2)^{\frac{3}{2}}} - \frac{J \cdot \xi \,\text{fin.}\,\zeta}{(\xi^2 + x^2 - 2\xi x \,\text{cof.}\,\zeta + \xi^2 m^2 \,\text{fin.}\, V^2)^{\frac{3}{2}}}.$$

X.

1. Subſtituant ces valeurs de φ & de π dans la quantité M des Art. IV & VI, & mettant pour F ſa valeur $S + C$, & pour u ſa valeur $t + \frac{F}{gg}$, ou $t + \frac{S+C}{gg}$ dans l'équation de l'Art. IV. qui exprime la valeur de t, & pour δ ſa valeur $a - \frac{S+C}{gg}$, on aura ......

$u = a$ cof. $z + \frac{S+C}{gg} - \frac{S+C}{gg}$ cof. z — ſinus z $\int M dz$ cof. z + cof. $z \int M dz$ ſin. z, pour l'équation qui exprime la valeur de la quantité $\frac{aa}{x}$, x étant le rayon de l'orbite de la Comète. On voit de plus que ſi on fait — ſin. $z \int M dz$ cof. z + cof. $z \int M dz$ ſin. $z = \alpha$, α étant une quantité qui eſt cenſée très-petite par rapport à u, on aura à-très-peu-près $x = \frac{aa}{\frac{S+C}{gg} + (a - \frac{S+C}{gg})\,\text{cof.}\,z}$

$- \frac{aa\alpha}{\left[\frac{S+C}{gg}(a - \frac{S+C}{gg})\,\text{cof.}\,z\right]^2}$; ou, en nommant x' le rayon de l'ellipſe non altérée, $x = x' - \frac{\alpha x' x'}{a}$.

2. De plus, le tems répondant à l'angle z & au rayon

vecteur x, c'est-à-dire (Art. II.) $\int \frac{x\,x\,dz}{a\,g} - \int\left(\frac{x\,x\,dz}{a\,g}\right.$

$\left.\int \frac{\pi\,x^3\,dz}{a^2\,g\,g}\right)$, sera $\int \frac{a^3\,dz}{g\left[\frac{S+C}{g\,g} + \left(a - \frac{S+C}{g\,g}\right)\cos z\right]^2}$

$$- \int \frac{2\,a^3\,\alpha\,dz}{g\left[\frac{S+C}{g\,g} + \left(a - \frac{S+C}{g\,g}\right)\cos z\right]^3}$$

$$- \int \left(\frac{a^3\,dz}{g\left[\frac{S+C}{g\,g} + \left(a - \frac{S+C}{g\,g}\right)\cos z\right]^2} \right.$$

$\left. \int \frac{\pi\,a^4\,dz}{g\,g\left[\frac{S+C}{g\,g} + \left(a - \frac{S+C}{g\,g}\right)\cos z\right]^3} \right)$, ou $\int \frac{x'\,x'\,dz}{a\,g} - \int \frac{2\,x'^3\,\alpha\,dz}{a^3\,g}$

$- \int \frac{x'\,x'\,dz}{a\,g} \int \frac{\pi\,x'^3\,dz}{a\,a\,g\,g}$.

3. Toutes ces formules sont une suite nécessaire & simple des principes que j'ai établis dans mon Mémoire de 1745, & depuis dans mes *Recherches sur le Systême du Monde*, sur les quantités qu'on peut & qu'on doit négliger pour calculer les perturbations de l'orbite.

X I.

1. Quoiqu'on puisse, au moyen de ces différentes formules, calculer les perturbations des Comètes, cependant le calcul en seroit si pénible, par les quadratures multipliées & compliquées qu'il exige, qu'il est nécessaire de chercher des méthodes pour l'abréger. M'étant occupé de cet objet, voici celle que j'ai trouvée, & que je

je vais exposer en suivant la progression des idées qui l'ont produite.

2. Puisqu'on regarde le Soleil S (*fig.* 11.) comme immobile, & la Planète perturbatrice J' comme décrivant autour de S une ellipse, dans un plan différent, si l'on veut, de l'orbite de la Comète, il s'ensuit que le centre commun de gravité G des Corps S & J', décrira pareillement une ellipse autour du centre S regardé comme immobile, & qu'il la décrira dans le même tems que l'ellipse $J'O$ est décrite par la Planete J' autour du point S.

3. De plus il est évident que le point G est attiré vers S par une force égale à celle qui attire ce Corps J', multipliée par $\frac{GS}{SJ'}$; c'est-à-dire, par une force égale à $\frac{S+J}{J'S^2} \times \frac{GS}{J'S} =$ (à cause de $\frac{GS}{J'S} = \frac{J}{S+J}$) $\frac{S+J}{GS^2} \times \frac{J^2}{(S+J)^2} \times \frac{J}{S+J} = \frac{J}{GS^2} \times \frac{J^2}{(S+J)^2}$; donc la force attractive du point G est en raison inverse du quarré de la distance GS; & par conséquent le point G se meut dans son ellipse autour de S, comme s'il la décrivoit, non d'un mouvement forcé, mais d'un mouvement libre.

XII.

Donc tandis que la Comète C (*fig.* 12.) se meut autour du Soleil dans son orbite telle qu'elle est, on peut supposer ou imaginer un point γ qui étant poussé vers la Comète C, par une force réciproquement proportionnelle au quarré de la diſtance, decrive autour de cette Comète, comme une eſpéce de Satellite, une ellipſe égale & ſemblable à l'ellipſe décrite par le point G autour de S. Il faut ſeulement bien remarquer, que dans cette ſuppoſition, la force qui fera tendre continuellement le point γ vers C, & qui ſera égale à $\frac{J}{C\gamma^2} \times \frac{J^2}{(J+S)^2}$, ne viendra point de l'attraction de la maſſe C; ce ſera une force abſolument étrangere à la gravitation, mais dont il eſt permis de ſuppoſer l'éxiſtence dans une hypothèſe purement Mathématique, comme l'eſt celle que nous faiſons ici. Il faut remarquer de plus que le point γ, en décrivant autour du point C l'ellipſe dont il s'agit, participe néceſſairement à tous les mouvemens du point C dans l'eſpace abſolu; ainſi ce point γ eſt animé par des forces égales & parallèles à celles qui agiſſent ſur la Comète C.

XIII.

1. Donc les forces qui animent le point γ, conſidéré comme ſe mouvant dans l'eſpace abſolu, ſont;

1°. La force vers $C = \frac{J}{GS^2} \times \frac{J^2}{(J+S)^2}$; ou, ce qui eſt la même choſe, une force ſuivant $\gamma C = \frac{J}{J'S^2}$, à cauſe de $GS = \frac{J!S \, . \, J}{J+S}$.

2°. Une force ſuivant γL égale & dans le même ſens

que la force $\frac{J}{J'S^2}$ qui agit ſur la Comète C ſuivant CL parallèle à $J'S$, & en ſens contraire à la direction de l'action de la Planète ſur le Soleil.

3°. Une force ſuivant $\gamma\Gamma$ parallèle à CS, & égale à $\frac{S+C}{SC^2}$ ou $\frac{S+C}{\Gamma\gamma^2}$.

4°. Une force ſuivant γi parallèle à CJ', & égale à $\frac{J}{J'C^2}$, ou $\frac{J}{\gamma i^2}$.

2. Or en premier lieu, de ces quatre forces, les deux premieres ſe détruiſent abſolument. Donc le point γ eſt attiré dans l'eſpace abſolu par deux forces ſeulement; l'une vers Γ, qui ſera égale à $\frac{S+C}{\gamma\Gamma^2}$; l'autre vers i, qui ſera $= \frac{J}{\gamma i^2}$.

3. La force ſuivant $\gamma\Gamma$ ſe change en deux autres forces; l'une ſuivant $\gamma S = \frac{(S+C)\gamma S}{\gamma\Gamma^3}$; & l'autre ſuivant $\gamma L = \frac{(S+C)S\Gamma}{\gamma\Gamma^3} = \frac{(S+C).C\gamma}{\gamma\Gamma^3}$.

4. Donc le point γ ſe meut dans l'eſpace abſolu autour du point S ſuppoſé fixe, comme ſi ce point γ étoit attiré, 1°. vers S par une force $= \frac{(S+C)\gamma S}{\gamma\Gamma^3}$. 2°. Suivant γL parallèle à $J'S$ par une force $= \frac{(S+C).C\gamma}{\gamma\Gamma^3}$. 3°. Enfin avec une force $= \frac{J}{\gamma i^2}$ vers un point mo-

bile i, qu'on ſuppoſe ſe mouvoir autour de S, en décrivant une ellipſe ſemblable à celle du point J', & à une diſtance $iS = J'S - C\gamma = J'S - SG = \frac{J'S \times S}{S + J}$.

5. Cette derniere action ſuivant γi produit encore deux forces ; l'une ſuivant $\gamma C = \frac{J}{\gamma i^2} \times \frac{iS}{\gamma i} = \frac{J . iS}{\gamma i^3}$; l'autre ſuivant $\gamma S = \frac{J . S\gamma}{\gamma i^3}$.

X I V.

1. Si la diſtance SC de la Comète au Soleil eſt conſidérablement plus grande que la diſtance $C\gamma$ ou GS qui eſt toujours très-petite, on pourra au lieu de la force $\frac{(S + C)\gamma S}{\gamma r^3}$, écrire $\frac{S + C}{\gamma S^2} - \frac{3(S + C)\gamma C \operatorname{coſ.} \gamma S i}{\gamma S^3}$; & au lieu de la force ſuivant γL, la force $+ \frac{(S + C) . C\gamma}{\gamma S^3} \times \operatorname{coſ.} \gamma S i$ ſuivant γS, & la force $\frac{(S + C)\ C\gamma \operatorname{ſin.} \gamma S i}{\gamma S^3}$ perpendiculaire à γS.

2. De plus, au lieu des forces $\frac{J . iS}{\gamma i^3}$ & $\frac{J . S\gamma}{\gamma i^3}$, ſuivant γC & γS, on peut ſubſtituer dans tous les cas, les forces équivalentes $\frac{J . S\gamma}{\gamma i^3} - \frac{J . iS \operatorname{coſ.} \gamma S i}{\gamma i^3}$ ſuivant γS, & $- \frac{J . iS . \operatorname{ſin.} \gamma S i}{\gamma i^3}$ perpendiculaire à γS ; & ſi la diſtance γS eſt fort grande par rapport à la diſtance iS, on pourra encore, au lieu de ces deux

dernieres forces, substituer $\frac{J}{S\gamma^2} + \frac{3J.iS \text{cos}.\gamma S i}{S\gamma^3}$ $- \frac{J.iS\text{cos}.\gamma Si}{S\gamma^3}$ suivant γS, & $- \frac{J.iS\text{sin}.\gamma Si}{S\gamma^3}$ perpendiculaire à γS.

X V.

1. Or lorsque la Comète sera dans les régions supérieures de son orbite où elle est fort éloignée du Soleil, $S\gamma$ sera fort grande par rapport à Si, & à plus forte raison par rapport à $C\gamma$; donc en combinant toutes les forces ci-dessus, & remarquant que $J.iS = \frac{J.J'S \times S}{S+J}$ $= S \times C\gamma$, & que $(S+C)C\gamma$ peut être censé égal à $S.C\gamma$, on trouvera qu'un grand nombre de ces forces se détruisent, & que le point γ est tiré seulement vers S par une force $= \frac{S+C+J}{S\gamma^2}$, sans aucune autre force perturbatrice sensible.

2. De-là résulte cette Proposition très-curieuse; que quand la Comète est dans les régions supérieures de son orbite, le petit Satellite γ que nous avons supposé autour d'elle, est attiré vers le point fixe S par une force égale à $\frac{S+C+J}{S\gamma^2}$, sans aucune autre force perturbatrice sensible.

3. On voit aisément combien cette Proposition si simple peut abréger le calcul des perturbations. Car lorsque la Comète est dans la partie supérieure de son orbite,

il n'y aura qu'à chercher ſimplement l'ellipſe décrite autour de S par le Satellite γ en vertu de la force attractive $\frac{S + C + J}{S\gamma^2}$, & mener enſuite par chaque point γ de cette ellipſe une ligne γC parallèle à SJ', & $= \frac{J \cdot J'S}{S + J}$; & on aura le lieu C de la Comète.

4. Ceux qui ont calculé juſqu'à préſent les perturbations des Comètes, ont bien trouvé, par une méthode qui leur eſt particuliere, & qui eſt très-différente de la précédente, que quand la Comète eſt dans les régions ſupérieures de ſon orbite, on peut abréger conſidérablement le calcul des perturbations cauſées par l'action de la Planète perturbatrice ſur le Soleil. Mais ils n'ont pas remarqué (ce qui n'étoit pas moins important) que le calcul pouvoit encore être conſidérablement abrégé, en combinant l'action de la Planète ſur la Comète avec ſon action ſur le Soleil. C'eſt la conſidération du Satellite γ qui nous a menés à cette ſimplification du Problême.

5. Nous y avons été conduits d'une maniere aſſez naturelle, par la remarque que nous y avions déja faite dans nos *Recherches ſur le Syſtême du Monde*, ſeconde Partie, Art. 218 & 219, que pour trouver la perturbation d'une Planète, cauſée par l'action d'une autre Planète ſur le Soleil, on pouvoit imaginer autour de la Planète troublée un Satellite qui produisît à-peu-près le même effet. De legers changemens à cette ſuppoſition, par leſquels nous l'avons ſimplifiée, nous ont

donné le Satellite fictif autour de la Comète.

6. Au reste cette Proposition sur l'orbite sensiblement elliptique du Satellite γ, a été communiquée à M. Clairaut, le 13 Août 1759, long-tems avant qu'il ait rien paru sur la théorie du mouvement des Comètes; & je l'avois communiquée à M. Bezout dès le mois de Juin précédent. Elle se trouve d'ailleurs dans des papiers remis au Secrétariat de l'Académie dans les mêmes mois de Juin & d'Août 1759. Je rapporte ces faits, uniquement afin qu'on ne me taxe pas d'avoir rien appris sur cela d'aucun autre Géometre, ni rien emprunté d'aucun autre Ouvrage.

X V I.

La considération du Satellite γ, a non-seulement l'avantage d'abréger considérablement le calcul des perturbations dans les parties supérieures de l'orbite de la Comète; elle a de plus 1°. celui de rendre dans certaines occasions ce calcul possible; 2°. de le rendre plus éxact dans tous les cas; 3°. de le rendre plus court. Développons ces trois points.

1°. La considération du Satellite a l'avantage de rendre le calcul possible dans certaines occasions; car lorsque la Comète est dans les parties supérieures de son orbite, la force perturbatrice $\frac{J}{J'S^2}$ qui vient de l'action de la Planète sur le Soleil, peut être très-comparable à la force de gravitation $\frac{S+C}{SC^2}$; parce que SC peut alors être si grande par rapport à $J' S$, que la force $\frac{J}{J' S^2}$ ne puisse pas être regardée comme très-petite par rapport à la force $\frac{S + C}{S C^2}$. Or en ce cas la solution générale donnée dans le commencement de ce Mémoire, & qui suppose les forces φ & π toujours très-petites par rapport à $\frac{Faa}{xx}$, ne pourroit plus avoir lieu. Au contraire la méthode que nous venons de donner, est évidemment d'autant plus éxacte, que SC ou $S\gamma$ est plus grande par rapport à $J' S$. Ainsi (ce qui est très-curieux à remarquer) la méthode générale & celle-ci, sont en quelque maniere le complément l'une de l'autre, l'une étant plus éxacte à proportion que l'autre l'est moins.

2°. Je dis outre cela, que cette considération du Satellite rend le calcul plus éxact; car elle dispense de connoître dans les parties supérieures de l'orbite, la position de la Planete perturbatrice, sur laquelle on pourroit se tromper considérablement, savoir d'une quantité proportionnelle à l'altération de la révolution dans toute une moitié de l'orbite. Supposons, par exemple, que cette altération soit d'environ un an, comme elle le peut être & au-delà; on se tromperoit donc d'un an, c'est-à-dire, à-peu-près de 30 degrés, dans la position de Jupiter; ce qui occasionneroit des erreurs considérables dans la détermination des forces φ & π, & sur-tout de la derniere, qu'on pourroit faire d'un signe contraire à celui qu'elle auroit réellement.

3°.

3°. Enfin la méthode tirée de la considération du Satellite, rendra le calcul plus court que si on cherchoit directement les perturbations de la Comète. Car soit γ' (*fig.* 10.) la projection du Satellite γ sur le plan de l'orbite de la Comète; les forces perturbatrices φ & π venant de la seule action de la Planète sur le Soleil, seront à-très-peu-près $\varphi = - \frac{2(S+C).C\gamma' \text{cos}. \gamma' SJ}{x^3}$; en nommant $S\gamma'$, x; & $\pi = \frac{(S+C).C\gamma' \text{sin}. \gamma' SJ}{S\gamma'^3}$; ou $\frac{(S+C).C\gamma'. \text{sin}. \gamma' SJ}{x^3}$. Or puisque x^3 se trouve ici au dénominateur de la valeur de π; il s'ensuit que les quantités $\frac{\pi du}{u^3 dz}$ ou $\frac{\pi x^3 du}{dz}$, & $\int \pi x^3 dz$, dont on a besoin (§. VI & X.) pour calculer les perturbations, seront très-simplifiées; puisque u^3 & x^3 disparoîtront de ces quantités: ce qui n'auroit pas lieu, si on cherchoit directement les perturbations de l'orbite de la Comète, causées par l'action de la Planète perturbatrice sur le Soleil.

XVII.

1. Puisque dans l'orbite décrite par le Satellite, la force rétardatrice dérivée de l'action sur le Soleil, est de l'ordre de $\frac{J.\xi}{x^3}$, & que dans l'orbite réelle de la Comète, cette force est de l'ordre de $\frac{J}{\xi^2}$; il s'ensuit que ces deux forces sont entr'elles comme ξ^3 à x^3; & qu'ainsi

dans la partie inférieure de l'orbite, depuis le périhélie jusqu'au point où $x = \xi$, il est plus éxact d'employer la méthode générale, & que dans le reste de l'orbite, qui est beaucoup plus étendu, il sera mieux d'employer la considération du Satellite.

2. Ainsi, pour calculer l'action de Jupiter sur une Comète quelconque, on peut partager l'orbite en deux parties; dans l'une qui s'étend depuis le périhélie de part & d'autre jusqu'à la distance SC ou Sc (*fig.* 13.) = à la distance moyenne de Jupiter, on employera la méthode générale. Dans la seconde qui est beaucoup plus étendue, on employera la considération du Satellite.

3. Pour calculer l'action de Saturne, on peut employer les deux mêmes portions; car quoique SC ne soit qu'environ la moitié de la distance de Saturne, cependant les quantités qu'on négligera en employant la considération du Satellite dès ce point C, seront de l'ordre de $\frac{S \cdot ♄ ♄ \xi'^2}{S^2 x^4}$; (♄ exprimant la masse de Saturne, & ξ' sa distance au Soleil), c'est-à-dire, de l'ordre de $\frac{S}{x^2} \times \frac{♄ ♄ \xi'^2}{S^2 x^2}$; & elles seront aux quantités $\frac{♄}{\xi'^2}$, qu'on employeroit en suivant la méthode générale, dans la raison de $\frac{♄ \xi^4}{S x^4}$ à 1, c'est-à-dire, d'environ $\frac{16}{3000}$ à l'unité, ou de 1 à 187; par conséquent elles seront incomparablement plus petites que celles qu'on auroit employées en suivant la méthode générale; & il faut remarquer de plus que

ces quantités négligées, (ou ce rapport de 1 à 187) diminuent toujours à mesure qu'on s'éloigne du point C, où C est supposé $=$ à la moyenne distance de Jupiter: ensorte que lorsque la Comète est à la distance de Saturne, ce rapport devient $\frac{1}{3000}$. On n'aura donc point à craindre, ce me semble, d'erreur considérable en commençant au point C (où SC est $=$ à la distance moyenne de Jupiter) la considération du Satellite, même pour calculer l'action de Saturne.

XVIII.

1. Il ne reste plus qu'à savoir en quel endroit de cette portion de l'orbite, on peut supposer que le Satellite commence à décrire une véritable ellipse. Or je crois qu'on peut fixer (pour l'action de Jupiter) le commencement de cette portion au point où $\xi = \frac{1}{3} x$; c'est-à-dire, où la Comète est à une distance du Soleil triple de celle de Jupiter. Car supposons (ce qui est ici le cas le moins favorable) que Jupiter se trouve alors le plus près de la Comète qu'il est possible; son action sur la Comète sera donc $\frac{J}{(x-\xi)^2}$; quantité à laquelle nous avons substitué les deux termes $\frac{J}{x^2} + \frac{2J.\xi}{x^3}$; ainsi la quantité négligée est $\frac{J}{(x-\xi)^2} - \frac{J}{x^2} - \frac{2J.\xi}{x^3}$: or supposant $x = 3\xi$, on trouvera que cette quantité négligée est $\frac{J}{4\xi^2} - \frac{J}{9\xi^2} - \frac{2J}{27\xi^2} = \frac{J}{\xi^2} \times (\frac{1}{4} -$

$\frac{5}{27}$) ; quantité plus petite que la quantité $\frac{2J.\xi}{x^3}$, ou $\frac{2J}{27\xi^2}$ que d'autres Géometres ont cru pouvoir négliger en pareil cas.

2. Le rapport de la premiere de ces quantités à la seconde, deviendra encore plus petit à mesure que la Comète s'éloignera plus du Soleil; car soit $x = n\xi$, n étant plus grand que 3 ; la premiere de ces quantités sera à la seconde comme $\frac{1}{(n-1)^2} - \frac{1}{n^2} - \frac{2}{n^3}$ est à $\frac{2}{n^3}$; c'est-à-dire, comme $3n - 2$ à $2(n-1)^2$: rapport qui devient plus petit à mesure que n augmente.

3. Quant à la force π, la quantité *négligée* est à-peu-près $\frac{3\xi^2 \text{ fin. } \zeta' \text{ cof. } \zeta'.J}{x^4}$; en prenant ζ' pour l'angle de commutation entre la Comète & la Planète ; & cette quantité est à la quantité *employée* $\frac{J \text{ fin. } \zeta'.\xi}{x^3}$, comme $\frac{3\xi \text{ cof. } \zeta'}{x}$ est à 1, c'est-à-dire, comme cof. ζ' est à 1 ; elle est donc beaucoup plus petite, puisque la plus grande valeur de la quantité *négligée* est à-peu-près répondante à cof. $\zeta' = \frac{1}{\sqrt{2}}$, ou fin. $2\zeta'$ = fin. total. Donc la quantité que nous négligeons dans l'expression de π, est moindre que la quantité $\frac{J\xi \text{ fin. } \zeta'}{x^3}$, négligée en pareil cas par d'autres Géometres.

4. Donc, en n'ayant égard qu'à l'action de Jupiter, on peut ſuppoſer que le Satellite décrive une ellipſe, à commencer depuis le point où $x = 3\,\xi$; & l'erreur, s'il y en a quelqu'une, ſera du moins fort au-deſſous de celle que d'autres Géometres ont commiſe en négligeant les forces perturbatrices $\frac{2J.\xi}{x^3}$ & $\frac{J.\xi}{x^3}$, qui réſultent de l'action du Soleil en pareil cas.

5. A l'égard de l'action de Saturne; comme ſa maſſe eſt environ $\frac{1}{3}$ de celle de Jupiter, ſi on ſuppoſe la diſtance de la Comète au Soleil double de celle de Saturne, on trouvera que la quantité *négligée* (dans le cas où elle eſt la plus grande) eſt $\frac{J}{3\,\xi'^2} \times (1 - \frac{1}{2}) = \frac{J}{6\xi'^2}$, en prenant ξ' pour la diſtance de Saturne au Soleil: cette quantité eſt à la quantité $\frac{2\,J}{27\,\xi^2}$ négligée par d'autres Géometres dans l'action de Jupiter, à-peu-près comme $\frac{9}{4}$ eſt à $\frac{\xi'^2}{\xi^2}$; c'eſt-à-dire, qu'elle eſt beaucoup plus petite, ξ' étant environ le double de ξ. D'où il s'enſuit qu'au point où la diſtance de la Comète eſt à-peu-près double de la diſtance de Saturne au Soleil, on peut négliger la force φ qui vient de l'action de Saturne; car en ce point la force négligée eſt au-deſſous de celle que d'autres Géometres ont négligée pour l'action de Jupiter.

6. Quant à la force π, il eſt aiſé de voir que la partie négligée eſt beaucoup moindre que $\frac{J}{3\,.\,\xi'^2}$ ſin. ζ', &

que par conséquent cette partie négligée est à la force $\frac{2J}{27\xi^{4}}$ négligée par d'autres dans l'action de Jupiter, en moindre raison que $\frac{1}{8.3}$ n'est à $\frac{1}{27}$; d'où il s'ensuit que la partie négligée est, ou beaucoup plus petite, ou au moins très-peu différente de la force négligée $\frac{2J}{27\xi^{2}}$; & par conséquent qu'on peut aussi négliger cette partie de force. Ainsi au point où la distance de la Comète au Soleil est à-peu-près double de celle de Saturne, on peut supposer que le Satellite décrive sans erreur sensible une ellipse autour du Soleil.

7. Donc en n'ayant égard qu'à l'action de Saturne, on peut supposer que le Satellite décrive une ellipse depuis le point où $x = 2\xi'$; c'est-à-dire, où la distance de la Comète est double de celle de Saturne. Or comme les distances moyennes ξ & ξ' de Jupiter & de Saturne sont environ 5.2010 & 9.5400, il est aisé de voir qu'au point où x sera $= 3\xi$, ou du moins dans un point où x sera un peu plus grand que 3ξ, on aura à-peu-près $x = 2\xi'$.

8. Ce point peut être supposé celui de la moyenne distance de la Comète au Soleil, dans la Comète de 1682, où cette moyenne distance est 17.8635; mais en général, pour simplifier & pour abréger, nous supposerons que le point où le Satellite commence à décrire sensiblement une ellipse, soit celui où $x = 20$ fois le rayon du grand orbe; cette supposition rendra même les calculs

plus éxacts, puiſque dans le point dont il s'agit, x ſera $> 2\,\xi'$, & égal à près de $4\,\xi$.

9. On peut donc dans le calcul de l'action de Jupiter & de celle de Saturne, commencer la conſidération du Satellite, au point où la diſtance x de la Comète au Soleil eſt égale à la diſtance moyenne de Jupiter; & regarder de plus ce Satellite comme décrivant très-ſenſiblement une ellipſe, dans toute la partie de l'orbite où la diſtance x de la Comète au Soleil eſt égale ou plus grande que 20 fois le rayon du grand orbe.

10. Au reſte, ſi on craignoit de cette ſuppoſition quelque erreur dont l'effet fût un peu trop conſidérable, nous donnerons dans la ſuite de ce Mémoire des moyens de la rectifier.

11. Voyons préſentement d'autres méthodes pour abréger encore le calcul.

XIX.

1. Comme l'orbite de la Comète, & celle que décrit le Satellite dans l'eſpace abſolu, different très-peu quant à la figure, & quant au tems employé à parcourir ces orbites & leurs parties correſpondantes; l'altération que les mêmes forces perturbatrices cauſeroient dans chacune de ces orbites, feroit ſenſiblement la même; c'eſt pourquoi on peut regarder toutes ces altérations, comme ſi elles ſe rapportoient à la ſeule orbite *ACED* (*fig.* 13.) de la Comète, & du reſte traiter comme des portions d'ellipſes, les portions d'orbites décrites par la

Comète & par le Satellite. Nous développerons ce dernier point plus en détail dans la suite; pour le présent nous nous appliquerons à chercher la méthode la plus simple pour déterminer les altérations de l'orbite $ACED$.

2. Dans cette orbite il faut d'abord marquer les points C, c, ou $x =$ la moyenne distance de Jupiter, & les points E, e, ou $x = 20$ fois le rayon du grand orbe, & se rappeller ensuite tout ce que nous avons déja dit cidessus; savoir, 1°. que depuis A jusqu'en C, & depuis c jusqu'en A, les forces perturbatrices doivent être exprimées comme dans le §. IX; 2°. que depuis C jusqu'en E, & depuis e jusqu'en c, elles changent d'expression, & deviennent ce que l'on a vû dans les §. XIII & XIV; 3°. que depuis E jusqu'en e la force φ devient $\frac{J}{x^2}$, ou Ju^2, & que la force $\pi = o$.

3. Pour faire maintenant usage de toutes ces valeurs, il faudra d'abord connoître les valeurs de φ & de π pour deux révolutions de la Comète, ou plutôt pour une révolution entiere, & une grande partie de la révolution suivante jusqu'au point e, en observant; 1°. de donner à φ & à π depuis A jusqu'en C, les valeurs indiquées dans le §. IX; 2°. depuis C jusqu'en E, les valeurs indiquées par le §. XIV; 3°. de faire $\pi = o$, & $\varphi = Ju^2$ depuis E jusqu'en e; 4°. de faire encore changer φ & π de valeur aux points e & c, c'est-à-dire, de leur donner depuis e jusqu'en c les valeurs marquées dans le §. XIV, & au point c celles du §. IX, qu'on continuera jusqu'au point C de la

la révolution ſuivante ; après quoi on reprendra les valeurs de φ & π, telles qu'elles ſont dans le §. XIV &c.

4. Cette détermination des valeurs de φ & de π n'aura aucune difficulté ; car dans toute la partie $E D e$, la force π n'eſt pas cenſée exiſter, non plus que la partie de la force φ qui dépend de l'élongation de la Planète à la Comète ; & dans la partie $E A e$, on connoît aſſez bien les valeurs de φ & de π, parce qu'on connoît (*hyp.*) le tems d'une révolution entiere de la Comète, & qu'ainſi on aura à-peu-près les poſitions reſpectives de la Planète & de la Comète dans tous les points des arcs $A E$, $A e$ de la premiere révolution, & dans l'arc $A E$ de la ſeconde.

5. Les forces φ & π étant connues, on connoîtra les quantités $\frac{\pi x^3}{a a g g}$, que je nomme . . . . Y,

Et on aura ſoin pour abréger le calcul ; 1°. de ne pas calculer deux fois les quantités (conſtantes ou variables) qui ſe trouvant au numérateur & au dénominateur, devront ſe détruire ; par exemple x^3 qui ſe trouvant au dénominateur (§. XIV.) dans une partie des valeurs de π, ſe trouvera au numérateur dans πx^3, & par conſéquent diſparoîtra ; 2°. de mettre à part ſans la calculer la quantité conſtante $g g$, que nous enſeignerons dans la ſuite à faire diſparoître, & de la laiſſer en attendant ſous ſa forme Algébrique $g g$.

6. Ayant formé la table des Y, on quarrera (*a*) la

(*a*) Nous donnerons plus bas les moyens de quarrer les différentes courbes méchaniques qui ſe rencontreront dans cette ſolution.

courbe dont l'aire est $\int Y dz$, pour la premiere révolution entiere, & pour la suivante jusqu'au point e; en observant que la partie de cette aire qui répond à l'angle EDe doit être $= o$; parce que dans toute cette partie la force $\pi = o$.

7. Cette quantité $\int Y dz$, ou $\int \frac{\pi x^3 dz}{aagg}$ est la plus compliquée de celles qui entrent dans la quantité M du §. VI; les autres n'éxigeant aucune quadrature, seront très-faciles à calculer.

8. On trouvera ainsi toutes les quantités d'où dépend la quantité M du §. VI; & l'on supposera

M ou (§. IX.) $\frac{2S}{gg}\int \frac{\pi a^4 dz}{u^3 gg} - \frac{\phi a^4}{u^2 gg} + \frac{\pi a^4 du}{gg u^3 dz}$ $= X + 2S\int \frac{Y dz}{gg}$; en prenant X pour représenter la somme des quantités $\frac{\pi a^4 du}{gg u^3 dz} - \frac{\phi a^4}{u^2 gg}$, & $S\int Y dz$ pour représenter la quantité $S\int \frac{\pi a^4 dz}{u^3 gg}$; on se ressouviendra de plus (comme nous venons de le dire) que Y sera $= o$ dans la partie EDe de l'orbite, où $\pi = o$, & que X sera constante dans cette même partie de l'orbite, où $\phi = \frac{J}{x^2}$. Cela posé,

9. On verra d'abord que dans l'équation générale de l'orbite, la quantité cos. $z\int M dz$ sin. z — sin. $z\int M dz$ cos. z, ou α (ainsi que nous l'avons déja nommée §. X.) sera = cos. $z\int X dz$ sin. z — sin. $z\int X dz$ cos. z + cos. z ×

$\frac{2S}{gg}(1 - \text{cof.}\,z) \int Y dz - \text{cof.}\,z \times \frac{2S}{gg} \int Y dz$ $(1 - \text{cof.}\,z) - \text{fin.}\,z \times \frac{2S}{gg}\,\text{fin.}\,z \int Y dz + \text{fin.}\,z \times \frac{2S}{gg}$ $\int Y dz\,\text{fin.}\,z$; quantité qui peut encore être simplifiée, en considérant que $(\text{cof.}\,z - \text{cof.}\,z^2 - \text{fin.}\,z^2) \int Y dz = (\text{cof.}\,z - 1) \int Y dz$.

10. Pour trouver présentement le tems t, soit $x' = \dfrac{aa}{\frac{S+C}{gg} + \left(a - \frac{S+C}{gg}\right)\text{cof.}\,z}$; & soient les quantités

$$-\int \frac{2x'^3\,dz\,\text{cof.}\,z}{a^3 g} = P,$$

$$\int \frac{2x'^3\,dz\,\text{fin.}\,z}{a^3 g} = Q,$$

$$-\int \frac{2x'^3\,dz}{a^3 g}(\text{cof.}\,z - 1) = R;$$

$$\int \frac{2x'^3\,dz\,\text{cof.}\,z}{a^3 g} = -P,$$

$$-\int \frac{2x'^3\,dz\,\text{fin.}\,z}{a^3 g} = -Q,$$

$-\int \frac{x'^2\,dz}{ag} = V$; & l'on aura (§. X.) l'altération du tems égale à $\int dP \int X dz\,\text{fin.}\,z + \int dQ \int X dz$ $\text{cof.}\,z + \int dR \int Y dz \times \frac{2S}{gg} - \frac{2S}{gg} \int dP \int Y dz$ $(1 - \text{cof.}\,z) - \frac{2S}{gg} \int dQ \int Y dz\,\text{fin.}\,z + \int dV \int Y dz$.

11. Comme les quantités P, Q, R, V, ont des intégrales éxactes, ou du moins peuvent s'intégrer par des

arcs de cercle, ainsi que nous le ferons voir plus bas; on peut simplifier l'expression précédente, & la délivrer des doubles signes $\int$, en la mettant sous cette forme,

$$P\int X dz \sin. z - \int X P dz \sin. z + Q\int X dz \cos. z - \int XQ dz \cos. z + 2RS\int \frac{Y dz}{gg} - 2S\int \frac{YR dz}{gg} - \frac{2S}{gg} P\int Y dz (1 - \cos. z) + \frac{2S}{gg}\int Y P dz (1 - \cos. z) - \frac{2S}{gg} Q\int Y dz \sin. z + 2S\int \frac{YQ dz}{gg} \sin. z + V\int Y dz - \int Y V dz.$$

12. Toutes ces quantités ne seront pas fort difficiles ni fort longues à calculer; parce que les quantités P, Q, R, V, comme on vient de le dire, ont des intégrales éxactes, ou du moins peuvent s'intégrer par arcs de cercle, & que le reste ne demandera que des quadratures simples.

13. Nous donnerons dans la suite les moyens de trouver facilement ces quantités P, Q, R, S &c. & d'abréger d'ailleurs beaucoup le reste du calcul; nous nous contenterons d'observer ici que la formule que nous venons de donner, n'a l'inconvénient d'allonger le calcul que dans un cas. C'est celui où X est constante; c'est-à-dire, où $\phi = J u^2$, π & Y étant alors $= o$; car alors les quantités $P\int X dz \sin. z - \int X P dz \sin. z + Q\int X dz \cos. z - \int XQ dz \cos. z$ sont d'un usage moins commode que leurs équivalentes $\int dP \int X dz \sin. z + \int dQ \int X dz \cos. z$.

14. Pour éviter cet inconvénient qui n'a lieu que dans la partie $E\,D\,e$ de l'orbite, laquelle répond à un assez petit angle $E\,S\,e$, on écrira (pour cette partie seulement de l'orbite) au lieu de $-\int X P\, dz$ sin. $z - \int Q X\, dz$ cos. z, la quantité $- P X$ ($\Delta -$ cos. z) $+ \int d P \times X$ ($\Delta -$cos. z)$- Q X$($\delta' -$sin. z) $+ \int X d Q$($\delta' -$ sin. z), Δ & δ' étant ce que deviennent cos. z & sin. z au point E, & les aires $X \int d P$ ($\Delta -$cos. z) & $X \int d Q \times$($\delta' -$sin. z) étant supposées $= o$ au même point E.

15. Il est à remarquer encore que pour réduire en tems la *quantité Algébrique qu'on vient de trouver ci-dessus* pour l'altération du tems, il faut d'abord nommer δ le demi-grand axe de l'ellipse que la Comète auroit décrite sans l'action des Planètes, & ensuite faire cette proportion: comme $\frac{\delta \frac{3}{2}}{\sqrt{S + C}} \times 4$ angles droits, (qui est la valeur de $\int \frac{x\, x\, dz}{a\, g}$ lorsque $z = 360°$) est à *cette quantité Algébrique trouvée*, qui exprime l'altération du tems; ainsi le tems m de la révolution de la Comète est à une quatriéme quantité; c'est-à-dire, qu'il faut multiplier la quantité Algébrique trouvée par $\frac{m \sqrt{S + C}}{\delta \frac{3}{2} \times 360°}$, qu'on peut réduire à $\frac{m \sqrt{S}}{\delta \frac{3}{2} \times 360°}$, pour deux raisons; la premiere, parce que C est fort petit par rapport à S, & que $\frac{m \sqrt{S}}{\delta \frac{3}{2} \times 360°}$ multiplie une quantité déja très-petite par

rapport à la révolution totale ; la seconde, parce que C est inconnu (*a*).

16. C'est pourquoi, en mettant pour $\frac{1}{360^\circ}$ (c'est-à-dire, pour le rapport du rayon à la circonférence) sa valeur approchée $\frac{1}{6,283185}$, on aura pour la correction du tems

$$\frac{m\sqrt{S}}{\delta^{\frac{3}{2}}.6,283185}\times[P\int X\,dz\,\text{sin.}\,z-\int XP\,dz\,\text{sin.}\,z+Q\int X\,dz\,\text{cos.}\,z-\int XQ\,dz\,\text{cos.}\,z+\frac{2R.S}{gg}\int Y\,dz-\frac{2S}{gg}\int R.Y\,dz-\frac{2S.P}{gg}\times\int Y\,dz(1-\text{cos.}\,z)+\frac{2S}{gg}\int Y.P\,dz(1-\text{cos.}\,z)-\frac{2S}{gg}Q\int Y\,dz\,\text{sin.}\,z+\frac{2S}{gg}\int Y.Q\,dz\,\text{sin.}\,z+V\int Y\,dz-\int Y.V\,dz].$$

X X.

Supposons maintenant une Comète dont on a déja observé une révolution ; on veut savoir la valeur approchée de la révolution suivante.

1. Soit SA la distance perihélie observée au commen-

(*a*) On demandera peut-être comment on sait que la masse C de la Comète est fort petite par rapport à la masse S du Soleil, puisqu'on ignore cette masse C. Il est aisé de répondre, que comme la Comète ne dérange point sensiblement le Soleil, on est en droit d'en conclure que $\frac{C}{S}$ est une très-petite fraction.

cement de la premiere révolution; & m = au nombre de jours, aussi connu, de cette révolution; on construira l'ellipse *ACDA* (*fig.* 5.) dont le grand axe convienne à cette révolution; & que j'appellerai, quoiqu'improprement, l'ellipse primitive; dans cette ellipse on marquera les points *C*, *c*; *E*, *e*, comme on l'a déja prescrit au commencement du §. XIX, art. 2. Cela fait;

2. On cherchera d'abord les lieux de la Planète correspondans aux lieux de la Comète dans cette ellipse. Ces lieux pourront se trouver assez éxactement; 1°. parce que dans toute la partie *EDe*, où ils seroient plus incertains, on n'a pas besoin de les connoître; 2°. parce que dans la premiere révolution, l'altération que cause la Planète sur l'arc *AE*, n'est pas considérable, & que le tems employé réellement par la Comète à décrire l'angle *ASE*, ne differe que peu de celui que la Comète mettroit à décrire le même angle (indépendamment des perturbations) dans l'ellipse primitive supposée; 3°. parce que, comme l'on connoît (par l'hypothèse) le tems du retour de la Comète au point *A* après la premiere révolution, on sait aussi à-très-peu-près le tems où la Comète sera sur chaque rayon vecteur de l'arc *eA* de la premiere révolution, & par conséquent les positions respectives de la Planète perturbatrice; 4°. parce que par la même raison on sait à-très-peu-près le tems où la Comète se trouvera dans chaque point de l'arc *AE* de la seconde révolution, & par conséquent les positions respectives de la Planète perturbatrice.

3. Je suppose donc qu'on ait calculé par la méthode du §. XIX, que je développerai & simplifierai encore dans la suite, les altérations de cette orbite elliptique *A E D A* pour une révolution entiere, & pour la révolution suivante jusqu'au point *e*.

4. J'appelle la quantité qu'on trouvera pour l'altération totale jusqu'au point *e* de la seconde révolution . . . ζ
Et je nomme la quantité qui exprime les altérations de la premiere révolution seulement . . . . α'

5. De plus ayant calculé dans l'ellipse *A E D A* le tems que la Comète met à décrire l'arc *A C*, ou plutôt l'angle *A S C*, je connoîtrai à la fin de ce tems la position, la direction & la vitesse du petit Satellite γ (*fig.* 14.), le tout rapporté sur l'orbite de la Comète; & comme la vitesse de ce Satellite dans l'espace absolu, est composée de sa vitesse propre autour de *C* & de la vitesse du point *C*, j'aurai donc la position *S* γ du rayon vecteur, & la vitesse du point γ par rapport au point *S*, avec sa direction; au moyen de quoi je déterminerai facilement la trajectoire elliptique du Satellite γ, abstraction faite des autres perturbations qui ont déja été calculées.

6. Ainsi j'aurai une portion d'ellipse $\gamma o \gamma'$, dans laquelle je détermine de la maniere suivante le rayon $S\gamma'$ qui doit la terminer. Je suppose qu'on tire la ligne *S c* dont la position est connue, & qui fait avec *A S* un angle $= C S A$: par la connoissance que l'on a du retour de la Comète au point *A*, on sait à-peu-près le tems où la Comète se trouvera sur cette ligne *S c*; & par conséquent

on

on fait auſſi à-peu-près la poſition reſpective de la Planète perturbatrice & du petit Satellite ; ſuppoſons donc que $S\lambda$ repréſente cette poſition, c'eſt-à-dire, ſoit égale & parallèle à la ligne qui joint en ce moment la Comète & le Satellite ; & ſoit menée par λ la ligne $\lambda\gamma'$ parallèle à Sc, elle coupera l'ellipſe $\gamma o \gamma'$ au point γ', qui fera connoître par conſéquent le rayon $S\gamma'$ & la portion d'ellipſe $\gamma o \gamma'$. Je donnerai dans la ſuite des moyens de calculer toutes ces lignes & ces angles ; mais il n'eſt queſtion encore ici que de l'expoſé général de la méthode.

7. Je connoîtrai donc par ce moyen le tems employé à parcourir cette portion d'ellipſe $\gamma o \gamma'$;

J'appelle ce tems . . . . θ',

Et le tems par AC . . . . θ.

8. Maintenant lorſque le Satellite eſt en γ', il eſt évident que la Comète eſt à-très-peu-près en C', en menant $\gamma' C' =$ & parallèle à $S\lambda$; car lorſque la Comète eſt ſur la ligne SC', $S\lambda$ repréſente à-très-peu-près la poſition du Satellite. Par-là on connoîtra la longueur de la ligne SC'. Or la viteſſe du point C' autour de S eſt évidemment compoſée de la viteſſe du point γ' dans l'orbite $\gamma o \gamma'$, & de la viteſſe du même point γ' autour de C' ; laquelle doit être tranſportée au point C' en *ſens contraire* à celui ſelon lequel le Satellite ſe meut autour de la Comète, & non pas dans le même ſens, comme on l'a fait au point γ.

9. Donc on aura une nouvelle ellipſe $C' A' C''$ (*fig.* 15.)

dans laquelle le rayon vecteur primitif $S C'$, & la vitesse primitive avec sa direction seront connues.

10. On calculera le mouvement dans cette ellipse $C' A C''$, jusqu'à ce qu'on arrive à un point C'', tel que $S C''$ se trouve sur la direction de la ligne $S C$.

11. Dans ce point C'' on connoît à-peu-près le tems; puisqu'il est à-peu-près égal au tems connu de la révolution entiere, plus au tems par l'angle $A S C$ dans l'ellipse primitive; ainsi on connoîtra à-peu-près la position & la vitesse correspondantes du Satellite γ''; & on cherchera (comme on a fait à la premiere révolution) sa nouvelle ellipse $\gamma'' \alpha' \Gamma$, jusqu'à un point Γ, où $S\Gamma$ soit égale à 20 fois le rayon du grand orbe.

12. Soit à présent le tems calculé par $C' A' C''$ . . $= \Theta$
Et le tems calculé par $\gamma'' \alpha' \Gamma$ . . . . $= \Theta'$;
Soit aussi le tems par $C' A'$ . . . . $= \vartheta$;
$S A'$ étant supposée dans la direction de la distance initiale $S A$ de la Comète au Soleil.

13. Cela posé, il est évident, en rassemblant toutes les quantités calculées, que le tems de la premiere révolution sera . . . . $= \alpha' + \theta + \theta' + \vartheta$;
& que le tems de la premiere révolution, plus le tems par la plus grande partie de la seconde, jusqu'à l'arrivée du Satellite en Γ, sera . . . . $= \text{G} + \theta + \theta' + \Theta + \Theta'$.

14. Ce tems seroit exactement celui qu'on cherche, si on eût pris pour l'ellipse primitive de la Comète, celle qu'elle eût *réellement* décrite sans l'action des Planètes. Mais 1°. les perturbations seront à-très-peu-près les mê-

mes, que ſi on eût pris cette derniere ellipſe. 2°. Pour corriger d'ailleurs (quant au reſte du calcul), l'hypothèſe qu'on a faite d'une fauſſe ellipſe, on remarquera d'abord que le rayon Se de la fig. 13. fait un très-petit angle avec le rayon $S\Gamma$ de la fig. 15. qui lui eſt égal; d'où il s'enſuit, que quand le Satellite ſera en Γ (*fig.* 15.), la Comète ſera à-peu-près au point e de la figure 13. ou $Se =$ 20 fois le rayon du grand orbe; conſéquemment on fera cette proportion; l'aire entiere $AEDA$ (*fig.* 13.) eſt à deux fois cette aire, moins le ſecteur AeS, ou AES, comme m eſt à un quatriéme terme m'; ce quatriéme terme m' donnera le tems que la Comète auroit mis (indépendamment des forces perturbatrices) à parvenir ſur le rayon Se pour la ſeconde fois dans l'ellipſe primitive ſuppoſée $AEDA$; & dans cette même ſuppoſition on aura à-très-peu-près $\varsigma + \theta + \theta' + \Theta + \Theta' - m'$ pour la perturbation totale juſqu'au point e; perturbation qui ſera à-très-peu-près la même, comme on vient de le dire, que la perturbation réelle; on aura de même $a' + \theta + \theta' + \vartheta - m$ pour la perturbation de la premiere révolution ſeulement.

15. Il eſt à remarquer que chacune de ces perturbations eſt celle qui provient de l'action d'une ſeule Planète, de Jupiter par exemple; on trouvera de même celle qui provient de l'action de Saturne. Cela fait, on ajoutera enſemble les deux perturbations, & on nommera la perturbation totale de la premiere révolution . . . δ; & la perturbation de la premiere révolution, plus celle

de la seconde jusqu'en e . . . . ε.

Il est évident 1°. que $m - \delta$ sera le tems par la *véritable ellipse primitive*, & qu'ainsi ce tems exprime celui qu'il eût fallu supposer indépendamment des perturbations. 2°. Que par conséquent on trouvera facilement l'ellipse qui ayant la même distance périhélie AS que la Comète, donneroit pour révolution le tems $m - \delta$, indépendamment des forces perturbatrices ; & que cette ellipse sera la *vraie ellipse primitive* de la Comète. 3°. Qu'on trouvera de même très-facilement le tems de la révolution dans la partie de cette ellipse qui répond à l'arc circulaire $Ax\varepsilon'$, terminé par le rayon $A\varepsilon'$ qui coincide avec Ae; soit ce tems $= m''$; & comme la perturbation ε est sensiblement la même dans l'ellipse primitive supposée, & dans la véritable ellipse primitive, on aura $m - \delta + m'' + \varepsilon$ pour le tems de la révolution de la Comète, depuis le moment où elle part de son périhélie, jusqu'à celui où elle arrive pour la seconde fois sur le rayon Se; donc aussi $m - \delta + m'' + \varepsilon$ exprimera à-très-peu-près le tems de l'arrivée du Satellite au point Γ (*fig.* 15.).

16. Ainsi on connoîtra à très-peu-près (par ce dernier tems calculé) la position de la Planète perturbatrice, & par conséquent la position $\Gamma C'''$ (*fig.* 15.) du Satellite Γ par rapport à la Comète C'''; ou plutôt la position de la Comète C''' par rapport au Satellite Γ (*a*).

(*a*) Si l'on craignoit que ce calcul ne fût pas assez éxact, il faudroit,

17. Par conséquent on pourra tracer, suivant la méthode déja donnée pour le point C', une nouvelle ellipse $C''' A''$ (*fig.* 13.) dans laquelle on calculera facilement le tems par l'angle $C''' S A''$; on supposera ce dernier tems . . . . $= \vartheta'$.

18. Après cela on achevera de chercher les altérations dans l'arc qui termine la seconde révolution; ces altérations ne seront plus difficiles à calculer. Car 1°. on connoît à-peu-près par l'art. précédent le tems où la Comète est au point C'''. 2°. En calculant le tems par l'angle $\varepsilon' S A$ dans l'*ellipse primitive supposée* (tems qui differe peu de celui que la Comète met réellement à parcourir cet angle $\varepsilon' S A$ ou $C''' S A''$ pour arriver de nouveau à son périhélie) on connoîtra à-peu-près le tems où la Comète se trouve sur chaque rayon vecteur; ainsi on connoîtra à-peu-près les positions de la Planète perturbatrice dans l'espace de la seconde révolution de la Comète, qui est renfermé par l'angle $C''' S A''$; par ce moyen on achevera le calcul des altérations dans l'*ellipse primitive supposée*, pour deux révolutions entieres; calcul qui avoit déja été fait pour une révolution totale, & pour la partie $A E D e$ (*fig.* 13.) de la seconde révolution.

---

après avoir trouvé, par ce premier calcul, la position de $S C'''$ & par conséquent l'angle $A S C'''$ ou $A S e'$ (*fig.* 13.), recommencer les opérations, depuis celle du N°. 14, pag. 130, en mettant le secteur $A e' S$ au lieu du secteur $A e S$ ou $A E S$, & l'arc $A x n$ au lieu de $A x \varepsilon'$; & on aura pour lors une position plus exacte de $S C'''$. Mais pour l'ordinaire la premiere opération suffira, sans qu'on ait besoin de recourir à cette seconde.

19. Soit la quantité des altérations dans l'angle $C'''SA''$ . . . . $= \vartheta''$; on aura donc pour le tems de deux révolutions entieres (en ſuppoſant que m fût le tems de la révolution, ſans perturbations, dans l'ellipſe primitive) $\mathfrak{C} + \theta + \theta' + \odot + \odot' + \vartheta' + \vartheta''$; or dans la même ſuppoſition on a déja vû que $\alpha' + \theta + \theta' + \vartheta$ auroit été le tems de la premiere révolution.

20. Donc retranchant cette ſeconde quantité de la premiere, on aura la valeur de la ſeconde révolution, toujours dans la même hypothèſe; & retranchant enſuite de nouveau la premiere révolution de la ſeconde, on aura une quantité que j'appelle ω, & qui ſera la différence des deux révolutions en vertu de l'action d'une ſeule Planète perturbatrice, dans le cas où m auroit été le tems d'une révolution, ſans perturbation.

21. Or la différence des révolutions doit être ſenſiblement la même, quelque ellipſe primitive que l'on ſuppoſe, pourvû que le tems par cette ellipſe ne differe pas beaucoup de la véritable. Donc ω ſera à-très-peu-près la différence *réelle* des deux révolutions ſucceſſives en vertu de l'action d'une ſeule Planète perturbatrice; de Jupiter, par exemple. On trouvera de même la différence des révolutions en vertu de l'action de Saturne; enſuite on ajoutera les deux différences avec leurs ſignes, & on nommera leur ſomme ω'; & comme (*hyp.*) m eſt la valeur réelle de la premiere révolution, on aura $m + \omega'$ pour la valeur de la ſeconde. On connoîtra donc par ce

moyen la valeur approchée de la ſeconde révolution; & par conſéquent on pourra prédire à-peu-près le tems du retour de la Comète, en ſuppoſant que l'on connoiſſe par obſervation le tems de la premiere révolution.

22. Encore une fois, nous expliquerons dans la ſuite en détail les différentes opérations, par leſquelles toutes ces différentes quantités ſe calculent; il n'eſt queſtion ici que du précis général de la méthode.

X X I.

1. L'orbite de la Comète, depuis ſon périhélie juſqu'à 90 degrés de part & d'autre de ce point, pouvant être traitée comme une Parabole, ſur-tout dans le calcul des perturbations, il réſulte de cette conſidération un nouveau moyen d'abréger les calculs précédens. Car les quantités *P*, *Q*, *R*, *V* du §. XIX, art. 10, ſont alors toutes abſolument intégrables, & réductibles à des formules très-ſimples, comme on le fera voir plus bas, en donnant la valeur de ces quantités pour l'hypothèſe Parabolique.

2. De plus lorſque la diſtance périhélie de la Comète eſt plus petite, ou même n'eſt que fort peu plus grande que la moitié du rayon du grand orbe, comme dans celle de 1682; & que d'ailleurs, comme dans la même Comète de 1682, & dans pluſieurs autres, l'inclinaiſon des deux orbites eſt telle, que la diſtance accourcie de la Planète au Soleil reſte conſidérablement plus grande que la diſtance périhélie de la Comète (par exemple, 8

à 9 fois plus grande); on peut encore trouver des moyens d'abréger le calcul. Car si la distance perihélie est exactement égale à la moitié du rayon du grand orbe, on trouvera que pendant que la Comète parcourroit 90 degrés en longitude depuis son perihélie, Jupiter ne parcourroit que 3 degrés environ, & Saturne beaucoup moins (*a*). Ainsi on pourra regarder alors la Planète perturbatrice, comme à-peu-près immobile pendant ces 90 degrés de mouvement de la Comète; sur-tout si on suppose la Planète perturbatrice placée au milieu de l'espace très petit qu'elle décrit pendant ce tems. Car cette supposition n'altérera presqu'en rien la valeur des forces accélératrices. Or par ce moyen les valeurs des forces φ & π, ou du moins les parties de ces forces qui viennent de l'action des Planètes sur le Soleil, seront beaucoup plus aisées à calculer. Car 1°. la valeur de ξ pourra être regardée comme constante, ainsi que celle de la vraie distance $\xi \sqrt{1 + mm \sin. V^2}$ de la Planète au Soleil. 2°. L'angle ζ sera $= A + z$, A étant la valeur de l'angle d'élongation ASJ (*fig.* 10.) de la Planète à la Comète périhélie.

3. Si la distance périhélie étoit un peu plus grande que la moitié du rayon du grand orbe; on pourroit alors,

(*a*) Cette Comète mettroit moins de 40 jours à parcourir ces 90 degrés. Or le mouvement moyen diurne de Jupiter est à-très-peu près de 5′ par jour, & celui de Saturne de 2′. Donc le mouvement de Jupiter en 40 jours est de 3° 20′, & celui de Saturne de 1° 20′.

pour

pour plus d'éxactitude, se contenter de supposer Saturne seul en repos pendant les 90 degrés que parcourt la Comète ; & diviser cet espace pour Jupiter en deux autres, pendant l'un desquels on supposera Jupiter immobile.

XXII.

1. Dans la même supposition de *AS* = à environ la moitié du rayon du grand orbe ; si l'inclinaison de l'orbite de la Planète perturbatrice, est telle que la distance de cette Planète au Soleil, rapportée sur l'orbite de la Comète, soit environ 9 à 10 fois (ou davantage) plus grande que la distance périhélie de la Comète, on pourra encore abréger considérablement le calcul, depuis le périhélie jusqu'à 90 degrés de part & d'autre. Car alors *JS* à 90 degrés du périhélie, sera environ cinq fois plus grande pour Jupiter, & neuf fois pour Saturne, que la distance de la Comète au Soleil ; & au périhélie *JS* sera dix fois plus grande pour Jupiter, & dix-huit fois pour Saturne : de plus les forces perturbatrices qui viennent de l'action de Jupiter & de Saturne sur la Comète, sont alors considérablement plus petites que l'attraction vers le Soleil ; car à 90 degrés du périhélie *A*, la force de Jupiter, en la supposant la plus grande possible, est environ $\frac{1}{16000}$ de la gravitation, & la force de Saturne $\frac{1}{64 \times 3000}$; & au périhélie, ces forces sont encore beaucoup plus petites.

2. C'eſt pourquoi, en nommant ξ' la diſtance réelle & ſuppoſée conſtante de la Planète au Soleil, & ξ ſa diſtance accourcie auſſi ſuppoſée conſtante, on aura à-très-peu-près pour cette portion de l'orbite $\varphi = \frac{J.\,\text{coſ.}\,\zeta.\,\xi}{\xi'^3} + \frac{J.\,x}{\xi'^3} - \frac{J.\,\xi\,\text{coſ.}\,\zeta}{\xi'^3} - \frac{3\,J.\,\xi^2\,x\,\text{coſ.}\,\zeta^2}{\xi'^5} = \frac{J.\,x}{\xi'^3} - \frac{3\,J.\,x.\,\xi^2\,\text{coſ}\,\zeta^2}{\xi'^5}$; &

$$\pi = \frac{J.\,\xi.\,\text{ſin.}\,\zeta}{\xi'^3} - \frac{J.\,\xi\,\text{ſin.}\,\zeta}{\xi'^3} - \frac{3\,J.\,x.\,\xi^2\,\text{ſin.}\,2\zeta}{2\,\xi'^5}$$

$= - \frac{3\,J.\,x\,\xi^2\,\text{ſin.}\,2\,\zeta}{2\,\xi'^5}$; & on ſe reſſouviendra que $\zeta = A + z$; ce qui fournira encore un nouveau moyen de ſimplifier & d'abréger le calcul.

XXIII.

1. En effet, puiſque coſ. $A + z =$ coſ. z coſ. $A -$ ſin. z ſin. A, & que ſin. $A + z =$ ſin. z coſ. $A +$ coſ. z ſin. A; qu'enfin $x = \frac{a\,a}{P' + Q'\,\text{coſ.}\,z}$, P' & Q' étant des conſtantes, & que ξ eſt une conſtante auſſi; il s'enſuit que ſi on fait $P' + Q'$ coſ. $z = u$, ce qui donnera coſ. $z = \frac{u - P'}{Q'}$, & ſin. $z = \sqrt{1 - \left(\frac{u - P'}{Q'}\right)^2}$, les intégrales qu'il faudra trouver pour déterminer les perturbations depuis le périhélie A juſqu'à 90 degrés de part & d'autre, ne contiendront d'autre radical que le précédent $\sqrt{1 - \frac{(u - P')^2}{Q'^2}}$, & des fonctions rationnelles de

la ſeule variable u; ce qui rendra les intégrations fort faciles, puiſque les différentielles ſeront, ou intégrables abſolument, ou réductibles à des arcs de cercle. J'en donnerai plus bas le calcul.

2. On peut même obſerver que depuis le périhélie A juſqu'à 90 degrés de part & d'autre, l'orbite de la Comète pouvant être cenſée une Parabole, on aura à-très-peu-près $x = \frac{2a}{1 + \text{coſ } z}$; ce qui rendra encore les calculs plus ſimples & les intégrations plus faciles, le radical $\sqrt{1 - \frac{\overline{u - P'}^2}{Q'^2}}$ ſe réduiſant alors à $\sqrt{u - uu}$; on verra ci-deſſous plus en détail ces différentes opérations.

3. Lorſque l'orbite de la Comète fait un grand angle avec celle de la Planète perturbatrice; ſi la diſtance périhélie eſt d'ailleurs peu différente de la moitié du rayon du grand orbe, ou beaucoup plus petite; on peut encore alors abréger le calcul, non pas autant à la vérité que dans le cas où l'angle des deux orbites n'eſt pas très-conſidérable; mais on pourra du moins ſuppoſer que la partie de la force φ qui vient de l'action de la Planète ſur le Soleil, eſt $\frac{J.\xi \text{ coſ. } \overline{A + z}}{\xi'^3} = \frac{J.\xi}{\xi'^3} \times (\text{coſ. } A . \text{coſ. } z - \text{ſin. } z \text{ ſin. } A)$; & que la partie correſpondante de la force π, eſt $\frac{J.\xi \text{ ſin. } \overline{A + z}}{\xi'^3} = \frac{J.\xi}{\xi'^3} \times (\text{ſin. } A \text{ coſ. } z + \text{ſin. } z \text{ coſ. } A)$.

4. On objectera peut-être que si l'angle des deux orbites est fort grand, comme de 80 degrés, la position & la grandeur de la distance accourcie ξ peuvent beaucoup varier pendant le tems que la Comète employe à parcourir 90 degrés depuis le périhélie. A cela nous répondrons, qu'alors la force perturbatrice $\frac{J.\xi}{{}^{3}}$ seroit si petite, qu'on pourroit même la négliger; & que d'ailleurs la force $\frac{J.\xi.\text{cos}.\overline{A+z}}{\xi'}$ étant aussi elle-même très-petite, & ne pouvant jamais différer considérablement de la véritable force perturbatrice, il n'y aura jamais d'inconvénient à substituer cette force $\frac{J.\xi\,\text{cos}.\overline{A+z}}{\xi'^{3}}$; à la véritable force suivant CS, qui vient de l'action de la Planète sur le Soleil, & dont le calcul seroit beaucoup plus compliqué, sans être beaucoup plus éxact.

5. Nous ajouterons encore, que si pendant les 90 degrés de mouvement de la Comète, on craignoit que la Planète perturbatrice n'eût un mouvement trop sensible pour pouvoir être négligé; on pourroit alors, au lieu de 90 degrés depuis le périhélie, n'en prendre que 60, ou 45, ou moins encore, & du reste achever le calcul de la même maniere. Cet abrégé peut avoir lieu, même pour des Comètes dont la distance périhélie seroit beaucoup plus grande que la moitié du rayon du grand orbe, & pour celles même où elle seroit un peu plus grande que ce rayon entier.

XXIV.

1. Voilà donc des moyens d'abréger considérablement le calcul des perturbations des Comètes ; 1°. pour toutes les Comètes en général dans la partie supérieure de leur orbe, depuis le point où la distance de la Comète est égale à vingt fois ou environ le rayon du grand orbe. 2°. Pour les Comètes qui ont leur distance périhélie à-peu-près égale, ou beaucoup moindre que la moitié du rayon du grand orbe, comme celle de 1682, & un très-grand nombre d'autres. 3°. Enfin pour les Comètes qui, comme celle de 1682, & plusieurs autres, sont telles, que leur distance périhélie est beaucoup moindre que la distance moyenne de la Planète au Soleil, rapportée sur l'orbite de la Comète. Car dans la partie inférieure de l'orbe de ces Comètes, contenant 90 degrés en-deçà & au-delà du périhélie, c'est-à-dire, 180 degrés en tout, on pourra, sans avoir recours à des quadratures de courbes méchaniques, déterminer les perturbations par le seul moyen des quadratures qui se réduisent à des arcs de cercle ; on pourra même se passer de ces arcs, & avoir des intégrales éxactes & des quadratures absolues, si on considere, ainsi qu'on le peut, cette portion de la trajectoire de la Comète comme une Parabole.

2. Il n'y aura que la partie de l'orbite qui s'étendra depuis 90 degrés du périhélie jusqu'aux points *E*, *e* (*fig.* 13.), où les quadratures de courbes méchaniques seront nécessaires ; mais nous avons déja donné ci-dessus différens

moyens de les simplifier ; & nous y en ajouterons encore d'autres dans l'application que nous allons bientôt faire de notre méthode à une Comète particuliere.

3. Avant que d'entrer dans ce détail, il nous reste à donner quelques lemmes qui nous sont nécessaires pour éxécuter plus facilement les différentes opérations que nous aurons à faire. Nous supprimerons les démonstrations de la plûpart de ces lemmes, parce qu'elles sont faciles à déduire des §. précédens, ou qu'elles sont d'ailleurs connues des Géometres.

X X V.

Les mêmes noms étant supposés que dans les §. précédens, & nommant de plus δ le demi-grand axe de l'ellipse primitive, & x' les rayons de cette ellipse, qui répondent aux anomalies vraies z ; on aura, abstraction faite des forces perturbatrices

$$1.\ x' = \frac{aa}{\frac{S+C}{gg} + \left(a - \frac{S+C}{gg}\right) \text{cof. } z};$$

ou

$$2.\ x' = \frac{2a\delta - aa}{\delta + (\delta - a)\,\text{cof. } z};$$

3. Le demi-parametre p du grand axe, sera

$$p = \frac{aagg}{S+C},$$

ou

$$4.\ \frac{2a\delta - aa}{\delta} = \frac{aagg}{S+C};$$

Donc

5. $p = 2a - \frac{aa}{\delta}$.

6. $gg = \frac{2.\overline{S+C}}{a} - \frac{S+C}{\delta}$,

ou

7. $gg = \frac{(S+C)\,p}{aa}$.

8. $\text{cos}.\ z = \frac{2a\delta - aa}{x'(\delta - a)} - \frac{\delta}{\delta - a}$.

Si on appelle ε la cotangente de l'angle ACS (*fig.* 13.), que fait un rayon quelconque avec l'ellipse, on aura

9. $\varepsilon = \frac{(\delta - a)\ \text{sin}.\ z}{\delta + (\delta - a)\ \text{cos}.\ z}$,

ou

10. $\varepsilon = \frac{(\delta - a)\ \text{sin}.\ z}{(2a\delta - aa)\,x'}$.

11. Le quarré de la vitesse $v^2 = gg + \frac{2.\overline{S+C}}{x'} - \frac{2.\overline{S+C}}{a}$

$= (S+C)\left(\frac{p}{aa} + \frac{2}{x'} - \frac{2}{a}\right)$.

Et si l'ellipse n'est pas fort excentrique, on pourra supposer, sans erreur considérable, $vv = \frac{gg\,aa}{x'x'} = \frac{\overline{S+C}.p}{x'x'}$.

Si la trajectoire étoit une Parabole, il faudroit dans les quantités précédentes regarder δ comme infinie, & l'on auroit

12. $x' = \frac{2a}{1 + \text{cos}.\ z}$.

13. $p = 2a$.

14. $gg = \frac{2.\overline{S+C}}{a}$.

15. $\text{Cof. } z = \frac{2a}{x'} - 1.$

X X V I.

Si la viteſſe primitive étoit g, la diſtance primitive a, ε la cotangente du ſupplément ACS de l'angle de projection (*a*), & ſon ſinus h, & enfin z les angles d'anomalie, à compter depuis le point de départ; on auroit

1. $$x' = \frac{aa}{\frac{S+C}{g^2 h^2} + \left(a - \frac{S+C}{g^2 h^2}\right) \text{cof. } z - \varepsilon a \text{ fin. } z},$$

ou

2. $$x' = \frac{aa}{\frac{S+C}{g^2 h^2} + \frac{\varepsilon a}{\text{fin. } A'} \text{ cof. } A' + z}$$ (A' étant l'angle compris entre le rayon a, & la ligne du périhélie).

3. $$\text{Tang. } A' = \frac{\varepsilon a}{a - \frac{S+C}{g^2 h^2}},$$ l'angle A' étant pris du côté oppoſé à celui ſuivant lequel ſont ſuppoſés marcher les z.

4. $$\frac{aa g^2 h^2}{S+C} = p.$$

5. $$2\delta = \frac{aa}{\frac{S+C}{g^2 h^2} + \frac{\varepsilon a}{\text{fin. } A'}} + \frac{aa}{\frac{S+C}{g^2 h^2} - \frac{\varepsilon a}{\text{fin. } A'}};$$

6. Le quarré de la viteſſe en un point quelconque

(*a*) On ſuppoſe ici que l'angle de projection (c'eſt-à-dire, l'angle de la ligne de projection CH avec le rayon vecteur) eſt obtus; c'eſt pourquoi la cotangente de ſon complément ACS à 180 degrés, eſt poſitive.

$vv = gg$

$$vv = gg + \frac{2.\overline{S+C}}{x'} - \frac{2.\overline{S+C}}{a} = (S+C)\Big(\frac{p}{aahh}$$

$$+ \frac{2}{x'} - \frac{2}{a}\Big).$$

XXVII.

1. Le tems employé à parcourir un angle quelconque (en partant du périhélie) est $\frac{\delta^{\frac{3}{2}}}{\sqrt{S+C}}$ multiplié par l'angle dont le cosinus est $\frac{\delta - x'}{\delta - a}$, moins $\frac{(\delta - a)\sqrt{\delta}}{\sqrt{S+C}}$ multiplié par le sinus du même angle.

Donc si on nomme

2. α, l'angle dont le cosinus est $\frac{\delta - x'}{\delta - a}$,

3. On aura le tems cherché $t = \frac{\delta^{\frac{3}{2}}}{\sqrt{S+C}}(\alpha - \frac{\delta - a}{\delta}$ sin. α)

Et si on appelle m le tems de la révolution totale, on aura ce même tems,

4. $t = \frac{m}{360°} \times (\alpha - \frac{\delta - a}{\delta}$ sin. α).

Au lieu de l'angle dont le cos. est $\frac{\delta - x'}{\delta - a}$, on peut mettre (ce qui revient au même)

5. $\alpha =$ l'angle dont le cosinus est $\frac{\delta - a + \delta \text{ cos. } z}{\delta + (\delta - a) \text{ cos. } z}$, ou

6. $\text{Cos. } \alpha = \dfrac{\frac{\delta - a}{\delta} + \text{cos. } z}{1 + \frac{\delta - a}{\delta} \text{ cos. } z}$, ou

$$7.\ \text{Cos.}\ \alpha = \frac{1 + \frac{\delta}{\delta - a}\,\text{cos.}\ z}{\frac{\delta}{\delta - a} + \text{cos.}\ z}.$$

Par conséquent, si la Comète est supposée commencer à partir d'un point dont l'élongation au périhélie soit A', on aura en comptant toujours les angles A', α du périhélie,

$$8.\ t = \frac{m}{360^\circ}\left[\alpha - A' - \left(\frac{\delta - a}{\delta}\right)\text{sin.}\ \alpha + \frac{\delta - a}{\delta}\ \text{sin.}\ A'\right].$$

Il faut remarquer de plus que

$$9.\ \text{La distance périhélie}\ a = \frac{a\,a}{\frac{S + C}{g^2\,h^2} + \frac{\varepsilon\,a}{\text{sin.}\ A'}}.$$

XXVIII.

1. Si l'on construisoit une autre ellipse, dans laquelle le rayon primitif fût . . . . a',
La vitesse primitive . . . . g',
La cotangente du supplément de l'angle de projection, ε',
Son sinus . . . . h',
L'angle compris entre le point de départ & & le périhélie . . . . A'',
Le parametre . . . . p',
Le demi-grand axe . . . . δ',
Le tems de la révolution . . . . m',
La distance périhélie . . . . a',

On auroit les mêmes équations que dans le §. précédent, en marquant ſeulement les lettres d'un trait, pour diſtinguer les deux cas.

2. Il faut de plus remarquer, que ſi on ſuppoſe que la viteſſe g' ſoit telle par rapport à la viteſſe g, que l'on ait $g'g' = gg + (S + C)\mu$, on aura $\frac{S+C}{g'^2 h'^2} = \frac{S+C}{g^2 h'^2 + (S+C) h'^2 \mu}$; & en mettant pour g^2 ſa valeur $\frac{(S+C)p}{aahh}$, il viendra

$$3.\quad \frac{S+C}{g'^2 h'^2} = \frac{aahh}{ph'^2 + aah^2 h'^2 \mu}.$$

Et ſi l'on ſuppoſe que la quantité $(S+C)\mu$ ſoit très-petite par rapport à gg, & que h' differe peu de h, on pourra ſuppoſer

$$4.\quad \frac{S+C}{g'^2 h'^2} = \frac{aa}{\frac{ph'^2}{h^2} + aah^2\mu}:$$

On n'oubliera pas de remarquer auſſi que

$$5.\quad m' = \frac{m \times \delta'^{\frac{3}{2}}}{\delta^{\frac{3}{2}}}.$$

6. Et que le quarré de la viteſſe $v'v'$ en un point quelconque $= g'g' + \frac{2.\overline{S+C}}{x'} - \frac{2.\overline{S+C}}{a'}$.

XXIX.

1. Soit $\frac{dz}{(\varrho + \text{coſ. } z)^2}$ une quantité à intégrer, & ſoit $\frac{1}{\varrho + \text{coſ. } z} = y$; on aura pour transformée

$$\frac{y\,dy}{\sqrt{\varrho\varrho-1}\,.\sqrt{-\frac{1}{\varrho\varrho-1}+\frac{2\varrho y}{\varrho\varrho-1}-yy}}.$$

2. Si $\rho = 1$, la transformée fera $\frac{y\,dy}{\sqrt{2y-1}}$.

3. Si la différentielle propofée eft $\frac{dz}{(\varrho+\text{cof.}\,z)^3}$, la transformée fera $\frac{yy\,dy}{\sqrt{\varrho\varrho-1}\sqrt{-\frac{1}{\varrho\varrho-1}+\frac{2\varrho y}{\varrho\varrho-1}-yy}}$.

4. Si $\rho = 1$, la transformée fera $\frac{y^2\,dy}{\sqrt{2y-1}}$.

5. En général fi $\rho = 1$, on aura cof. $z = \frac{1-y}{y}$; fin. $z = \frac{\sqrt{2y-1}}{y}$; $dz = -\frac{d(\text{cof.}\,z)}{\text{fin.}\,z} = \frac{dy}{yy} \times \frac{y}{\sqrt{2y-1}} = \frac{dy}{y\sqrt{2y-1}}$; ces formules rendront les transformations & les intégrations fort faciles dans le cas de $\rho = 1$.

XXX.

1. Si on prend le rayon ou finus total pour l'unité, l'intégrale de $\frac{dy}{\sqrt{A+2By-yy}}$ (*A* & *B* étant des conftantes quelconques) fera *K*, *K* étant un angle dont le cofinus eft $\frac{B-y}{\sqrt{A+BB}}$.

2. L'intégrale de $\frac{y\,dy}{\sqrt{A+2By-yy}}$ fera $-\sqrt{A+BB}$ fin. $K + B\,.\,K$.

3. Celle de $\frac{yydy}{\sqrt{A+2By-yy}}$ sera $-2B\sqrt{A+BB}$ sin. $K+\frac{A+BB}{4}$ sin. $2K+\frac{A+3BB}{2}K$.

XXXI.

Si on suppose dans le §. XXIX. $\rho=\frac{\delta}{\delta-a}$, on aura

1. $\rho\rho-1=\frac{2a\delta-aa}{(\delta-a)^2}$.

2. $\sqrt{\rho\rho-1}=\frac{\sqrt{2a\delta-aa}}{\delta-a}$;

Donc les quantités A & B de l'article précédent, & celles qui en dépendent, seront exprimées par les équations suivantes;

3. $B=\frac{\rho}{\rho\rho-1}=\frac{\delta.\overline{\delta-a}}{2a\delta-aa}$.

4. $A=-\frac{1}{\rho\rho-1}=-\frac{(\delta-a)^2}{2a\delta-aa}$.

5. $A+BB=\frac{1}{(\rho\rho-1)^2}=\frac{(\delta-a)^4}{(2a\delta-aa)^2}$;

6. $\sqrt{A+BB}=\frac{(\delta-a)^2}{2a\delta-aa}$.

7. $B\sqrt{A+BB}=\frac{\delta.\overline{\delta-a}^3}{(2a\delta-aa)^2}$.

8. $y=\frac{1}{\frac{\delta}{\delta-a}+\text{cos.}\,z}=\frac{\delta-a}{\delta+(\delta-a).\text{cos.}\,z}=$ (§. XXV. n. 2.) $\frac{(\delta-a)x'}{2a\delta-aa}$.

9. $\frac{B - y}{\sqrt{A + BB}} = \frac{\delta - x'}{\delta - a}$;

10. Et par conséquent (§. XXVII. n. 5. & §. XXX. n. 1.) $K = \alpha$; puisque K est l'angle dont le cosinus $= \frac{B - y}{\sqrt{A + BB}}$, & α l'angle dont le cosinus est $\frac{\delta - x'}{\delta - a}$.

11. Enfin $A + 3BB = \frac{(3\delta\delta - 2a\delta + aa)(\delta - a)^2}{(2a\delta - aa)^2}$.

XXXII.

Si dans le §. XXIX. on suppose $\rho = 1$, on aura

1. L'intégrale de $\frac{y\,dy}{\sqrt{2y - 1}} = \frac{(y - \frac{1}{2})^{\frac{3}{2}}\sqrt{2}}{3} + \frac{(y - \frac{1}{2})^{\frac{1}{2}}}{\sqrt{2}}$.

2. $\int \frac{yy\,dy}{\sqrt{2y - 1}} = \frac{(y - \frac{1}{2})^{\frac{1}{2}}}{2\sqrt{2}} + \frac{(y - \frac{1}{2})^{\frac{3}{2}}\sqrt{2}}{3} + \frac{(y - \frac{1}{2})^{\frac{5}{2}}\sqrt{2}}{5}$.

Et comme dans ce cas $y = \frac{1}{1 + \text{cos}.\, z} = \frac{x}{2a}$ (§. XXV. n. 12.); on aura encore

3. $\int \frac{y\,dy}{\sqrt{2y - 1}} = \frac{\left(\frac{x}{a} - 1\right)^{\frac{3}{2}}}{6} + \frac{\left(\frac{x}{a} - 1\right)^{\frac{1}{2}}}{2} = \frac{2}{3}$

lorsque $x = 2a$, c'est-à-dire, lorsque $z = 90°$.

$$4. \int \frac{yy\,dy}{\sqrt{2y-1}} = \frac{\left(\frac{x}{a}-1\right)^{\frac{1}{2}}}{4} + \frac{\left(\frac{x}{a}-1\right)^{\frac{3}{2}}}{6} + \frac{\left(\frac{x}{a}-1\right)^{\frac{5}{2}}}{20} = \frac{7}{15} \text{ lorsque } z = 90°.$$

5. En général si $\frac{1}{1+\text{cos.}\,z} = \frac{x}{2a}$, on aura $\text{cos.}\,z = \frac{2a}{x} - 1$; $\text{sin.}\,z = \frac{2\sqrt{ax-aa}}{x}$; $dz = -\frac{d(\text{cos.}\,z)}{\text{sin.}\,z} = \frac{2a\,dx}{xx} \times \frac{x}{2\sqrt{ax-aa}} = \frac{dx\sqrt{a}}{x\sqrt{x-a}}$; ces formules rendront les transformations & les intégrations faciles dans le cas de $\frac{1}{1+\text{cos.}\,z} = \frac{x}{2a}$.

XXXIII.

Les mêmes choses étant posées que dans le §. XXIX. on aura

$$1. \int \frac{dz\,\text{cof.}\,z}{(\rho+\text{cof.}\,z)^3} = \int \frac{dz}{(\rho+\text{cof.}\,z)^2} - \rho\int \frac{dz}{(\rho+\text{cof.}\,z)^3}.$$

$$2. \int \frac{dz\,\text{fin.}\,z}{(\rho+\text{cof.}\,z)^3} = -\frac{1}{2.\,\overline{\rho+1}^2} + \frac{1}{2(\rho+\text{cof.}\,z)^2}.$$

$$3. \int \frac{dz\,(\text{cof.}\,z-1)}{(\rho+\text{cof.}\,z)^3} = \int \frac{dz}{(\rho+\text{cof.}\,z)^2} - (\rho+1)\int \frac{dz}{(\rho+\text{cof.}\,z)^3}.$$

Or on a donné ci-dessus les valeurs de $\int \frac{dz}{(\rho+\text{cof.}\,z)^2}$;

& de $\int \frac{dz}{(\rho + \cos. z)^3}$ (§. XXIX, XXX & XXXI.) quelle que soit la valeur de ρ; & dans le §. XXXII. on a donné les valeurs particulieres de ces deux intégrales, dans le cas où $\rho = 1$. Ainsi on aura facilement les valeurs des trois intégrales précédentes, dans le cas de $\rho =$ à un nombre quelconque, & dans celui de $\rho = 1$.

En général si $\rho = 1$, on aura

$$4. \int \frac{dz \cos. z}{(1 + \cos. z)^3} = \frac{\overline{\frac{x}{a} - 1}^{\frac{3}{2}}}{4} - \frac{\overline{\frac{x}{a} - 1}^{\frac{5}{2}}}{20} = \frac{1}{5}$$

lorsque $z = 90°$.

$$5. \int \frac{dz \sin. z}{(1 + \cos. z)^3} = \frac{xx}{8aa} - \frac{1}{8} = \frac{3}{8} \text{ lorsque } z = 90°.$$

$$6. \int \frac{dz . \overline{\cos. z - 1}}{(1 + \cos. z)^3} = - \frac{\overline{\frac{x}{a} - 1}^{\frac{3}{2}}}{6} - \frac{\overline{\frac{x}{a} - 1}^{\frac{5}{2}}}{10}$$

$= - \frac{4}{15}$ lorsque $z = 90°$.

$$7. \int \frac{dz \sin. z}{(1 + \cos. z)^2} = \frac{x}{2a} - \frac{1}{2} = \frac{1}{2} \text{ lorsque } z = 90°.$$

$$8. \int \frac{dz \sin. z . \cos. z}{(1 + \cos. z)^3} = \int \frac{dz \sin. z}{(1 + \cos. z)^2} - \int \frac{dz \sin. z}{(1 + \cos. z)^3}$$

$= \frac{x}{2a} - \frac{xx}{8aa} - \frac{3}{8} = \frac{1}{8}$ lorsque $z = 90°$.

$$9. \int \frac{dz}{1 + \cos. z} = \sqrt{\frac{x}{a} - 1} = 1 \text{ lorsque}$$

$z = 90°$.

10.

$$10.\ \int \frac{dz \cos z}{(1+\cos z)^2} = \int \frac{dz}{1+\cos z} - \int \frac{dz}{(1+\cos z)^2}$$

$$= + \frac{\left(\frac{x}{a}-1\right)^{\frac{1}{2}}}{2} - \frac{\left(\frac{x}{a}-1\right)^{\frac{3}{2}}}{6} = \frac{1}{3}$$ lorsque $z = 90°$.

$$11.\ \int \frac{dz \sin z^2}{(1+\cos z)^3} = -\int \frac{dz}{1+\cos z} + 2\int \frac{dz \cos z}{(1+\cos z)^3}$$

$$+ 2\int \frac{dz}{(1+\cos z)^3} = 2\int \frac{dz}{(1+\cos z)^2} - \int \frac{dz}{1+\cos z} =$$

$$\frac{\left(\frac{x}{a}-1\right)^{\frac{3}{2}}}{3} = \frac{1}{3}$$ lorsque $z = 90°$.

$$12.\ \int \frac{dz \cos z^2}{(1+\cos z)^3} = \int \frac{dz}{(1+\cos z)^3} - \int \frac{dz \sin z^2}{(1+\cos z)^3}.$$

$$= \frac{\left(\frac{x}{a}-1\right)^{\frac{1}{2}}}{4} - \frac{\left(\frac{x}{a}-1\right)^{\frac{3}{2}}}{6} + \frac{\left(\frac{x}{a}-1\right)^{\frac{5}{2}}}{20} = \frac{2}{15}$$ lorsque $z = 90°$.

$$13.\ \int \frac{dz}{(1+\cos z)^4} = \frac{\left(\frac{x}{a}-1\right)^{\frac{7}{2}}}{7 \cdot 8} + 3 \cdot \frac{\left(\frac{x}{a}-1\right)^{\frac{5}{2}}}{8 \cdot 5} +$$

$$\frac{\left(\frac{x}{a}-1\right)^{\frac{3}{2}}}{8} + \frac{\left(\frac{x}{a}-1\right)^{\frac{1}{2}}}{8} = \frac{12}{35}$$ lorsque $z = 90°$.

$$14.\ \int \frac{dz \cos z}{(1+\cos z)^4} = \int \frac{dz}{(1+\cos z)^3} - \int \frac{dz}{(1+\cos z)^4};$$

dont on trouvera la valeur par le n. précédent, & par le n. 4. des art. XXIX & XXXII.

15. $\int \frac{dz \text{ fin. } z^2 \text{ cof. } z^2}{(1 + \text{cof. } z)^3}$ = à l'intégrale de $\frac{dx}{2\sqrt{\frac{x}{a} - 1}} \times$

$\frac{x^2}{a^2} \times \frac{x - a}{x^2} \times \frac{\overline{xx - 4ax + 4aa}}{x^2} = \frac{1}{2}\int \frac{dx}{a\sqrt{\frac{x}{a} - 1}}$

$\times \overline{\frac{x}{a} - 1} \times \frac{\overline{xx - 4ax + 4aa}}{x^2}$; cette intégrale étant prife de maniere qu'elle foit $= 0$ lorfque $x = a$.

Mais on peut encore trouver autrement cette intégrale, en remarquant que $\int \frac{dz \text{ fin. } z^2 \text{ cof. } z^2}{(1 + \text{cof. } z)^3} =$ $\int \frac{dz(-\text{cof. } z^4 + \text{cof. } z^2)}{(1 + \text{cof. } z)^3} = \int dz(3 - \text{cof. } z) -$ $\int \frac{5\, dz \text{ cof. } z^2}{(1 + \text{cof. } z)^3} - \int \frac{8\, dz \text{ cof. } z}{(1 + \text{cof. } z)^3} - \int \frac{3\, dz}{(1 + \text{cof. } z)^3}$; l'intégrale des deux premiers termes eft $3z$ — fin. z ; & l'intégrale des trois derniers eft aifée à trouver par les précédens n°. 4 & 12. & par le §. XXXII. n°. 4.

16. $\int \frac{dz \text{ fin. } z^3 \text{ cof. } z}{(1 + \text{cof. } z)^3}$ fe trouvera de même égal à l'intégrale de $\frac{(x - a)(2a - x)\, dx}{a x^2} = \text{Log.} \frac{x^3}{a^3}$ $+ \frac{2a}{x} - \frac{x}{a} - 1 = \text{Log. } 8 - 2$, lorfque $z = 90^\circ$.

17. $\int \frac{dz \text{ fin. } z \text{ cof. } z^3}{(1 + \text{cof. } z)^3}$ fera égal à l'intégrale de $\frac{\overline{2a - x}^3 . dx}{4a^2 x^2} = -\frac{2a}{x} + \frac{3x}{2a} - \frac{x^2}{8a^2} + \frac{5}{8}$ $+ \text{Log.} \frac{a^3}{x^3} = -\text{Log. } 8 + \frac{17}{8}$ lorfque $z = 90^\circ$.

18. $\int \frac{dz \cos z^2}{(1 + \cos z)^4}$ sera égal à l'intégrale de $\frac{x\,dx}{16\,aa\sqrt{\frac{x}{a} - 1}} \times \frac{\overline{2a - x}^2}{a^2}$, ou, ce qui revient au même, sera égal à l'intégrale de $\frac{dz}{(1 + \cos z)^2} - \frac{2\,dz \cos z}{(1 + \cos z)^4} - \frac{dz}{(1 + \cos z)^4}$, qu'on trouvera par le §. XXXII. nº. 3, & par les nº. 13 & 14 du présent Paragraphe.

19. $\int \frac{dz \sin z \cos z}{(1 + \cos z)^4}$ = à l'intégrale de $\frac{x\,dx}{8\,aa} \times \frac{\overline{2a - x}}{a} = \frac{x^2}{8\,a^2} - \frac{x^3}{24\,a^3} - \frac{1}{12} = \frac{1}{12}$ lorsque $z = 90^\circ$.

20. $\int \frac{dz \sin z}{(1 + \cos z)^4} = \int \frac{x^2\,dx}{8\,a^3} = \frac{x^3}{24\,a^3} - \frac{7}{24} = \frac{-}{24}$ lorsque $z = 90^\circ$.

21. $\int \frac{dz \sin z \cos z^2}{(1 + \cos z)^4} = \int \frac{dx}{8\,a} \cdot \frac{\overline{2a - x}^2}{aa} = \frac{x}{2\,a} - \frac{x^2}{4\,aa} + \frac{x^3}{24\,a^3} - \frac{7}{24} = \frac{1}{24}$ lorsque $z = 90^\circ$.

22. $\int \frac{dz \sin z^2 \cos z}{(1 + \cos z)^4} = \int \frac{dx}{4\,a} \times \frac{2a - x}{a} \times \sqrt{\frac{x}{a} - 1}$

$= \frac{\overline{\frac{x}{a} - 1}^{\frac{3}{2}}}{6} - \frac{\overline{\frac{x}{a} - 1}^{\frac{5}{2}}}{10} = \frac{1}{15}$ lorsque $z = 90^\circ$.

23. $\int \frac{dz \cos z^3}{(1 + \cos z)^4} = \int \frac{dx}{16\,a\sqrt{\frac{x}{a} - 1}} \times \frac{\overline{2a - x}^3}{a^3}$;

ou plutôt $= \int \frac{dz \operatorname{cof.} z}{(1 + \operatorname{cof.} z)^4} - \int \frac{dz \operatorname{fin.} z^2 \operatorname{cof.} z}{(1 + \operatorname{cof.} z)^4}$, qu'on trouvera par les n°. 14 & 22.

24. Nous ne pousserons pas plus loin ces formules; qui peuvent être de grand usage dans la Théorie des Comètes. Les Mathématiciens voyent aisément combien il leur sera facile d'en former de semblables en cas qu'ils en ayent besoin, & en géneral de trouver l'intégrale de $\frac{dz (\operatorname{fin.} z)^m (\operatorname{cof.} z)^n}{(1 + \operatorname{cof.} z)^q}$, m, n & q étant des nombres entiers quelconques.

25. Il est à remarquer que ces quantités seront toujours les mêmes pour le même angle z, quelle que soit d'ailleurs la valeur de a; puisqu'elles sont $= o$ lorsque $x = a$, & qu'on les suppose complettes lorsque $x = 2a$, ou $z = 90°$. Ainsi on fera bien d'en former des tables, dont on pourra se servir pour toutes les Comètes qui se trouvent (§. XXI. XXII & XXIII.) dans les cas où il est permis de faire usage de ces formules, ou d'une partie de ces formules; ces tables une fois dressées, abrégeront beaucoup le calcul, comme on le verra dans la suite de ce Mémoire.

26. Dans l'expression de toutes les intégrales précédentes, nous avons supposé l'intégrale $= o$ lorsque $z = o$. Si l'on vouloit que l'intégrale fût $= o$ lorsque $z =$ un angle quelconque a, & $x = b$; sa valeur ne seroit pas plus difficile à trouver. Il y a cependant ici une remarque importante à faire; c'est que quand z est

> 180°. & < 360, alors $\sqrt{\frac{x}{a}-1}$ doit être pris négativement; la raison de cela est que $\frac{2\sqrt{ax-aa}}{x}$ exprime en général le sinus de z; & qu'ainsi $\sqrt{x-a}$ doit être pris négativement lorsque z est > 180°. & < 360, ou en général lorsque sin. z est négatif.

27. Pour n'être point embarrassé par cette petite difficulté, il n'y aura qu'à mettre au lieu de $\sqrt{\frac{x}{a}-1}$ (dans les intégrales qui contiennent cette quantité radicale) sa valeur $\frac{x \text{ sin. } z}{2a}$, avant que de completter l'intégrale. Par exemple, soit démandée l'intégrale de $\int\frac{dz}{1+\text{cos}. z}$, en supposant cette intégrale $= o$ lorsque $z = 270°$. On aura (n°. 9. ci-dessus) l'intégrale cherchée $\int\frac{dz}{1+\text{cos}. z}$ $=\sqrt{\frac{x}{a}-1}$ sans être complettée; & mettant pour $\sqrt{\frac{x}{a}-1}$ sa valeur $\frac{x \text{ sin. } z}{2a}$, l'intégrale complette sera $\frac{x \text{ sin. } z}{2a}-\frac{2a \text{ sin. } 270°}{2a}=\frac{x \text{ sin. } z}{2a}+1$. Où bien on peut, si l'on veut, changer le signe du radical $\sqrt{\frac{x}{a}-1}$; ce qui donnera $-\sqrt{\frac{x}{a}-1}$, & l'intégrale complette $-\sqrt{\frac{x}{a}-1}+1$.

28. En faisant cette attention, on évitera les erreurs de calcul où pourroit entraîner le signe équivoque du

radical $\sqrt{\frac{x}{a} - 1}$. A l'égard des quantités où ce radical ne se rencontre pas, elles ne feront aucune difficulté. Telles sont celles des n°. 5, 7, 8, &c. où il n'y a que des puissances de x en nombres entiers.

XXXIV.

1. Soit l'ellipse $N' \Gamma N$ (*fig.* 16.) dont C soit le foyer, & dans laquelle on connoisse le rayon $C\Gamma$, & de plus la vitesse en Γ, & l'angle $C\Gamma O$; ces trois quantités se connoîtront par les formules du §. XXV. n°. 1, 9 & 11. en supposant qu'on sache la position de la ligne des apsides de cette ellipse, la valeur de son grand axe, la distance périhélie; enfin l'angle entre le rayon $C\Gamma$ & la ligne du périhélie.

2. Imaginons de plus que le plan de cette ellipse soit incliné d'une quantité connue à un autre plan $N' \gamma N$; & qu'on connoisse l'argument $\Gamma C N$ de la latitude.

3. Supposant tirée la tangente ΓO, il est clair que les angles $C\Gamma O$, $\Gamma C N$, & le côté $C\Gamma$ feront connoître ΓO, & CO.

4. On aura $C\gamma^2 = C\Gamma^2 \text{cos}. \Gamma C O^2 + C\Gamma^2 \text{sin}. \Gamma C O^2 \times (\text{cos. inclin.})^2$; ce qui donnera $C\gamma$.

5. L'angle $\gamma C O$ aura pour sinus $\frac{C\Gamma \text{ sin. } \Gamma C O}{C\gamma} \times \text{cos. incl.}$ Et la ligne $\Gamma\gamma = C\Gamma \text{ sin. } \Gamma C O \times \text{sin. incl.}$

6. Donc puisque CO est déja calculée, on tirera des quantités connues CO, $C\gamma$, & $\gamma C O$, l'angle $C\gamma O$, c'est-à-dire, la direction du point γ; & la ligne γO.

7. La viteſſe en γ ſera à la viteſſe en Γ, comme la ligne calculée γO à la ligne auſſi calculée ΓO.

8. Donc ſi l'orbite $N' \Gamma N$ d'une Planète dont C eſt le foyer, eſt ſuppoſée rapportée ſur un plan quelconque, on pourra connoître à chaque inſtant le rayon vecteur $C\gamma$ de la projection, ainſi que la viteſſe & la direction du point γ, qui repréſente la projection de la Planète ſur le plan $N' \gamma N$.

9. Cette opération eſt abſolument néceſſaire pour déterminer les rayons vecteurs de l'orbite de la Planète perturbatrice, rapportée ſur l'orbite de la Comète; & pour connoître auſſi, lorſqu'il eſt néceſſaire, la viteſſe de la Planète ainſi projettée, & ſa direction.

X X X V.

Il nous reſte encore un Problême à réſoudre avant que de paſſer à l'application de notre théorie au mouvement d'une Comète particuliere. C'eſt d'indiquer la maniere dont on doit s'y prendre pour quarrer les courbes méchaniques dont il faudra trouver l'aire.

1. L'abſciſſe de ces courbes étant z, ſuppoſons que l'ordonnée ſoit $\lambda \times \nu \times \mu$ &c. λ, ν, & μ étant des quantités qu'on connoît pour chaque valeur de z de degré en degré. On trouvera d'abord la valeur de $\lambda \times \mu \times \nu$, en ajoutant enſemble les Logarithmes de λ, μ, ν, ſans égard au ſigne de ces quantités; enſuite on mettra à la quantité trouvée $\lambda \times \mu \times \nu$, le ſigne convenable, c'eſt-à-dire, celui qui réſulte de la combinaiſon des ſignes de λ, de μ, & de ν.

2. On fera dz = 1 degré ou 2 degrés, selon qu'on en aura besoin; & on exprimera dz en parties du rayon, savoir $dz = \frac{100000 \times 1^\circ}{57^\circ\ 17'\ 4''}$.

3. On ajoutera ensemble toutes les ordonnées $\lambda \times \mu \times \nu$ avec leurs signes, à l'exception des deux extrêmes dont on ne prendra que la moitié; & on multipliera cette somme par la valeur de dz.

4. Si on craint que cette approximation ne soit pas assez exacte, parce qu'on n'y considere la courbe que comme un polygone, & l'aire cherchée que comme une suite de trapéses; en ce cas on se servira des formules que M. Cottes a données à la fin de son *Harmonia Mensurarum*. Suivant ces formules, si on prend trois ordonnées de suite, à égale distance, & que A soit la somme de la premiere & de la troisiéme, B la seconde, & R la distance entre les deux ordonnées extrêmes, c'est-à-dire, entre la premiere & la troisiéme; on aura pour l'aire comprise entre les trois ordonnées, $\frac{A + 4B}{6} R$, ou (prenant $\rho = \frac{R}{2}$ pour la distance entre deux ordonnées voisines) $\frac{A + 4B}{3} \rho = \frac{A + 4B}{3} dz$.

5. Dans les endroits où on craindra que cette approximation ne soit pas encore assez éxacte, on prendra les ordonnées de demi degré en demi degré, ou de 10 minutes en 10 minutes; & on fera le même calcul.

Ou bien on pourra se servir des formules qui se trouvent

vent à la fin de lOuvrage de M. Cottes, & qui donnent la valeur approchée de l'aire d'une courbe, dont on connoit tant d'ordonnées qu'on voudra.

6. Par-là on aura, aussi éxactement qu'on le pourra desirer, les différentes parties de l'aire d'une courbe méchanique proposée quelconque, lorsqu'on connoît à-peu-près la valeur numérique & le signe de chaque ordonnée, répondante à chaque abscisse z de degré en degré.

7. Si cette méthode de procéder par les quadratures paroissoit encore trop longue, parce qu'elle demande qu'on calcule un grand nombre d'ordonnées; on pourroit l'abréger en se servant, comme le pratiquent les Géometres dans des cas semblables, de la méthode des courbes paraboliques, imaginée par M. Newton, & perfectionnée depuis par MM. Cottes, Stirling & d'autres Auteurs. Mais au lieu d'employer ici, comme l'ont fait d'autres Géometres, les arcs z & leurs puissances, pour en former l'ordonnée de la courbe parabolique; il est, ce me semble, plus naturel & plus simple d'employer les sinus & les cos. de z; 1°. plus naturel, parce que les forces perturbatrices dépendent de sinus & de cosinus d'angles, & non pas d'angles mêmes, & qu'ainsi il est plus convenable de faire entrer des cosinus ou des sinus que des arcs, dans l'expression de la quantité qui doit servir à représenter ces forces; 2°. plus simple, parce que les intégrations seront plus faciles en employant les sin. z & cos. z, que les arcs z. C'est pour-

quoi on prendra pour l'ordonnée de la courbe de genre parabolique $A + B$ ſin. $z + C$ ſin. z coſ. $z + D$ ſin. z coſ. z^2 + &c. Et multipliant cette quantité par dz, on aura l'intégrale, à laquelle on appliquera enſuite la méthode des courbes paraboliques.

8. Au lieu d'employer la formule $A + B$ ſin. $z + C$ ſin. z coſ. $z + D$ ſin. z coſ. z^2 &c. on pourra encore employer celle-ci, qui ſera même plus commode pour le calcul, B ſin. $z + C$ coſ. $z + D$ ſin. $2z + E$ coſ. $2z$ + &c.

9. Si l'on vouloit néanmoins faire entrer les arcs de cercle z dans la courbe parabolique au lieu des ſinus & des coſinus, on le pourroit abſolument. Mais voici deux moyens de rendre alors le calcul plus exact. 1°. Au lieu de faire commencer les z au commencement A de la premiere révolution, on les fera commencer au point où l'on commence à employer la courbe parabolique; de maniere que ſi dans ce point $z = A'$, on prendra les ordonnées de la courbe $= A + B(z - A') + C(z - A')^2 + D(z - A')^3$ &c. 2°. Au lieu de repréſenter les ordonnées par des puiſſances de $z - A'$, on pourra les repréſenter par des puiſſances de $c^{z - A'}$, en cette ſorte, $Ac^{z - A'} + Bc^{(2z - 2A')} + Dc^{(3z - 3A')}$, &c. ce qui ſera encore plus commode pour le calcul, parce que $c^{nz - nA'}$ eſt en général le nombre dont le Logarithme eſt $nz - nA'$, & que l'on a des tables toutes faites de ces nombres.

10. Les Géometres n'avoient juſqu'à préſent imaginé

rien de plus simple pour la quadrature des courbes irrégulieres, que les courbes de genre parabolique. Il me semble que les courbes dont je viens de parler, & qu'on peut appeller *courbes de genre exponentiel*, seroient du moins aussi commodes, & peut-être même plus éxactes dans certaines occasions.

11. Voilà tous les préliminaires nécessaires pour calculer dans les différens cas possibles les perturbations causées à l'orbite des Comètes par l'action des Planètes. Nous allons maintenant appliquer ces différentes opérations au calcul d'une Comète particuliere. Celle de 1682 ayant déja été calculée par M. Clairaut, suivant une méthode différente de la nôtre, nous en choisirons une autre, à laquelle nous appliquerons notre méthode, en prescrivant pied à pied aux calculateurs tout ce qu'il faut faire pour arriver à ce but.

XXXVI.

1. Nous prendrons pour exemple la Comète de 1532, qui paroît être la même que celle de 1661, & dont la période est d'environ 129 ans. La distance périhélie de cette Comète en 1532 ayant été de 50910 parties, dont le rayon du grand orbe en contient 100000, & en 1661 ayant été de 44851, il est clair que cette Comète est du nombre de celles dont la distance périhélie differe peu de la moitié du rayon du grand orbe, ou même est moindre; & qu'ainsi on peut y appliquer les abrégés de calcul relatifs à cette hypothèse. De plus l'inclinaison de

cette Comète au plan de l'Ecliptique n'étant que de 32 degrés, sa distance périhélie sera environ 8 à 9 fois moindre que la distance moyenne de Jupiter; ainsi on peut encore y appliquer les abrégés de calcul dont on a donné la méthode aux §. XXII, XXIII, & suivans.

2. Voici donc maintenant la suite des opérations qu'il faut faire pour connoître les altérations de cette Comète en vertu de l'action de Jupiter & de Saturne, ou, ce qui est la même chose, la différence de deux révolutions successives.

3. On cherchera dans les tables des Comètes la distance périhélie a en 1532, qui sera exprimée en parties, dont le rayon de la terre en contient 100000; & l'on aura

$$a = 0,50910$$

4. Comme les observations de 1532 sont peu éxactes, & qu'en 1661, on a eu $a = 44851$, on pourroit supposer

$$a = 0,45000.$$

5. On cherchera le tems du passage de la Comète de 1532 au périhélie, qu'on trouvera le 19 Octobre à 22^{h} & celui de la Comète de 1661, qu'on trouvera le 26 Janvier N. S. à 23^{h}.

Ce qui fait pour la révolution totale

$$m = 129^{ans}\ 89^{jours}\ (a).$$

6. On fera ensuite: comme l'année commune de $365^{j}.5^{h}.49'$ élevée à la puissance $\frac{2}{3}$ est à $m^{\frac{2}{3}}$; ainsi 100000

(a) Ce devroit être 129 ans 99 jours; mais il faut en ôter les 10 jours retranchés en 1582 dans le Calendrier Grégorien.

eſt à un quatriéme terme, qui ſera le demi-grand axe de l'orbite de la Comète; on nommera ce demi-grand axe . . . . δ

7. Cela fait, on aura aiſément les quantités ſuivantes,

$$\frac{\delta - a}{\delta} = \zeta.$$

$$\frac{\delta}{\delta - a} = \rho.$$

$$2a\delta - aa = n.$$

$$2a - \frac{aa}{\delta} = \text{au parametre } p.$$

$$\frac{2a\delta - aa}{\delta - a} = a + a\rho = \theta.$$

8. Depuis le périhélie A juſqu'à 90 degrés de longitude, on calculera les rayons de l'orbite par la formule très-ſimple $x = \frac{2a}{1 + \text{coſ.}\, z}$; ou plutôt on ſe diſpenſera de calculer ces rayons, & on ſe ſouviendra ſeulement qu'on peut leur ſuppoſer cette valeur.

9. Et on calculera les tems correſpondans par la formule $t = \frac{m}{\delta^{\frac{3}{2}} \times 6,283185} \times a^{\frac{3}{2}} \times \left[\frac{\sqrt{2}}{3} \times \left(\frac{x}{a} - 1\right)^{\frac{3}{2}} + \left(\frac{x}{a} - 1\right)^{\frac{1}{2}} \sqrt{2}\right]$. On n'aura même beſoin de cette formule, comme on le verra plus bas, que pour calculer le ſeul tems t qui répond à $z = 90°$. ou $x = 2a$; ce qui donne $t = \frac{m \cdot a^{\frac{3}{2}}}{\delta^{\frac{3}{2}} \cdot 6,283185} \times \left[\frac{\sqrt{2}}{3} + \sqrt{2}\right]$.

10. Depuis 90 degrés on calculera les rayons x par la formule,

$$x = \frac{\theta}{\varrho + \text{cos}. z}.$$

Les angles z par leurs cosinus $\frac{\delta - x}{\delta - a}$.

Et on aura les tems correspondans par la formule $t = \frac{m}{360^{\circ}}(\alpha - \beta \text{ sin}. \alpha)$.

11. On ne poussera ce calcul des x & des t que jusqu'au point où $x = 20$ fois le rayon du grand orbe $=$ 2000000; ce qui donne, en nommant α' l'angle ASE (*fig.* 13.), $\text{cos}. \alpha' = \frac{-2000000 + \delta}{\delta - a}$.

Et par conséquent l'angle ASE.

12. On interrompra ce calcul depuis le point E, où $SE = 2000000$, jusqu'au point e correspondant, où $Se = SE$ (*fig.* 13.); parce que dans cet espace il n'est pas nécessaire de connoître les tems t; le calcul de ces tems n'étant nécessaire que pour avoir au moins à-peu-près les positions correspondantes de Jupiter & de Saturne, dont on n'a pas besoin dans la partie EDe de l'orbite.

13. Depuis le point e jusqu'à 90 degrés en-deçà du périhélie, on recommencera les calculs des t en cette maniere.

14. On remarquera d'abord qu'aux points E, e, on a $\text{cos}. z = \frac{\theta}{2000000} - \rho$; ce qui donne deux valeurs de z, à compter depuis le périhélie A; l'une qui répond au point E, & qui est plus petite que 180 degrés, l'autre

qui répond au point e, & qui eſt plus grande que 180°.

15. Depuis cette derniere valeur de z juſqu'à celle de $z = 270°$. on calculera les rayons x par la formule

$$x = \frac{\theta}{\gamma + \text{coſ.}\, z};$$

Et les tems t par la formule $t = \frac{m}{360°}(\alpha - \beta\,\text{ſin.}\,\alpha)$, en faiſant attention que

$$\text{Coſ.}\, \alpha = \frac{\delta - x}{\delta - a},$$

Et que α doit être pris ici plus grand que 180 degrés, & par conſéquent que ſin. α eſt négatif.

16. Depuis $z = 270°$. juſqu'à $z = 360°$, les rayons x ſeront exprimés par la formule

$x = \frac{2a}{1 + \text{coſ.}\, z}$, qu'on ſe diſpenſera de calculer, comme dans le n°. 8. ci-deſſus.

17. Et les tems t par la formule

$$t = m - \frac{m}{\delta^{\frac{1}{2}} \cdot 6,283185} \times a^{\frac{3}{2}} \times \left[\frac{\sqrt{2}}{3}\left(\frac{x}{a} - 1\right)^{\frac{3}{2}}\right.$$

$$\overline{\qquad\qquad}^{\frac{1}{2}}$$

$\left. + \frac{x}{a} - 1 \,.\, \sqrt{2}\right]$, formule dont on pourra même ſe diſpenſer; car on n'aura beſoin de connoître que le ſeul tems t qui répond à $z = 360°$, lequel eſt déja tout calculé, & $= m$.

18. Pour la ſeconde révolution depuis A juſqu'en E, les x ſeront les mêmes que dans la partie correſpondante de la premiere révolution; & les tems t devront ſeulement être augmentés de la quantité m.

19. On formera par ce moyen, depuis le point de 90° de la feconde révolution jufqu'au point *E* de la même révolution, une table des x & des t correfpondans; & on aura l'attention de ne calculer ni les x ni les t pour la partie *EDe*, les points *E*, *e* étant fuppofés ceux où $x = 2000000$.

20. Cette premiere opération faite, on calculera par les régles de la Trigonométrie, l'inclinaifon des orbites de Jupiter & de Saturne à l'orbite de la Comète; & de plus les lieux de Jupiter & de Saturne correfpondans aux tems t. On rapportera ces lieux fur l'orbite de la Comète, ce qui donnera

Les diftances accourcies ξ de chacune des deux Planètes, correfpondantes aux x & aux t.

Les angles ζ entre les lieux de la Comète & ceux des Planètes perturbatrices, rapportés à l'orbite de la Comète. Ces angles ζ fe compteront toujours depuis la Planète jufqu'à la Comète, & dans le fens où la Comète fe meut.

21. Dans ce calcul il ne faudra chercher les pofitions de Jupiter & de Saturne que depuis le tems où la Comète eft à 90 degrés du périhélie *A* jufqu'au point *E*, & depuis le point *e* jufqu'à 270 degrés du périhélie. Pour tout le refte de l'orbite, favoir pour la partie *KAk* (*fig.* 17.) qui s'étend à 90 degrés de part & d'autre du périhélie, voici ce que l'on fera.

22. On calculera la pofition *J* de Jupiter à l'inftant du périhélie *A*, & fa pofition *i* à l'inftant où la Comète eft

est en K; & on supposera que pendant tout le tems que la Comète parcourt $A\,K$, Jupiter est immobile au point de milieu i' de cet espace.

23. On fera la même chose pour l'espace $k\,A$ de la premiere révolution, ainsi que pour l'espace AK de la seconde.

24. On fera le même calcul pour Saturne.

25. Cela posé, soit l'angle constant & connu $i'\,S\,A = A$ (*fig.* 17.); on aura depuis A jusqu'en K, en nommant ξ la distance accourcie & constante $S\,i'$, & ξ' la distance réelle correspondante de la Planète au Soleil, (§. XXI, XXII & XXIII),

$$X = -\frac{J.\,4\,a^4}{S.\,\xi'^3\,(1+\text{cos}.\,z)^3} + \frac{3\,J.\,\xi^2\,\text{cos}.\,2\,A.\,4\,a^4\,\text{cos}.\,z^2}{S.\,\xi'^5\,(1+\text{cos}.\,z)^3}$$

$$-\frac{3\,J.\,\xi^2.\,4\,a^4\,\text{sin}.\,2\,A\,\text{cos}.\,z\,\text{sin}.\,z}{S\,\xi'^5\,(1+\text{cos}.\,z)^3} + \frac{3\,J.\,\xi^2\,4\,a^4\,(1-\text{cos}.\,2\,A)}{2\,S.\,\xi'^5\,(1+\text{cos}.\,z)^3}$$

$$-\frac{3\,J.\,\xi^2}{S.\,\xi'^5} \times \frac{\text{sin}.\,2\,A}{2} \times \frac{4\,a^4\,\text{sin}.\,z}{(1+\text{cos}.\,z)^4} + \frac{3\,J.\,\xi^2\,\text{sin}.\,2\,A}{S.\,\xi'^5}$$

$$\times \frac{4\,a^4\,\text{sin}.\,z\,\text{cos}.\,z^2}{(1+\text{cos}.\,z)^4} + \frac{3\,J.\,\xi^2\,\text{cos}.\,2\,A}{S.\,\xi'^5} \times \frac{4\,a^4\,\text{sin}.\,z^2\,\text{cos}.\,z}{(1+\text{cos}.\,z)^4};$$

$$\text{Et } Y = \frac{3\,J.\,\xi^2\,\text{sin}.\,2\,A}{S.\,\xi'^5} \times \frac{4\,a^3}{(1+\text{cos}.\,z)^4} -$$

$$\frac{3\,J.\,\xi^2\,\text{sin}.\,2\,A}{S.\,\xi'^5} \times \frac{8\,a^3\,\text{cos}.\,z^2}{(1+\text{cos}.\,z)^4} - \frac{3\,J.\,\xi^2\,\text{cos}.\,2\,A}{S.\,\xi'^5}$$

$$\times \frac{8\,a^3\,\text{sin}.\,z\,\text{cos}.\,z}{(1+\text{cos}.\,z)^4}.$$

26. De-là, & des formules du §. XXXIII, on tirera aisément la valeur de $\int X\,d\,z\,\text{sin}.\,z$, lorsque $z = 90°$, comme aussi celle de $\int X\,d\,z\,\text{cos}.\,z$, celle de $\int Y\,d\,z$, celle de $\int Y\,d\,z\,(1-\text{cos}.\,z)$, & celle de $\int Y\,d\,z\,\text{sin}.\,z$.

Soit donc lorſque $z = 90°$,

$\int X\, dz$ ſin. $z = A'$.

$\int X\, dz$ coſ. $z = B'$.

$\int Y\, dz = C'$.

$\int Y\, dz\, (1 -$ coſ. $z) = D'$.

$\int Y\, dz$ ſin. $z = E'$;

Et on mettra à part ces quantités pour en faire uſage en tems & lieu.

27. De plus on fera depuis A juſqu'en K,

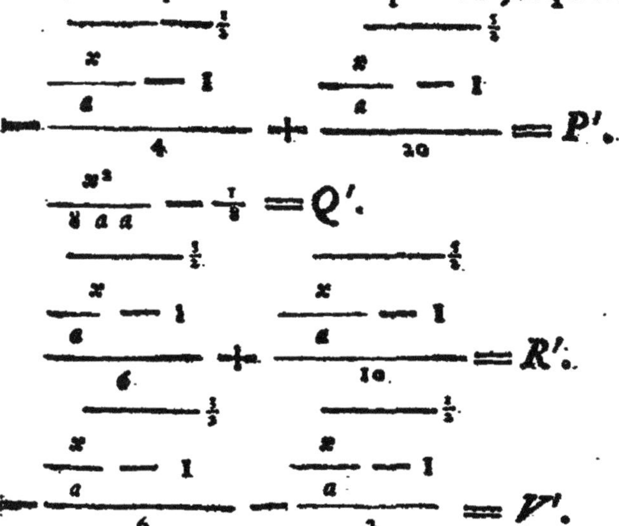

$$-\frac{\left(\frac{x}{a}-1\right)^{\frac{3}{2}}}{4}+\frac{\left(\frac{x}{a}-1\right)^{\frac{5}{2}}}{20}=P'.$$

$$\frac{x^2}{8aa}-\frac{1}{8}=Q'.$$

$$\frac{\left(\frac{x}{a}-1\right)^{\frac{3}{2}}}{6}+\frac{\left(\frac{x}{a}-1\right)^{\frac{5}{2}}}{10}=R'.$$

$$-\frac{\left(\frac{x}{a}-1\right)^{\frac{3}{2}}}{6}-\frac{\left(\frac{x}{a}-1\right)^{\frac{1}{2}}}{2}=V'.$$

28. Par ces valeurs de P', Q', R', V', & par les valeurs de X & de Y trouvées ci-deſſus, on calculera la valeur algébrique des aires $\int X P'\, dz$ ſin. z, $\int X Q'\, dz$ coſ. z, $\int R' Y\, dz$, $\int Y P'\, dz\, (1 -$ coſ. $z)$, $\int Y Q'\, dz$ ſin. z, $\int Y V'\, dz$, en ſuppoſant ces aires $= o$, lorſque $z = o$. Ces aires ſe trouveront toujours, ou par des intégrales éxactes, ou par des arcs de cercle, ou par des Logarith-

mes; il faudra avoir recours pour cela aux formules du §. XXXIII, en substituant, selon qu'il paroîtra plus commode, dans les différentielles à intégrer, ou $\frac{2a}{1 + \text{cos}. z}$ au lieu de x, ou $\frac{2a}{x} - 1$ au lieu de cos. z.

29. Ensuite on supposera que lorsque $z = 90°$, on ait

$\int X P' dz \text{ sin}. z = F'$

$\int X Q' dz \text{ cos}. z = G'$

$\int R' Y dz = H'$

$\int Y P' dz (1 - \text{cos}. z) = K'$

$\int Y Q' dz \text{ sin}. z = L'$

$\int Y V' dz = M'$,

Et on mettra à part chacune de ces quantités, pour en faire usage en tems & lieu.

30. On se souviendra que pour Jupiter $\frac{J}{S} = \frac{1}{1067}$, & pour Saturne $\frac{J}{S} = \frac{1}{3021}$; & on fera le calcul de toutes les quantités susdites pour l'action de chacune des deux Planètes séparément; mais pour abréger ce calcul le plus qu'il sera possible, on aura soin; 1°. de mettre à part les fractions $\frac{J}{S}$ qui doivent multiplier tous les termes dans chacun de ces calculs.

2°. Quand on aura trouvé l'expression algébrique en x de chacune de ces quantités, de faire dans chacune $x = 2a$, pour avoir les valeurs arithmétiques répondantes à $z = 90°$.

3°. De mettre à part les valeurs des constantes, comme $\frac{4a^4}{\xi^3}$, $\frac{3\xi^2 \text{cos.} 2A}{\xi^{15}}$, $\frac{3\xi^2 \text{sin.} 2A}{\xi^{15}}$ &c. qui multiplient chacune de ces quantités, afin de ne pas les calculer deux fois.

31. Depuis le point K où $\zeta = 90°$. jusqu'au point C où SC = la distance moyenne de Jupiter, il faut faire un autre calcul.

Soit Δ cette distance moyenne, & on aura l'angle ASC que j'appelle ω, par l'équation suivante;

$$\text{Cos.}\,\omega = \frac{\theta}{\Delta} - p.$$

32. Ainsi depuis le point où $\zeta = 90°$, jusqu'à celui où $\zeta = \omega$, on calculera d'abord,

Les positions de la Planète pour chaque tems t; ce qui donnera les ξ & les ζ, c'est-à-dire, les distances de la Planète au Soleil, rapportées sur l'orbite de la Comète, & les distances des lieux de la Planète à ceux de la Comète, aussi rapportées sur l'orbite de la Comète; ces distances ou élongations se compteront toujours de la Planète à la Comète, en suivant le sens selon lequel la Comète se meut.

On aura aussi les distances réelles de la Planète au Soleil; qu'on nommera ξ'.

33. Enfin on connoîtra les distances réelles de la Planète à la Comète, que l'on nommera k.

On cherchera ensuite de degré en degré les quantités

$$X' = -\frac{J.x^2 a^2 \xi \text{cos.} \zeta}{S.p.\xi^{13}} - \frac{J.x^3 a^2}{S.p.k^3} + \frac{Jx^2 a^2 \xi \text{cos.} \zeta}{S.p.k^3}$$

$$-\frac{J\xi \text{ fin. } \zeta}{S . \xi'^3} \times \frac{x^3 \, a a \text{ fin. } z}{p . \theta} + \frac{J\xi \text{ fin. } \zeta}{S . k^3} \times \frac{x^3 \, a a \text{ fin. } z}{p . \theta};$$

$$\text{Et } Y' = \frac{J\xi \text{ fin. } \zeta . x^3}{S . \xi'^3 . p} - \frac{J . \xi \text{ fin. } \zeta . x^3}{S . k^3 \, p}.$$

34. Dans ce calcul on aura encore foin, comme dans les précédens; 1°. de mettre à part la quantité $\frac{J}{S}$ pour chaque Planète perturbatrice, ou les fractions $\frac{1}{1067}$ & $\frac{1}{3021}$; 2°. de mettre auffi à part les quantités conftantes $\frac{a^2}{p}$, & $\frac{a^2}{p . \theta}$, ou leurs Logarithmes, afin de ne pas les calculer plufieurs fois; & de ne les multiplier par les variables, ou plutôt de ne leur donner leur valeur arithmétique, qu'à la fin de l'opération dont on parlera dans les n°. 35 & 36. qui fuivent.

35. Ces précautions prifes, on cherchera par les quadratures, fuivant les méthodes connues des Géometres, & expliquées ci-deffus §. XXXV, les valeurs de $\int X' \, dz$ fin. z depuis le point où $z = 90°$. jufqu'à celui où $z = \infty$. On cherchera de même les valeurs de $\int X' \, dz$ cof. z, de $\int Y' \, dz$, de $\int Y' \, dz \, (1 - \text{cof. } z)$, & de $\int Y' \, dz$ fin. z; on obfervera que ces valeurs foient $= o$ lorfque $z = 90°$.

36. Soit donc lorfque $z = \infty$;

$\int X' \, dz$ fin. $z = A''$.

$\int X' \, dz$ cof. $z = B''$.

$\int Y' \, dz = C''$..

$\int Y' dz (1 - \text{cos}. z) = D''$.

$\int Y' dz \; \text{sin}. z = E''$.

37. On prendra ensuite les angles α, déja calculés n°. 10. & qui sont tels que

$$\text{Cos}. \alpha = -\frac{\delta - x}{\delta - a},$$

Et on fera depuis K jusqu'en C,

$$P'' = -\frac{\overline{\delta - a}^{2} . \delta}{(2a\delta - aa)^{\frac{3}{2}}} \alpha + \frac{\overline{\delta - a}^{3} . \text{sin}. \alpha}{(2a\delta - aa)^{\frac{3}{2}}} - \frac{2\delta^{2} . \overline{\delta - a}^{3}}{(2a\delta - aa)^{\frac{5}{2}}} \times$$

$$\text{sin}. \alpha + \frac{\delta . \overline{\delta - a}^{4}}{4(2a\delta - aa)^{\frac{5}{2}}} \text{sin}. 2\alpha + \frac{(3\delta\delta - 2a\delta + aa)(\delta - a)^{2} \delta\alpha}{2(2a\delta - aa)^{\frac{5}{2}}};$$

$$Q'' = -\frac{\overline{\delta - a}^{2}}{2(2\delta - a)^{2}} + \frac{\overline{\delta - a}^{2} . x^{2}}{2.(2a\delta - aa)^{2}}.$$

$$R'' = -\frac{\delta . \overline{\delta - a}^{2}}{(2a\delta - aa)^{\frac{3}{2}}} \alpha + \frac{\delta . \overline{\delta - a}^{3} \text{sin}. \alpha}{(2a\delta - aa)^{\frac{3}{2}}}$$

$$+ \frac{2\delta - a}{\delta - a} \Big(- \frac{2\delta . \overline{\delta - a}^{4}}{(2a\delta - aa)^{\frac{5}{2}}} \text{sin}. \alpha +$$

$$\frac{\overline{\delta - a}^{5} \text{sin}. 2\alpha}{4.(2a\delta - aa)^{\frac{5}{2}}} + \frac{\overline{3\delta\delta - 2a\delta - aa} . \overline{\delta - a}^{3}}{2.(2a\delta - aa)^{\frac{5}{2}}} \alpha \Big).$$

$$\text{Enfin } V'' = -\frac{\delta . \overline{\delta - a}^{2}}{(2a\delta - aa)^{\frac{3}{2}}} \alpha + \frac{\overline{\delta - a}^{2} \text{sin}. \alpha}{(2a\delta - aa)^{\frac{3}{2}}}.$$

38. Par ces valeurs de P'', Q'', R'', V'', & par les valeurs trouvées n°. 33 pour X' & pour Y', on cherchera, suivant les méthodes expliquées §. XXXV, les quadra-

tures des aires $\int P'' X' dz$ sin. z, $\int Q'' X' dz$ cos. z, $\int R'' Y' dz$, $\int Y' P'' (1 - \text{cos.}\, z) dz$, $\int Y' Q'' dz$ sin. z, $\int Y' V'' dz$, en supposant ces aires $= 0$ lorsque $z = 90°$. Et dans ce calcul on usera des mêmes attentions que dans le n°. 34, pour le rendre le moins long que faire se pourra.

39. On fera ensuite lorsque $z = \omega$,

$\int X' P'' dz$ sin. $z = F''$.

$\int X' Q'' dz$ cos. $z = G''$.

$\int R'' Y dz = H''$.

$\int Y' P'' (1 - \text{cos.}\, z) dz = K''$.

$\int Y' Q'' dz$ sin. $z = L''$.

$\int Y' V'' dz = M''$.

Et on mettra ces quantités chacune à part.

40. Depuis le point C où $x = \Delta$, jusqu'au point E où $x = 2000000$, il faut faire un autre calcul.

On commencera par chercher l'angle ω' ou ASE, tel que l'on ait

$$\text{Cos.}\, \omega' = \frac{\theta}{2000000} - \rho.$$

Et depuis $z = \omega$ (trouvé ci dessus n°. 31.) jusqu'à $z = \omega'$, on prendra (§. XVI, XVII & XVIII).

$$\varphi = -\frac{2 J. \xi \text{ cos.} \zeta}{x^3} + \frac{J. x \ \xi \text{ cos.} \zeta}{k^3}.$$

$$\pi = +\frac{J. \xi \text{ sin.} \zeta}{x^3} - \frac{J. \xi \text{ sin.} \zeta}{k^3},$$

ou plutôt

$$X'' = +\frac{2 J. a^2 \xi \text{ cos.} \zeta}{S p x} - \frac{J x^1 . a^2}{S. p k^3} + \frac{J x^2 a^2 \xi \text{ cos.} \zeta}{S. p k^3}$$

$$-\frac{J\xi\,\text{fin.}\,\zeta}{S}\times\frac{aa\,\text{fin.}\,z}{p\,.\,\theta}+\frac{J\xi\,\text{fin.}\,\zeta\,.\,x^3\,aa\,\text{fin.}\,z}{Sp\theta k^3};$$

$$\text{Et } Y''=\frac{J\,.\,\xi\,\text{fin.}\,\zeta}{Sp}-\frac{J\xi\,\text{fin.}\,\zeta\,.\,x^3}{S\,.\,pk^3}.$$

41. De-là on tirera par les quadratures les valeurs de $\int X''\,dz\,\text{fin.}\,z$, $\int X''\,dz\,\text{cof.}\,z$, $\int Y''\,dz$, $\int Y''\,dz\,(1-\text{cof.}\,z)$, $\int Y''\,dz\,\text{fin.}\,z$, depuis le point C jusqu'au point E, c'est-à-dire, depuis $z=\omega$ jusqu'à $z=\omega'$; ayant soin par conséquent que ces aires soient $=o$ lorsque $z=\omega$.

42. Soit donc lorsque $z=\omega'$,

$\int X''\,dz\,\text{fin.}\,z=A'''$.

$\int X''\,dz\,\text{cof.}\,z=B'''$.

$\int Y''\,dz=C'''$.

$\int Y''\,dz\,(1-\text{cof.}\,z)=D'''$.

$\int Y''\,dz\,\text{fin.}\,z=E'''$. On mettra à part ces quantités.

43. On prendra ensuite les angles α déja calculés N°. 10, & qui sont tels que

$$\text{Cof.}\,\alpha=\frac{\delta-x}{\delta-a},$$

Et on cherchera depuis C jusqu'en E, c'est-à-dire, depuis $z=\omega$, jusqu'à $z=\omega'$, les valeurs correspondantes de P', Q'', R'', V'', qui seront exprimées par les mêmes formules que dans le n°. 37. Continuant ensuite l'opération comme dans l'art. 38, on cherchera les aires $\int X''P''\,dz\,\text{fin.}\,z$, &c. ensorte qu'elles soient $=o$ lorsque $z=\omega$.

44. On fera ensuite lorsque $z=\omega'$,

$\int X''P''\,dz\,\text{fin.}\,z=F'''$.

$\int X''Q''\,dz\,\text{cof.}\,z=G'''$.

$\int R''Y''\,dz=H'''$

$\int R'' Y'' dz = H'''$.

$\int Y'' P'' (1 - \text{cos.} z) dz = K'''$.

$\int Y'' Q'' dz \text{ sin. } z = L'''$.

$\int Y'' V'' dz = M'''$.

Et on mettra ces quantités à part.

45. Depuis le point E, où $x = 2000000$, jusqu'au point e correspondant, c'est-à-dire, depuis $z = \omega'$ jusqu'à $z = 360 - \omega'$, il faut faire un nouveau calcul.

On prendra

$$\varphi = + \frac{J}{x^2};$$

$$\pi = 0,$$

ou plutôt

$$X^{IV} = - \frac{Jaa}{S \cdot p};$$

$$Y^{IV} = 0,$$

& on calculera l'aire $\int - \frac{Jaa}{S \cdot p} dz \text{ sin. } z = \frac{- Jaa}{S \cdot p}$ $(\text{cos. } \omega' - \text{cos. } 360 - \omega') = 0$, que j'appelle A^{IV};

Et l'aire $\int - \frac{Jaa}{S \cdot p} dz \text{ cos. } z = + \frac{Jaa}{S \cdot p} (2 \text{ sin. } \omega')$; que j'appelle B^{IV}.

46. Dans la valeur générale de P'' trouvée n° 37, on prendra la valeur qui répond à $z = 360 - \omega'$, & on l'appellera P^{IV}; de même on prendra dans la valeur générale de Q, celle qui répond à $z = 360 - \omega'$, & on la nommera Q^{IV}.

On fera ensuite (§. XIX. n°. 14.) $+ \frac{Jaa P^{IV}}{S \cdot p}$ $(\text{cos. } \omega' - \text{cos. } 360 - \omega') = - A^{IV} P^{IV} = 0$;

& $-\frac{JaaQ^{IV}}{S.p}$. 2 fin. $\omega' = -Q^{IV}B^{IV}$, que j'appelle O'.

On cherchera (§. XXXIII.) l'aire $+\frac{Jaa}{p} \times \int \frac{dz\,(\text{cof.}\,\omega' - \text{cof.}\,z)\,\text{cof.}\,z}{(\varrho + \text{cof.}\,z)^3}$ en fuppofant cette aire $= o$ lorfque $z = \omega'$.

Et l'aire $+\frac{Jaa}{p} \times \int \frac{dz\,(\text{fin.}\,\omega' - \text{fin.}\,z)\,\text{fin.}\,z}{(\varrho + \text{cof.}\,z)^3}$, en fuppofant de même cette aire $= o$ lorfque $z = \omega'$.

On fuppofera la premiere de ces aires $= T'$ lorfque $z = 360 - \omega'$, & la feconde $= Z'$ dans le même cas; & on mettra à part les quantités O', T', Z'.

47. Depuis le point e jufqu'au point c, on fera les mêmes opérations que depuis le point C jufqu'au point E; depuis le point c jufqu'au point k, les mêmes que depuis le point K jufqu'au point C; depuis le point k jufqu'au point A, on fuppofera la Planète perturbatrice en repos au milieu de l'efpace qu'elle parcourt pendant ce tems-là; & du refte on fera les mêmes opérations que depuis A jufqu'en K.

48. On fe fouviendra feulement que depuis k jufqu'en A, comme z eft $> 180°$. & $< 360°$, il faudra dans les valeurs de P', R', V', qui feront alors de la même efpéce que celles du n°. 27, avoir l'attention (§. XXXIII. n°. 27.) de prendre le radical négatif, & d'ajouter à l'intégrale une conftante convenable en fuppofant $x = 2a$; ou, ce qui eft encore plus commode, on fuppofera $\frac{x}{a} - 1 = \frac{x\ \text{fin.}\ \zeta}{2a}$; & au lieu de $\sqrt{\frac{x}{a} - 1}$, on

écrira $\frac{x \text{ fin. } z}{2a}$ &c. A quoi on ajoutera ce que deviennent les valeurs de P'', Q'', R'', V'', trouvées n°. 37. lorsque $z = 270°$. Soient ϖ'', q'', ρ'', v'', ces dernieres valeurs, trouvées précédemment dans le calcul qu'on a fait pour la partie ck; & on aura depuis k jusqu'en A;

$$P'' = \varpi'' - \frac{x \text{ fin. } z}{4 \cdot 2a} - \frac{1}{4} + \frac{\left(\frac{x \text{ fin. } z}{2a}\right)^5}{20} + \frac{1}{20}.$$

$$Q'' = + q'' + \left(\frac{x^2}{8aa} - \frac{1}{2}\right).$$

$$R'' = \rho'' + \frac{\left(\frac{x \text{ fin. } z}{2a}\right)^3}{6} + \frac{1}{6} + \frac{\left(\frac{x \text{ fin. } z}{2a}\right)^5}{10} + \frac{1}{10}.$$

$$V'' = v'' - \frac{\left(\frac{x \text{ fin. } z}{2a}\right)^3}{6} - \frac{1}{6} - \frac{x \text{ fin. } z}{2 \cdot 2a} - \frac{1}{2};$$

Et dans ces différentes valeurs on substituera au lieu de x sa valeur $\frac{2a}{1 + \text{cof. } z}$, ou au lieu de fin. z sa valeur $-\frac{2\sqrt{ax - aa}}{x}$, selon qu'on le jugera plus commode. Au reste dans toutes les opérations qui se font depuis e jusqu'en A, on se souviendra de prendre les angles z & α, à compter depuis le commencement A de la révolution ; & on nommera A^{V}, A^{VI}, A^{VII} les quantités qui répondent aux A''', A'', A', des trois premieres opérations ; B^{V}, B^{VI}, B^{VII}, celles qui répondront aux B''', B'', B', &c. & ainsi de suite.

49. Pour la seconde révolution jusqu'au point e, on fera les mêmes opérations que pour la premiere, en

partant toujours du point A de la premiere révolution, pour compter les z & les α, ainsi que les angles ω, ω' &c. qui seront alors de 360 degrés plus grands que dans la premiere révolution; on aura par ce moyen de nouvelles quantités A^{VIII}, A^{IX}, A^{X}, A^{XI}, & B^{VIII}, B^{IX} &c. qui répondront aux A', A'', A''' &c. & B', B'', B''' &c. de la premiere révolution.

50. Cela fait, on ajoutera d'abord ensemble toutes les valeurs de A', A'', A''' &c. trouvées à chaque opération, & on nommera leur somme a'.

On aura de même les quantités b', c', d', e', f', g' &c. en ajoutant ensemble les valeurs de B', B'', B''' &c. & celles de C', C'' &c.

51. Ensuite on nommera p' ce que devient P'' (n°. 37.) lorsque $z = 360 + 360 - \omega'$.

q' ce que devient Q'' dans le même cas,

r' ce que devient R'' dans le même cas,

u' ce que devient V'' dans le même cas,

O'', T'', Z'', les quantités qui sont analogues dans la seconde révolution aux quantités O', T', Z' de la premiere, déja calculées n°. 46; celles-ci commençoient à l'angle $z = + \omega'$, & finissoient à l'angle $z = 360 - \omega'$; Celles-là commenceront à l'angle $z = 360 + \omega'$, & finiron. l'angle $z = 2 . 360 - \omega'$.

Cela fait, on calculera la quantité $\dfrac{2m . \overline{2a\delta - aa}^{\frac{3}{2}}}{aa\delta . 6,283185 . \overline{\delta - a}^{3}}$

$\times [p'a' - \dfrac{2aap'd'}{p} + q'b' - \dfrac{2aaq'e'}{p} +$

$$\frac{2aar'e'}{p} - f' - g' - \frac{2aah'}{p} + \frac{2aak'}{p} +$$
$$\frac{2aal'}{p} + O' + T' + Z' + O'' + T'' + Z''] +$$
$$\frac{m.(2a\delta - aa)^{\frac{1}{2}}}{\delta.6,283185(\delta - a)^2}[u'c' - m'];$$

dans laquelle le coëfficient $\frac{2m.\overline{2a\delta - aa}^{\frac{5}{2}}}{aa\delta.6,283185.\overline{\delta - a}^3}$ représente $\frac{m\sqrt{S+C}}{\delta^{\frac{1}{2}}.6,283185} \times \frac{2}{a^3 g} \times \frac{\overline{2a\delta - aa}^3}{(\delta - a)^3}$, ou $\frac{2.\overline{2a\delta - aa}^3}{(\delta - a)^3 a^3 g} \times \frac{m\sqrt{S}}{\delta^{\frac{1}{2}}.6,283185}$; & le coëfficient $\frac{m.\overline{2a\delta - aa}^{\frac{3}{2}}}{\delta.6,283185.\overline{\delta - a}^2}$ représente $\frac{\overline{2a\delta - aa}^2}{(\delta - a)^2.ag} \times \frac{m\sqrt{S}}{\delta.6,283185.\overline{\delta - a}^2}$.

52. J'appelle, suivant le §. XX. n°. 4, cette quantité $\mathfrak{G}$; Et je nomme α la valeur de la même quantité, lorsque $z = 360°$. Cette valeur de α sera facile à trouver; car il n'y a qu'à, dans la formule précédente, prendre les valeurs de p', a', q', b', &c. lorsque $z = 360°$.

Ces opérations finies, le plus long & le plus difficile est fait, il ne reste plus que les suivantes.

53. On cherchera lorsque la Comète est en C, à la distance moyenne de Jupiter, la position $C\gamma$ (*fig.* 18.) & la vitesse du Satellite γ. Pour celà on commencera par prendre $C\gamma = \frac{J.\xi}{S}$, ξ étant la distance accourcie de la

Planète au Soleil, calculée pour le moment qui répond au lieu C de la Comète.

54. On connoîtra pour ce même moment l'angle ζ, & par conséquent la position de $C\gamma$, & l'on aura $S\gamma = SC - C\gamma \operatorname{cof.} \zeta = SC - \frac{J . \xi \operatorname{cof.} \zeta}{S}$; je mets —, parce que, suivant la construction de la figure, ζ est ici plus grand que 90 degrés.

55. On connoîtra de plus, par le §. XXV. n°. 9, la position de la tangente en C, c'est-à-dire, la direction de la Comète en C, ou l'angle SCL ; & par conséquent menant γN parallèle à cette tangente, on aura l'angle $S\gamma N = SCL + CS\gamma = SCL + \frac{J . \xi \operatorname{fin.} \zeta}{S . SC}$.

56. On connoîtra encore par le §. XXV. n°. 11. la vitesse g en C, laquelle sera telle que $gg = S\left(\frac{p}{aa} + \frac{2}{\Delta} - \frac{2}{a}\right)$.

57. On connoîtra de même (§. XXXIV.) la vitesse du Satellite en γ autour de C, & sa direction ; c'est-à-dire, l'angle $O\gamma C$, que cette direction fait avec $C\gamma$.

58. Donc puisqu'on connoît l'angle de γC avec γN ou γn, on connoîtra l'angle $O\gamma N$, dont on nommera le cosinus ν, & le sinus ϖ ; ainsi supposant la vitesse suivant $\gamma O = \sqrt{S_{,n}}$ (n est un nombre connu par le n°. 57.) on trouvera la direction du Satellite $\gamma N'$ en ajoutant à l'angle $S\gamma N$ l'angle $N'\gamma N = \frac{\varpi \sqrt{S . n}}{g}$; & sa

vitesse g', en retranchant de g la quantité $\nu\sqrt{S.n}$; ce qui donnera $g'g' = gg - 2g\nu\sqrt{Sn} = S\left(\frac{p}{aa} + \frac{2}{\Delta} - \frac{2}{c} - 2\sqrt{n}.\sqrt{\frac{p}{aa} + \frac{2}{\Delta} - \frac{2}{a}}\right)$.

Il faut bien remarquer que si la ligne γO étoit autrement dirigée qu'on ne le suppose dans cette figure, on devroit alors ajouter dans certains cas, ce qu'on retranche ici, & retrancher ce qu'on ajoute. Un Calculateur tant soit peu exercé, verra facilement ce qu'il doit faire, suivant la position respective des lignes; les opérations que nous prescrivons ici, sont relatives à la figure que nous avons faite. Connoissant $S\gamma$ & la vitesse absolue en γ, on aura l'ellipse $\gamma o \gamma'$ (*fig.* 14.) décrite par le Satellite γ autour du Soleil.

59. Pour trouver le rayon $S\gamma'$ qui doit terminer (§. XX. n°. 8.) la partie elliptique $\gamma O \gamma'$ (*fig.* 14.) de l'orbite du Satellite, on fera attention que l'on a par le n°. 6. du §. XX. la position & la grandeur de $S\lambda$, & la position de SC', qui est semblable à celle de SC; & que l'angle $C'S\gamma' = S\gamma'\lambda$ = à-très-peu-près $\frac{\text{fin.}\,\lambda SC' \times S\lambda}{SC}$; d'où l'on tirera la position de $S\gamma'$.

60. Les points γ & γ' étant ainsi déterminés, on aura le tems par $\gamma O \gamma'$ par le §. XXVII. n°. 8 ; & on connoîtra de plus (§. XXVI. n°. 6.) la vitesse g'' en γ'.

61. On repassera ensuite de l'ellipse du Satellite à celle de la Comète, comme on a passé tout-à-l'heure de l'orbite de la Comète à celle du Satellite ; & dans cette

seconde opération on suivra éxactement le procédé indiqué au §. XX. n°. 8. 9.

62. On continuera de la sorte à suivre les opérations indiquées dans le §. XX. n°. 10, 11, jusqu'à ce qu'on soit arrivé au point Γ (*fig.* 15.) ou *S* Γ = vingt fois le rayon du grand orbe, c'est-à-dire, ou *S* Γ = 2000000.

63. Là on connoîtra (§. XX. n°. 16.) la position Γ C''' du Satellite; & sa vitesse autour de C''' (§. XXXIV).

64. Cette position & cette vitesse connues, on continuera le calcul, suivant le procédé expliqué au §. XX. n°. 17, 18 & suivans; & on observera, en finissant la seconde révolution, de calculer les perturbations dans la partie *e c* (*fig.* 17.), comme on l'a fait dans la partie *CE*; dans la partie *c k*, comme dans la partie *KC*; & dans la partie *k A*, comme dans la partie *AK*, en observant de prendre les angles z & α, toujours du point *A* de la premiere révolution. Cette opération fournira de nouvelles quantités A^{xii}, A^{xiii} &c. B^{xii}, B^{xiii} &c. C^{xii}, C^{xiii} &c. répondantes aux quantités A^{v}, A^{vi}, &c. B^{v}, B^{vi}, &c. de la premiere révolution.

65. Reprenant donc la grande formule du n°. 51, & mettant dans cette formule pour a', p', b', c' &c. ce que deviennent ces quantités, non plus lorsque $z = 2 \times 360 - \alpha'$, comme dans ce n°. 51, mais lorsque $z = 2 . 360$, on aura l'altération totale des deux révolutions, ou plutôt la partie de cette altération qu'on a nommée $\zeta + \vartheta''$ dans le §. XX. n°. 19. Après quoi on achevera le calcul suivant le procédé prescrit dans ce §. X X.; & on aura

la

la différence cherchée de deux révolutions successives.

XXXVII.

Dans les détails de cette opération, on peut employer plusieurs abrégés de calcul dont je n'ai pas parlé, & qui se présenteront aisément à ceux qui mettront la main à l'œuvre.

1. Par exemple, quand on a trouvé p', q', r' &c. (§. préc. n. 51.) pour le cas de $z = 360°$, il sera facile de les trouver pour le cas de $z = 2 . 360$; puisque p' aura une valeur double, ainsi que r' & u', & que q' aura la même valeur dans les deux cas. On peut même observer (ce qui abrege le calcul) que cette valeur de q' sera $= 0$.

2. Dans les quantités a', b', c' &c. & semblables, il faut distinguer trois parties : celle qui répond à $z = 360°$; celle qui répond à $z = 2 \times 360 - \omega'$; & celle qui répond à $z = 2 \times 360$; la seconde est composée de la premiere, & de plus de la somme des quantités A^{VIII}, A^{IX}, &c. ou B^{VIII}, B^{IX}, &c. depuis $z = 360°$, jusqu'à $z = 2 . 360 - \omega'$; la troisiéme est composée de la somme de celles-ci, & de la somme des A^{XII}, A^{XIII}, &c. ou B^{XII}, B^{XIII} &c. depuis $z = 2 . 360 - \omega'$, jusqu'à $z = 2 . 360$.

3. Ainsi quand on sera arrivé à $z = 360°$, on commencera par ajouter ensemble les quantités A', A'', A''' &c. déja trouvées, & mettre à part la somme qui en viendra; il faudra ensuite ajouter ensemble les quantités

analogues qu'on aura depuis $z = 360°$. jusqu'à $z = 2 . 360 - \omega'$, & mettre à part la somme qui en viendra; laquelle ajoutée à la premiere somme, donnera la valeur de a' quand $z = 2 . 360 - \omega'$. Enfin il faudra ajouter ensemble les quantités analogues qu'on aura depuis $z = 2 . 360 - \omega'$, jusqu'à $z = 2 . 360$; & ajouter cette somme aux deux précédentes, pour avoir la valeur de a' qui répond à $z = 2 . 360$. On fera la même chose pour les quantités b', c', e', &c.

4. Il faut de plus remarquer que les quantités α & β, trouvées art. XXXVI. n°. 52. doivent contenir non-seulement l'altération qui vient de l'action de Jupiter, mais aussi celle qui vient de l'action de Saturne; autrement on n'auroit pas assez éxactement dans le n° 53. la position du rayon $C'''\Gamma$ (*fig.* 15.). Il faudra seulement avoir soin de séparer dans chacune de ces quantités α & β, ce qui vient de Jupiter, d'avec ce qui vient de Saturne, afin de voir plus nettement le résultat de l'action de chacun, & de mieux distinguer toutes les différentes parties de l'opération.

5. Pour rendre les quantités P'', Q'', R'', V'' (§. préc. n. 37.) plus aisées à calculer, &plus petites, il seroit bon; 1°. de les diviser par 6, 283185, qui exprime la circonférence en parties du rayon, auquel cas on supprimeroit ce diviseur de la formule du §. XXXVI. n°. 51; 2°. de dresser des tables des variables qui entrent dans les quantités P'', R'', V'', savoir des quantités $\frac{\alpha}{6,283185}$, $\frac{\text{sin.}\,\alpha}{6,283185}$,

& $\frac{\text{fin. } 2\,a}{6,283185}$, ou, ce qui revient au même, des fractions qui expriment de degré en degré le rapport des angles, de leurs sinus, & du sinus des angles doubles, à 360°.

3°. A l'égard des opérations qui se font pour calculer l'action des Planètes depuis *A* jusqu'en *K* (*fig*. 17.), & depuis *k* jusqu'en *A*, ces opérations peuvent se trouver faites dans des tables toutes calculées, qui serviront pour un grand nombre de Comètes, & qui donneront les résultats pour le cas de $\frac{x}{a} - 1 = 1$, ou $x = 2\,a$.

4°. Enfin on calculera toutes les constantes qui doivent multiplier les différentes variables, & on écrira ces différentes constantes sur des papiers séparés avec leur valeur algébrique & arithmétique, afin de les mieux reconnoître. Toutes ces opérations mettront plus de netteté & de promptitude dans les calculs.

6. Quelques personnes m'objecteront peut-être que j'aurois pû encore abréger l'opération, & en général la méthode du §. XX, en prenant, non les deux révolutions entieres avec les altérations, mais seulement les altérations. Cette objection tomberoit uniquement sur le calcul que nous avons fait des différentes portions elliptiques de l'orbite de la Comète, & de celle du Satellite; car au lieu de calculer le tems employé à décrire ces portions d'orbites elliptiques, on auroit pû se contenter de calculer les différences des tems entre ces portions d'orbites, & les portions correspondantes de l'ellipse primitive de la Comète.

7. Pour ſavoir ſi nous avons bien ou mal fait, la queſtion ſe réduit donc à celle-ci. Un mobile décrivant une ellipſe, ſuppoſons que la valeur & la direction de ſa viteſſe, & la valeur de ſon rayon vecteur, changent ſubitement en un point quelconque d'une très-petite quantité; eſt-il plus court de calculer immédiatement le tems dans la nouvelle ellipſe, & de le retrancher enſuite du tems dans la portion correſpondante de l'ellipſe primitive, que de calculer ſimplement les différences des deux tems? Or je crois la premiere de ces opérations plus courte que la ſeconde. Pour le faire ſentir par un exemple, je ſuppoſe qu'on cherche la poſition du nouveau périhélie par la formule $\frac{\epsilon' a'}{a' - \frac{S+C}{g'^2 h'^2}}$ du n°. 3; de l'art. XXVI; & je dis qu'on aura auſſi-tôt fait, & même plutôt fait, de chercher immédiatement la poſition du nouveau périhélie par cette formule, que de chercher le ſimple déplacement du périhélie par la formule $\frac{\epsilon da + ad\epsilon}{a - \frac{S+C}{g^2 h^2}} - \frac{\epsilon a da}{\left(a - \frac{S+C}{g^2 h^2}\right)^2} + \frac{(S+C)\epsilon a}{\left(a - \frac{S+C}{g^2 h^2}\right)^2} \times \left(\frac{-g dg . h^2 - h dh . g g}{g^4 h^4}\right)$ qui me paroît demander un plus grand nombre de quantités à calculer. Il en ſera de même des autres cas ſemblables. Voilà les raiſons qui m'ont engagé à chercher immédiatement la valeur des deux révolutions totales, ſans me borner à la ſeule différence de ces révolutions, à laquelle j'aurois pû me reſtraindre.

8. Au reste, soit qu'on calcule simplement les altérations, soit qu'on calcule les deux révolutions entieres, il n'en est pas moins vrai que la seule chose qu'on cherche ici réellement, & qu'on détermine par le calcul, c'est la différence des deux révolutions; l'erreur, s'il y en a, ne peut tomber que sur cette différence, parce que le reste du calcul est fondé sur la supposition qu'on a faite d'une certaine ellipse *donnée* pour l'ellipse primitive de la Comète, & que les erreurs ne peuvent par conséquent tomber sur la partie du calcul qui appartient uniquement à la révolution dans l'ellipse primitive; c'est ce qui sera parfaitement éclairci dans le Mém. suivant.

XXXVIII.

La méthode que nous avons donnée pour calculer les altérations de l'orbite des Comètes, a évidemment plusieurs avantages:

1°. Dans toute la partie *KAk*, elle n'exige que des calculs arithmétiques fort simples, & d'après des formules algébriques qui ne demandent point de quadratures méchaniques; formules dont on peut représenter les résultats dans des tables toutes dressées, & qui peuvent servir pour un grand nombre de Comètes.

2°. Dans les parties *CE*, & *ec*, la simplification des valeurs de φ & de π, épargne beaucoup de calculs. (§. XVI n. 3.)

3°. Dans la partie *EDe*, on n'a pas besoin de calculer les forces φ & π; on fait seulement $\varphi = \frac{S}{x^3}$, ce qui réduit à presque rien le calcul des altérations dans cette partie *EDe*.

4°. Non-seulement nous avons divisé l'orbite de la Comète en plusieurs parties pour faciliter le calcul ; mais dans chacune de ces parties, le calcul se fait de la même maniere, & les angles d'anomalie z sont toujours pris à compter du périhélie *A* de la premiere révolution. Cette uniformité dans la marche du calcul, le rend tout-à-la-fois plus court & moins sujet à erreur ; parce qu'on a moins d'attention à faire au sens suivant lequel on prend les angles d'anomalie, & qu'on n'est point obligé de calculer séparément dans chaque portion de l'orbite, l'altération qu'elle éprouve par la portion précédente.

5°. On n'a jamais à calculer que des aires totales, telles que $\int X dz \cos. z$, $\int P X dz \cos. z$ &c. & il n'entre dans ces aires que des quantités *P*, *X*, *Y* &c. qui n'exigent aucune quadrature.

XXXIX.

1. Si on a quelque scrupule sur la méthode que nous avons employée pour trouver l'altération dans la partie *KAk* (*fig.* 17.), ce ne peut guères être que par rapport à l'action de Jupiter ; car l'action de Saturne étant environ trois fois moindre à la même distance, & la distance de Saturne au Soleil étant plus de vingt fois plus grande en *A* que celle de la Comète, & plus de dix fois en *K* ; je n'imagine pas qu'il puisse en résulter d'erreur sensible, ou au moins considérable sur l'altération causée par Saturne.

2. A l'égard de Jupiter, comme sa distance en *A* n'est qu'environ neuf à dix fois plus grande que celle de la Comète, & en *K* cinq à six fois seulement ; on pourroit, si l'on craignoit l'effet de l'erreur qui en pourroit résulter, n'employer la méthode du §. XXII. pour Jupiter que jusqu'au point *O* où $\frac{x}{a} - 1 = \frac{4}{9}$ (je prends la fraction $\frac{4}{9}$ qui est un nombre quarré, afin que les quantités $\overline{\frac{x}{a} - 1}^{\frac{1}{2}}$, $\overline{\frac{x}{a} - 1}^{\frac{3}{2}}$, $\overline{\frac{x}{a} - 1}^{\frac{5}{2}}$ &c. soient plus faciles à trouver) ; & on aura $x = \frac{13a}{9}$; & cos. z, ou $\frac{2a}{x} - 1 = \frac{18}{13} - 1 = \frac{5}{13}$. Ainsi on feroit depuis le point *A* jusqu'en *O* le même calcul qu'on a fait dans le §. XXXVI. depuis *A* jusqu'en *K* ; & depuis *O* jusqu'en *C* le même qui a été fait depuis *K* jusqu'en *C*.

3. Cependant, comme le tems par *AK* ou *kA* est de moins de 40 jours, & que pendant ce tems l'effet de l'action des deux Planètes doit être comme infiniment petit, j'imagine qu'on pourra, sans erreur, employer la méthode du §. XXII. même pour Jupiter, sans avoir à craindre l'effet des négligences.

4. Enfin ceux qui craindroient encore, malgré les réflexions qu'on vient de lire, l'effet des négligences dans la partie *AK* pour l'action de Jupiter, pourroient calculer cette action rigoureusement depuis *A* jusqu'en *C*, comme on l'a calculée dans le §. XXXVI. depuis *K* jus-

qu'en C, & précifément par la même méthode. Mais, comme le calcul feroit alors confidérablement plus long, je voudrois qu'on ne l'effayât qu'après s'être affuré que les deux fuppofitions de $x = 2a$, & $x = \frac{13a}{9}$ pour Jupiter, donnent des réfultats affez différens depuis A jufqu'en C, pour produire une différence affez grande fur le dernier réfultat, c'eft-à-dire, fur l'accélération ou la rétardation de la feconde période par rapport à la premiere.

X L.

1. Un autre fcrupule qu'on peut avoir, c'eft fur les forces négligées dans la partie fupérieure de l'orbite. Car dans la force φ, la quantité négligée, en prenant ξ' pour la diftance réelle de la Planète au Soleil, & ζ' pour l'angle d'élongation réel de la Planète à la Comète, eft $-\frac{3J.\xi'^2}{2x^4} + \frac{9J.\xi'^2 \text{cof.} \zeta'^2}{2x^4}$: or cette quantité étant toujours pofitive, on pourroit craindre peut-être que l'effet n'en fût affez grand pour n'être pas négligé.

2. Pour examiner cette difficulté, nous remarquerons d'abord que cette quantité négligée fe change en $\frac{J\xi'^2}{x^4} \times (\frac{3}{4} + \frac{9}{4} \text{cof.}\ 2\zeta')$ dans laquelle il n'y a réellement de conftamment pofitive, que la partie $\frac{3J.\xi'^2}{4x^4}$, l'autre étant tantôt pofitive & tantôt négative, & changeant même fréquemment de figne dans la partie fupérieure de

de l'orbite, parce qu'il répond plusieurs révolutions de chacune des deux Planètes perturbatrices, au mouvement de la Comète dans cette partie supérieure de son orbite. On peut donc négliger cette partie, d'autant plus qu'elle est moindre que la partie $\frac{2 J . \xi' \text{cos.} \zeta'}{x^3}$ négligée par d'autres Géometres dans l'action de la Planète sur le Soleil; partie d'action qui est aussi tantôt positive, tantôt négative, & qui change beaucoup moins de signe dans cette même portion supérieure de l'orbite, que la partie $\frac{9 J . \xi'^2 \text{cos.} 2 \zeta'}{4 x^4}$.

3. Il n'y auroit donc d'effet un peu sensible à craindre, que de la partie $\frac{3 J . \xi'^2}{4 x^4}$. Or si on considere que cette partie de la force perturbatrice est à la force de la gravitation, comme $\frac{3 J . \xi'^2}{4 x^2}$ est à S, ou comme $\frac{3 J . \xi'^2}{4 S . x^2}$ est à 1, & qu'ainsi au point où $x = 2000000$; elle est pour Jupiter à-peu-près comme $\frac{3}{4000 \times 16}$ est à 1, & pour Saturne, à-peu-près comme $\frac{3}{12000 \times 4}$ est à 1; on verra qu'on peut les négliger sans crainte, d'autant que ce rapport devient toujours de plus en plus petit dans la même raison que le quarré de x^2 augmente.

4. A l'égard de la force π, dont tous les termes sont multipliés par sin. ζ', & dont par conséquent la partie négligée change souvent de signe dans la portion supé-

rieure de l'orbite, on peut à plus forte raiſon négliger cette force π.

5. Néanmoins ſi quelque Calculateur ſcrupuleux vouloit avoir égard à la partie $\frac{3 J . \xi'^2}{4 x^4}$ de la force φ, il le pourroit aiſément.

6. Pour cela, il ſuffiroit d'ajouter à la valeur de φ trouvée pour la partie *E D e*, c'eſt-à-dire à $\frac{1}{x^2}$, la partie $\frac{3 J . \xi'^2}{4 x^4}$; en regardant même ξ' comme conſtante & comme égale à la diſtance moyenne de la Planète perturbatrice au Soleil. Les formules du §. XXXIII. donneront des moyens courts & faciles de calculer la petite quantité qui réſultera de cette nouvelle conſidération.

X L I.

1. Pour trouver le mouvement & la variation du périhélie d'une révolution à l'autre, on s'y prendra de la maniere ſuivante.

Il eſt facile de voir par ce qui a été dit dans le §. XIX;

1°. Qu'on peut chercher d'abord la variation & le mouvement du périhélie, en cherchant les altérations de l'orbite *A C D A* (*fig.* 13.) par les forces φ & π, & enſuite en traitant comme des portions d'ellipſes les portions d'orbites décrites par la Comète & par le Satellite que nous lui avons ſuppoſé.

2°. Que de ces portions d'orbites, regardées comme

elliptiques, il suffira de considérer la seule portion que la Comète décrit depuis le point C''' de la fig. 15, puisque cette portion d'orbite est la seule dont il soit nécessaire de comparer le périhélie au périhélie A, d'où la Comète a été supposée partir.

2. Par conséquent, comme l'on connoît (§. XX. n°. 17.) le rayon vecteur SC''', ainsi que la direction & la vitesse de la Comète au point C'''; on aura facilement par les formules des §. XXVI. & XXVIII. la distance & la position du périhélie dans cette orbite, considérée comme elliptique.

3. Retranchant cette distance de la distance périhélie 44851 observée en 1661, on aura *à cet égard* la variation du périhélie, ou l'altération de la distance périhélie, que j'appellerai Π.

4. On aura de même, en comparant la position du nouveau périhélie avec celle du périhélie de 1661, le mouvement du périhélie à cet égard, que je nomme Γ.

5. Voilà donc déja une partie du mouvement & de la variation du périhélie, en regardant les portions d'orbite de la Comète & du Satellite comme des ellipses. Il nous reste à chercher ce mouvement & cette variation, en vertu des forces φ & π, agissant dans l'orbite $ACDA$ depuis 1661.

6. Pour cela on remarquera qu'au périhélie on a; 1°. $dx = 0$, & par conséquent $du = 0$, ou (§. X.) $-a \sin. z$
$+ \frac{S+C}{gg} \sin. z = \cos. z \int M dz \cos. z - \sin. z \int M dz$

$\sin. z = 0$, ou $\sin. z = \frac{1}{\frac{S+C}{gg} - a} \times [\cos. z \int M dz \cos. z + \sin. z \int M dz \sin. z]$.

2°. Qu'au même périhélie on a $x = \frac{aa}{u} = aa$; $[a \cos. z + \frac{S+C}{gg} - \frac{S+C}{gg} \cos. z - \sin. z \int M dz \cos. z + \cos. z \int M dz \sin. z] =$ (en faisant $a \cos. z + \frac{S+C}{gg} - \frac{S+C}{gg} \cos. z = a$, comme cela arrive en effet lorsque $z = 360°$.) $a + \sin. z \int M dz \cos. z - \cos. z \int M dz \sin. z =$ (§. XIX.) $a - \cos. z \int X dz \sin. z + \sin. z \int X dz \cos. z - \overline{\cos. z - 1} . \frac{2S}{gg} \times \int Y dz + \cos. z . \frac{2S}{gg} \int Y dz (1 - \cos. z) - \frac{2S. \sin. z}{gg} \int Y dz \sin. z =$ (en faisant $\cos. z = \cos. 360°. = 1$, & $\sin. z = \sin. 360°. = 0$) $a - \int X dz \sin. z + \frac{2S}{gg} \times \int Y dz (1 - \cos. z)$.

Or les quantités $\int X dz \sin. z$ & $-\frac{2S}{gg} \int Y dz (1 - \cos. z)$ ont été calculées §. XXXVI. dans les opérations qui ont été faites pour trouver l'altération causée par les forces φ & π depuis 1661. On cherchera donc dans les résultats de ces opérations, la valeur de ces quantités depuis le périhélie de 1661, jusqu'au suivant : pour cela il faudra chercher dans les calculs déja faits au §. XXXVI. la valeur de ces quantités, depuis le point où $z = 360$ jusqu'à celui où $z = 2 . 360$; par-là on aura la nouvelle distance périhélie ; par conséquent en retranchant cette distance de 44851, on connoîtra la nouvelle altération du périhélie en vertu des forces φ & π, altération que je nomme Π'. Ajoutant cette altération, avec le signe qui la caractérise, à la quantité Π déja trouvée, on aura $\Pi + \Pi'$ pour la variation totale de la distance périhélie.

7. A l'égard du mouvement du périhélie, ou plutôt de sa position nouvelle, on le trouvera par l'équation fin. $z = \frac{1}{\frac{aa}{p} - a} \times \int M dz \text{ cof. } z$, $\int M dz$ cof. z étant égal à ce que devient $\int X dz \text{ cof. } z + \frac{2aa}{p} \int dz \text{ cof. } z \int Y dz$ lorsque $z = 360°$; cette derniere quantité est égale à $\int X dz \text{ cof. } z + \frac{2aa}{p} \text{ fin. } z \int Y dz - \frac{2aa}{p} \int Y dz \text{ fin. } z = \int X dz \text{ cof. } z - \frac{2aa}{p} \int Y dz \text{ fin. } z$. Or ces deux dernieres quantités ont aussi été calculées dans les opérations du §. XXXVI.

8. Par-là on connoîtra le mouvement du périhélie en vertu des forces φ & π; ce mouvement étant appellé Γ', & ajouté au mouvement déja trouvé Γ, on aura $\Gamma + \Gamma'$ pour le mouvement cherché.

9. Au reste, comme une petite erreur dans la valeur du rayon vecteur peut en produire une beaucoup plus grande dans la position du périhélie, il ne faudra point s'étonner si en conséquence des quantités négligées dans ce calcul, le résultat ne répond pas toujours fort éxactement aux observations. Par exemple, les calculs faits

par la théorie pour la Comète de 1682, ont donné 6′ 33″ de mouvement direct au périhélie, depuis 1682 jusqu'en 1759; & les observations rapportées dans la *Connoissance des Tems* de 1761, donnent 1°. 40′; c'est-à-dire, que le résultat des observati ns est environ 15 fois plus grand que celui de la théorie; différence énorme, & qu'il faut attribuer, comme nous l'avons dit, aux erreurs considérables qu'on ne peut éviter dans cette recherche.

10. A l'égard de la distance périhélie de cette même Comète, la théorie a donné une diminution de $\frac{3}{10000}$ de la distance moyenne de la Terre au Soleil depuis 1682 jusqu'en 1759; & les observations la donnent au-delà de trois fois plus grande, savoir, de $\frac{1}{1000}$. Au reste les observations elles-mêmes sont sujettes à quelqu'erreur dans le résultat qu'elles donnent sur la distance & sur la position de la Comète périhélie; tant par les erreurs qui peuvent se glisser dans les lieux de la Comète, que par la supposition qu'on fait que la Comète décrit dans la partie visible de son orbite, ou une Parabole éxacte, ou une Ellipse dont les Elémens ne sont jamais bien connus.

XLII.

1. A l'égard du mouvement des nœuds & de la variation de l'inclinaison de l'orbite de la Comète sur le plan de l'orbite de la Planète perturbatrice, nous avons donné dans les Mémoires de l'Académie de 1745, p. 380,

les formules au moyen desquelles on y peut parvenir. On peut démontrer ces formules par les moyens que nous avons exposés dans nos *Recherches sur le Systême du Monde*, art. 11 & 12. Mais pour ne pas y renvoyer nos Lecteurs, nous allons mettre ici ces formules & leur démonstration.

2. Soit comme ci-devant *DCB* (*fig.* 19.) l'orbite de la Comète, *DSB* la ligne des nœuds de son orbite avec l'orbite de la Planète perturbatrice. Soit *J* le lieu de la Planète rapporté sur l'orbite de la Comète, l'angle $JSB = V$, l'angle $CSD = \nu'$, la distance de la Planète à la Comète $= k$, & la distance accourcie *JS* de la Planète au Soleil $= \xi$. Il est aisé de voir; 1°. que le point *C* est tiré perpendiculairement à l'orbite par une force $= \frac{J.\xi \text{ fin. } V}{k^3} \times \text{tang. incl.} - \frac{J \text{ fin. } V \text{ tang. incl.}}{\xi^2 (1 + mm \text{ fin. } V^2)^{\frac{3}{2}}}$; quantité dans laquelle on peut mettre, au lieu de tang. incl. sa valeur $\frac{\text{fin. incl.}}{\text{cof. incl.}}$; 2°. que la petite ligne parcourue perpendiculairement au plan *DCB*, en vertu de cette force, est $\frac{d s^2}{\nu^2} \times \left(\frac{J}{k^3} \times \xi \text{ fin. } V \frac{\text{fin. incl.}}{\text{cof. incl.}} - \frac{J \text{ fin. } V \text{ fin. incl.}}{\xi^2 (1 + mm \text{ fin. } V^2)^{\frac{3}{2}} \text{ cof. incl.}}\right)$; 3°. qu'en vertu de cette petite ligne parcourue, la ligne des nœuds *SO*, change sur le plan de l'orbite de la Planète perturbatrice, en se mouvant de *D* vers *J*, d'une quantité $= \frac{d s^2}{\mu^2} \times \left(\frac{J}{k^3}\right.$

$$\times \frac{\xi \text{ fin. } V \text{ fin. incl.}}{\text{cof. incl.}} - \frac{J \text{ fin. } V \text{ fin. incl.}}{\xi^2 (1 + mm \text{ fin. } V^2)^{\frac{3}{2}} \text{ cof. incl.}} \Big) \times$$

$\frac{CO}{Cc} \times \frac{1}{\text{fin. incl.}} \times \frac{1}{SO}$; 4°. en menant Cd parallèle à SD, & décrivant l'arc CN du rayon SC, on aura $\frac{CO}{Cc} = \frac{SO}{Cd}$; & $Cd = \frac{CN}{\text{fin. } v'} = \frac{x\,d\,z}{\text{fin. } v'}$: faifant donc ces fubftitutions dans la formule précédente, mettant ξ' pour exprimer la diftance réelle de la Planète au Soleil, & effaçant ce qui fe détruit, il vient pour l'Elément du mouvement des nœuds

$$\frac{ds^2}{v^2} \times \left(\frac{J\xi}{k^3} - \frac{J\xi}{\xi'^3} \right) \times \frac{\text{fin. } V . \text{ fin. } v'}{x\,d\,z} \times \frac{1}{\text{cof. incl.}} ;$$

Dans cette formule on mettra pour $\frac{ds}{v}$ fa valeur approchée $\frac{x\,x\,d\,z}{a\,g}$, pour $a\,g$ fa valeur $\sqrt{S.p}$, & pour $\frac{1}{\text{cof. incl.}}$ fa valeur fecant. incl.

3. A l'égard de la variation de l'inclinaifon ; fi on appelle, comme au commencement de ce Mémoire, la tangente de l'inclinaifon m, on trouve que $\frac{x \text{ fin. } v' \times \text{fin. incl.}}{m}$ eft la cotangente de l'inclinaifon, en prenant pour finus total la perpendiculaire x fin v' fin. incl. menée de la Comète C fur le plan de l'orbite de la Planète. Or cette cotangente diminue d'une quantité égale au mouvement des nœuds multiplié par x cof. v'. Donc fi on appelle $d\zeta$ le mouvement trouvé des nœuds, on aura la différentielle de la cotangente de l'incl. $= \frac{-d\zeta . x \text{ cof. } v'}{x \text{ fin. } v' \text{ fin. incl.}}$

=

$= \frac{-ds^2}{v^2} \times \left(\frac{J.\xi}{k^3} - \frac{J.\xi}{\xi'^3}\right) \frac{\text{fin.} V \text{cof.} v'}{x\,dz} \times \frac{1}{\text{cof. incl.}}$ $\times \frac{1}{\text{fin. incl.}}$; dans laquelle on peut mettre au lieu de $\frac{1}{\text{c.f. incl.}} \times \frac{1}{\text{fin. incl.}}$ fa valeur $\frac{2}{\text{fin. 2 incl.}} = 2 \times$ cofec. du double de l'incl.

4. On peut rendre affez court ce calcul du mouvement des nœuds & de la variation de l'inclinaifon, en confidérant; 1°. que $\frac{ds^2}{v^2\,x\,dz} = \frac{x^3\,dz}{aa_b g} = \frac{x^3\,dz}{S.p}$; 2°. que les quantités $\frac{J\xi x^3}{k^3}$, & $\frac{J\xi x^3}{\xi'^3}$ ont été calculées dans les opérations qu'on a faites au §. XXXVI. pour trouver les quantités X & Y; 3°. que depuis le point C (*fig.* 13.) jufqu'au point E, & depuis le point e jufqu'au point c, on peut mettre au lieu de $\frac{J.\xi}{k^3} - \frac{J.\xi}{\xi'^3}$ (§. XVI.) la quantité $\frac{J.\xi}{k^3} - \frac{J.\xi}{x^3}$, dont le fecond terme rendra les opérations plus faciles, parce qu'étant multiplié par x^3, il fe réduit à $-J.\xi$; 4°. que depuis le point E jufqu'au point correfpondant e, c'eft-à-dire, dans toute la partie fupérieure de l'orbite, on peut négliger entiérement l'effet des forces perturbatrices; enforte qu'on n'a de calcul à faire que pour les parties AE, eA; 5°. que depuis A jufqu'en K (*fig.* 17.) & depuis k jufqu'en A, on peut au lieu de x mettre $\frac{2a}{1 + \text{cof.}\, z}$, & au lieu de $\frac{J}{k^3}$ fa valeur approchée $\frac{J}{\xi'^3} + \frac{3 J\xi x \text{cof.}\zeta}{\xi'^5}$;

ce qui réduira la quantité $\frac{J.\xi}{k^3} - \frac{J.\xi}{\xi'^3}$ à $+ \frac{3J.\xi x \text{cof.}\zeta}{\xi'^5}$.

5. Ainsi pour calculer la variation des nœuds & de l'inclinaison, il faudra depuis A jusqu'en K, c'est-à-dire, depuis $z = o$ jusqu'à $z = 90°$, se servir des formules suivantes.

1°. pour le nœud; $d\zeta = -\frac{x^4 \, dz}{S.p} \times + \frac{3J\xi \text{cof.}\zeta}{\xi'^5}$ $\times$ fin. V. fin. $v' \times$ fec. incl. 2°. $\frac{x^4 \, dz}{S.p} \times + \frac{3J.\xi \text{cof.}\zeta}{\xi'^5}$ $\times$ fin. V cof. $v' \times$ 2 cofec. 2 incl. (pour l'inclinaison).

On se souviendra que ξ & ξ' font ici regardées comme constantes (§. XXI & XXIII.); que $x = \frac{2a}{1 + \text{cof.}z}$; que cof. ζ = cof. $A + z$ = cof. A cof. z − fin. A. fin. z; que fin. V est aussi regardé comme constant; & que v' = $180 - V - \zeta$ = (§. XXIII.) $180 - V - A - z$; d'où l'on tire fin v' = fin. $180 - V - A - z$ = fin. $(180 - V - A)$ cof. z − fin. z cof. $180 - V - A$ = fin. $(V + A)$ cofin. z + fin. z cof. $V + A$.

Par ces formules & par celles du §. XXXIII, on trouvera facilement le mouvement des nœuds & la variation de l'inclinaison pour les parties AK, kA.

6. Dans les parties KC, ck, on employera les formules des n°. 2 & 3. du présent Paragraphe.

7. Enfin dans les parties CE, ec, on employera les formules

$$d\zeta = \left(\frac{x^3 \, dz}{S.p} \times \frac{J.\xi}{k^3} - \frac{J\xi \, dz}{S.p}\right) \times \text{fin.} V \text{fin.} v'$$

$\times$ fec. incl.

Et $\left(\frac{x^3 dz}{S.p} \times \frac{J.\xi}{k^3} - \frac{J\xi dz}{S.p}\right) \times$ fin. V cof. $v' \times$ 2 cofec. 2 incl.

8. On peut remarquer, fi cela contribue à abréger le calcul, que $v' = 180 - V - \zeta$; & que par conféquent fin. $V \times$ fin. $v' = \frac{-\text{cofin.}\ V + v'}{2} + \frac{\text{cofin.}\ V - v'}{2} = -\frac{\text{cofin.}\ 180 - \zeta}{2} + \frac{\text{cofin.} - 180 + 2V + \zeta}{2} = \frac{\text{cofin.}\ \zeta}{2} - \frac{\text{cofin.}\ 2V + \zeta}{2} = \frac{\text{cofin.}\ \zeta}{2} - \frac{\text{cofin.}\ 360 - 2v' - \zeta}{2} = \frac{\text{cofin.}\ \zeta}{2} - \frac{\text{cofin.}\ 2v' + \zeta}{2}$; & que fin. V cof. $v' = \frac{\text{fin.}\ V + v'}{2} + \frac{\text{fin.}\ V - v'}{2} = + \frac{\text{fin.}\ \zeta}{2} - \frac{\text{fin.}\ 2V + \zeta}{2} = + \frac{\text{fin.}\ \zeta}{2} + \frac{\text{fin.}\ 2v' + \zeta}{2}$.

9. On pourra fe fervir des unes ou des autres de ces formules, felon qu'on voudra faire difparoître V ou v': mais V paroît plus commode à chaffer.

10. Après avoir fait cette opération, il en refte encore une autre qui n'eft pas longue; c'eft de trouver la variation des nœuds & de l'inclinaifon, en regardant comme des ellipfes, les portions d'orbites décrites par la Comète & par le Satellite.

11. Pour cela on prendra, comme dans le §. XXXVI, le point C (*fig.* 19.) ou SC = la diftance moyenne de Jupiter, & on tirera d'abord la tangente CO à l'orbite, laquelle coupera en O la ligne des nœuds.

12. On cherchera enfuite par le moyen des formules

du §. XXXIV. & du §. XXXVI n°. 53 & suiv. la viteſſe du Satellite dans ſa petite orbite, entant que ce te viteſſe eſt eſtimée perpendiculairement à l'orbite de la Comète.

13. On dira enſuite : comme la viteſſe g de la Comète ſuivant CO, eſt à cette viteſſe perpendiculaire qu'on vient de trouver ; ainſi le ſinus total ou 57° 17′ 44″, eſt à un quatriéme terme, lequel exprimera un angle fort petit.

14. On nommera α cet angle, & on prendra la quantité $\frac{\alpha \times CO - \frac{J}{S} \xi \text{ ſin. } V \cdot m}{SO} \times$ coſec. incl. pour la poſition du nœud de l'orbite réelle que le Satellite décrit dans l'eſpace abſolu, lorſque la Comète eſt parvenue en C ; c'eſt-à-dire, pour l'angle que la ligne des nœuds de cette orbite fait avec SD.

15. Dans cette formule, $\frac{J \xi m \text{ ſin. } V}{S}$ eſt la hauteur du petit Satellite au-deſſus du plan de l'orbite de la Comète ; hauteur à laquelle il faut avoir égard pour déterminer la poſition de la ligne des nœuds. Au reſte nous n'avons pas beſoin d'avertir que les quantités α & $\frac{J \xi \text{ ſin. } V . m}{S}$ doivent être priſes avec les ſignes convenables, ſelon les ſituations reſpectives des orbites, & celles de la Comète & de la Planète perturbatrice. Examen qu'il faut laiſſer à l'attention du Calculateur, & qui n'eſt pas difficile. Dans les figures ſur leſquelles on a fait les calculs précédens, on ſuppoſe que le plan de l'orbite de la

Planète perturbatrice eſt élevé au-deſſus du plan de l'orbite de la Comète, & que la Planète perturbatrice ſoit dans cette partie de ſon orbite; d'où l'on voit que le Satellite, qui eſt toujours à 180 degrés de la Planète perturbatrice, ſera au-deſſous du plan de l'orbite de la Comète.

16. Lorſque le Satellite ſera en c (*fig.* 13.), au point où $Sc = SC$, alors on trouvera par une formule ſemblable la poſition du nœud de l'orbite, qui redevient alors celle de la Comète.

17. Pour avoir dans les deux mêmes cas la variation de la cotangente de l'inclin. il faut multiplier le mouvement trouvé du nœud par $\frac{\text{coſ. } v'}{\text{ſin. } v' \text{ ſin. incl.}} = \text{cot. } v' \text{ coſec. incl.}$

18. On trouvera donc par ce moyen le mouvement des nœuds & la variation de l'inclinaiſon, en regardant les portions d'orbites de la Comète & du Satellite, comme des ellipſes. On joindra à cette opération le réſultat de celles par leſquelles on a trouvé ces mêmes variations, en ayant égard aux forces perturbatrices, & on aura la variation totale.

19. Après quoi ce ſera une opération de Trigonométrie ſphérique fort ſimple, que de trouver la variation des nœuds & de l'inclinaiſon par rapport à l'ecliptique. Car ayant la poſition nouvelle du nœud & de l'inclinaiſon par rapport à l'orbite de la Planète perturbatrice, on aura cette poſition & cette inclinaiſon par rapport à l'écliptique, & par conſéquent la variation des

nœuds & de l'inclinaiſon par rapport à ce même grand cercle.

20. Au reſte il ne faut pas s'attendre ici à une préciſion plus grande que dans les calculs du périhélie, & par la même raiſon. Par exemple, dans la Comète de 1682, la théorie a donné pour le nœud un mouvement de 1° 29′ 11″ en 1759, ſuivant l'ordre des ſignes; & les obſervations donnent le double, ſavoir 3° 1′. La même théorie donne 6′ 36″ pour la diminution de l'inclinaiſon depuis 1682, & les obſervations donnent 3′, c'eſt-dire, moins de la moitié. On ne doit donc point exiger ni eſpérer ſur cet article beaucoup d'éxactitude dans le réſultat des calculs tirés de la théorie.

21. En général toutes les inégalités du mouvement des Comètes venant d'une force qui agit alternativement en différens ſens, il ne faut point être ſurpris que le réſultat du calcul puiſſe être fort différent de l'obſervation: parce que ce réſultat eſt compoſé d'un grand nombre de parties, dont les unes ſe retranchent des autres; & que la différence, qui eſt le réſultat qu'on cherche, peut être à peu-près du même ordre que les quantités qu'on a négligées; auquel cas il ne ſeroit point ſurprenant que le réſultat de la théorie fût double ou triple &c. ou la moitié, ou le tiers, de celui des obſervations. Le Calculateur doit même ſe trouver fort heureux, ſi le réſultat de la théorie n'eſt pas quelquefois en ſens contraire de celui que les obſervations donnent, comme cela pourroit très-bien arriver, quelque éxacti-

tude qu'il eût mise dans ses calculs. Car si le résultat cherché est la différence de deux nombres considérables, l'un positif, l'autre négatif, peu différens l'un de l'autre, & que dans chacun de ces nombres il y ait une erreur de plusieurs unités, il se pourra faire que le résultat des deux erreurs combinées soit plus grand que la différence des deux nombres, & alors le résultat de la théorie se trouveroit en sens contraire de l'observation.

22. De-là on doit tirer deux conséquences; 1°. qu'il ne faut compter que jusqu'à un certain point sur l'éxactitude des calculs, dans la théorie des perturbations des Comètes; 2°. que l'inéxactitude, s'il y en a, pourra venir souvent de la nature du Problême, & non pas de la faute du Calculateur.

23. On pourroit joindre à ces recherches sur les perturbations des Comètes, la théorie de la résistance qu'elles éprouveroient de la part d'un milieu très-rare où on les supposeroit se mouvoir; on trouveroit les fondemens de cette théorie, & les principes nécessaires pour la développer, dans nos *Recherches sur le Systême du Monde*, IIe Partie Liv. II. Chap. VI; où nous avons traité des Trajectoires dans des milieux résistans. Mais j'abandonne, au moins quant à présent, cette recherche aux calculs des Mathématiciens pour deux raisons; 1°. parce qu'on ne peut faire que des suppositions vagues sur la nature du milieu, dans lequel les Comètes se meuvent; 2°. parce que cette recherche forme une des branches de la question proposée par l'Académie des Sciences, pour le

Prix de l'année prochaine 1762; à quoi je dois ajouter que M. Euler a déja donné un savant Essai sur ce sujet, en 1746, dans le premier Volume de ses *Opuscules*.

CONCLUSION.

1. En finissant ce Mémoire, je crois devoir remettre sous les yeux du Lecteur les avantages particuliers à ma méthode pour calculer les perturbations des Comètes. Quoique ces avantages soient déja indiqués en différens endroits de ma théorie, il ne m'a pas paru inutile de les réunir tous ici sous un même point de vûe, en y ajoutant quelques remarques qui serviront encore à les rendre plus sensibles.

1°. Dans toute la partie de l'orbite où la distance de la Comète au Soleil est plus grande que vingt fois le rayon du grand orbe, c'est-à-dire, que vingt fois la distance moyenne de la Terre au Soleil; ma méthode non-seulement abrege considérablement le calcul des perturbations, mais (§. XV. n°. 3. & XVIII. n. 9.) le réduit presque à rien, au calcul du mouvement dans une ellipse; sans qu'on ait besoin de chercher dans cette partie de l'orbite la position de la Planète perturbatrice, dont la détermination dans cette partie (§. XVI. n. 2.) pourroit être fort sujette à erreur.

2°. Dans la plûpart des Comètes, ma méthode abrege beaucoup le calcul (§. XXI, XXII & XXIII.) pour la partie qui s'étend depuis le périhélie jusqu'à 90 degrés de part & d'autre; elle dispense d'avoir recours pour cette

cette partie à des quadratures de courbes méchaniques.

3°. Depuis le point où la distance de la Comète au Soleil est égale à celle de Jupiter, jusqu'au point où le rayon vecteur de la Comète est égal à vingt fois le rayon du grand orbe; ma méthode donne encore (§. XVI. n. 3. & XVII. n. 2.) le moyen d'abréger le calcul, non pas en supprimant absolument les quadratures méchaniques, mais en rendant plus simples les quantités qui y entrent.

4°. Cette même méthode (§. XIX. art. 11 & 16.) réduit tout à des quadratures simples & totales, & jamais à des quadratures représentées par un double signe d'intégration; ce qui rend tout-à-la-fois les approximations plus faciles, & plus susceptibles d'une éxactitude poussée aussi loin qu'on voudra.

5°. Pour connoître la position de la Planète perturbatrice par rapport à la Comète, lorsque celle-ci se rapproche de son périhélie vers la fin de la seconde révolution; je n'ai pas besoin (§. XX. art. 15 & 16.) de faire une fausse supposition sur ce périhélie; supposition qui peut produire une erreur assez considérable & assez à craindre dans la position de la Planète perturbatrice; car si on commettoit, par exemple, une erreur de neuf mois ou davantage dans le tems supposé du périhélie, cette erreur en entraîneroit une de plus de vingt degrés dans la position de Jupiter, & par conséquent pourroit occasionner (§. XVI. n°. 2.) un mécompte très-considérable dans l'estimation des forces perturbatrices & de leur effet.

6°. Un autre avantage de ma méthode, c'eſt de faire toujours marcher les ζ d'un même côté, dans le ſens du mouvement de la Comète: ce qui rend le calcul plus ſimple, & moins ſujet aux mépriſes que pourroit occaſionner la marche des ζ en différens ſens. Ceux qui ont employé cette marche alternative des ζ en ſens contraires dans la recherche des perturbations des Comètes, s'y ſont crus obligés par une autre ſuppoſition qu'ils avoient faite, & qui conſiſte à employer dans leurs calculs l'anomalie excentrique, au lieu de l'anomalie vraie. Pour nous, nous avons cru pouvoir nous en tenir ſans danger à l'anomalie vraie, ſans y ſubſtituer l'anomalie excentrique, & cela pour pluſieurs raiſons. La premiere, parce que dans la partie inférieure de l'orbite (dans celle qui eſt la plus proche du Soleil), les rayons vecteurs exprimés par les anomalies vraies, ont un accroiſſement moins rapide par rapport à ces anomalies, & par conſéquent varient moins que par rapport aux anomalies excentriques (*a*). La ſeconde, parce que dans la partie qui s'étend depuis le périhélie juſqu'à 90 degrés de part & d'autre, l'orbite de la Comète pouvant être priſe pour une Parabole, la conſidération des rayons vec-

---

(*a*) En effet quand le rayon vecteur eſt devenu, par exemple, le double de la diſtance périhélie, l'anomalie vraie eſt déja d'environ 90 degrés, au lieu que l'anomalie excentrique n'eſt encore que d'un aſſez petit nombre de degrés; par exemple, de 14 environ, dans la Comète de 1682. Les rayons vecteurs varient donc moins dans la partie inférieure de l'orbite, par rapport à l'anomalie vraie, que par rapport à l'anomalie excentrique.

teurs exprimés par les anomalies vraies, rend les intégrations beaucoup plus faciles & les calculs moins pénibles sans comparaison (§. XXI. & XXII.), que par les anomalies excentriques, dont la considération suppose qu'on regarde l'orbite de la Comète comme une ellipse. La troisiéme, c'est que dans la partie supérieure de l'orbite, dans celle qui est la plus éloignée du Soleil, & où les rayons vecteurs croissent assez rapidement, ces rayons n'apportent aucun inconvénient aux calculs, soit parce qu'une grande portion de cette partie supérieure est sensiblement elliptique (§. XV. n. 3.) & ne demande aucun calcul; soit parce que la considération du Satellite fait disparoître en grande partie (§. XVI. n°. 3.) le rayon vecteur *x* des calculs qu'on est obligé de faire. Enfin la quatriéme raison, c'est que la considération des anomalies excentriques introduiroit dans une partie de la quantité *M* (§. IX. n. 3.) les rayons vecteurs qui répondent à ces anomalies, & que ces rayons vecteurs se trouvant placés au dénominateur, & décroissant prodigieusement par rapport aux derniers degrés d'anomalie excentrique, produisent des sauts considérables dans la quantité *M*; ce qui peut occasionner des erreurs assez fortes dans les quantités dérivées de celle-là.

7°. Quoique dans ma solution on passe plusieurs fois de l'orbite de la Comète à celle du Satellite fictif dans l'espace absolu, & de celle-ci à celle de la Comète; ces passages n'empêchent point le calcul d'être uniforme & simple dans sa marche. On n'a pas besoin, par exemple, quand on passe de l'orbite de la Comète à celle du Satellite (ce qui arrive au point *C* de la fig. 13. ou *SC* = la distance moyenne de Jupiter); on n'a pas besoin, dis-je, de chercher par un calcul particulier, l'altération que l'action *précédente* des Planètes perturbatrices dans la partie *AC*, doit produire dans la partie *subséquente* *CDc* de l'orbite de la Comète, c'est-à-dire, dans celle à laquelle on substitue l'orbite $\gamma o \gamma'$ (*fig.* 14.), que le Satellite fictif γ décrit dans l'espace absolu. On n'a pas besoin non plus, en considérant cette derniere orbite $\gamma o \gamma'$, de chercher l'altération que l'action *précédente* des Planètes perturbatrices sur la Comète dans la partie *AC*, a dû produire dans la vitesse & dans la direction initiale du Satellite. Voici la preuve de ces deux propositions.

2. Ne considérons, pour abréger, dans la quantité qui exprime l'altération du tems périodique (§. XIX. n. 10.), que le terme $\int dP \int X dz \sin. z$, ou (en faisant $X \sin. z = X'$) $\int dP \int X' dz = P \int X' dz - \int P X' dz$; on fera sur chacun des autres termes le même raisonnement que nous allons faire. Lorsque la Comète est arrivée au point *C*, où l'on passe de son orbite à celle du Satellite, soit $z = \zeta$, ϖ la valeur de *P*, α celle de $\int X' dz$, & $\mathfrak{C}$ celle de $\int P X' dz$, répondantes à $z = \zeta$; il est évident que la vitesse & la direction que la Comète auroit eûe au point *C*, sans perturbation, ont souffert par l'action précédente des Planètes perturbatrices, une altération telle, que si cette action cessoit en ce moment, l'altération du tems dans la suite de la période seroit $P\alpha - \mathfrak{C}$.

3. Or comme l'orbite du Satellite dans l'espace absolu, & celle de la Comète different très-peu entr'elles, & sont très-proches l'une de l'autre; il est aisé de voir que l'altération $P\alpha - \zeta$, qui vient uniquement de l'action *précédente* des Planètes perturbatrices, seroit sensiblement la même dans l'orbite $\gamma o \gamma'$ du Satellite & dans celle de la Comète. Soit $P = \varpi + p$, p étant $= o$ lorsque $z = \zeta$, & ϖ une constante, qui est la valeur de P quand $z = \zeta$: & l'altération dont on vient de parler, sera $(\varpi + p)\alpha - \zeta$.

4. Présentement soit $z = \zeta + u$, u étant $= o$ lorsque $z = \zeta$, c'est-à-dire, au point γ, où l'on commence à considérer l'orbite du Satellite; & il est évident que l'altération du tems dans cette orbite, provenant de l'action des Planètes perturbatrices sur le Satellite dans la partie d'orbite $\gamma o \gamma'$, sera $\int dp \int \xi\, du$, en nommant ξ les différentes valeurs de X' dans cette portion d'orbite; à quoi il faut ajouter l'altération déja trouvée $(\varpi + p)\alpha - \zeta$, pour avoir l'altération totale $(\varpi + p)\alpha - \zeta + \int dp \int \xi\, du = (\varpi + p)\alpha - \zeta + p\int \xi\, du - \int p\, \xi\, du$. Or il est facile de prouver que cette quantité est la même chose que $P\int X' dz - \int P X' dz$; car $P\int X' dz - \int P X' dz = (\varpi + p)(\alpha + \int \xi\, du) - \zeta - \int \overline{\varpi + p} \cdot \xi\, du = (\varpi + p)\alpha + p\int \xi\, du + \varpi \int \xi\, du - \int \varpi\, \xi\, du - \zeta - \int p\, \xi\, du = (\varpi + p)\alpha + p\int \xi\, du - \zeta - \int p\, \xi\, du$, à cause que ϖ étant constante, $\varpi \int \xi\, du - \int \varpi\, \xi\, du = o$. Donc &c.

5. Un savant Géometre a donné dans sa *Théorie des Comètes*, une méthode ingénieuse pour abréger le calcul

de la perturbation qui vient de l'action des Planètes sur le Soleil. Cette méthode est telle, que la perturbation étant une fois calculée pour une révolution, elle le sera pour une autre révolution quelconque. Mais 1°. la méthode suppose, comme ce Géometre le remarque, qu'on néglige l'excentricité & l'inclinaison de l'orbite de la Planète perturbatrice; ce qui ne peut être permis que dans certains cas. 2°. Dans la comparaison de deux révolutions successives, cette méthode qui abrege extrêmement, & qui réduit presque à rien le calcul de la perturbation de la seconde révolution, double le calcul de la premiere (*a*); ainsi le calcul n'est point réellement abrégé par cette méthode, lorsqu'on ne considere que deux révolutions successives. Il est vrai qu'il le sera beaucoup lorsqu'on calculera plus de deux révolutions; mais alors il faut non-seulement qu'on puisse négliger sans crainte l'excentricité & l'inclinaison de la Planète perturbatrice, il faut de plus que dans toutes les révolutions on suppose à la Comète la même orbite elliptique primitive, & indépendante des perturbations: ce qui pourroit n'être pas sans inconvénient dans certains cas, où les ellipses primitives répondantes à chaque révolution, peuvent différer de plusieurs années.

6. Nous avons enseigné ci-dessus (§. XX. n. 16.) à

(*a*) La raison pour laquelle ce calcul est doublé, vient de ce qu'au lieu de cos. ζ & sin. ζ (§. IX.) on substitue cos. A cos. t — sin. A sin. t & sin. A cos. t + cos. A sin. t; A étant l'élongation au périhélie, & ζ étant $= A + t$.

trouver la *véritable Ellipse primitive* de la Comète, lorsqu'on sait par l'observation le tems de la révolution, & qu'on a trouvé par les calculs de la théorie l'altération de cette révolution. Pour trouver l'*Ellipse primitive* de la révolution suivante, dans laquelle je suppose qu'on connoît déja par observation la situation & la distance périhélie, il ne s'agit que de savoir quel seroit le tems de la seconde révolution, indépendamment de l'action des Planètes perturbatrices pendant cette seconde révolution, & en vertu seulement de l'action des Planètes pendant la révolution précédente. Or soient P', R', V', les valeurs de P, R, V (§. XIX. n. 16.) lorsque $z = 360$ degrés; & soient α, γ, δ, les valeurs de $\int X dz \sin. z$, $\int Y dz$, $\int Y dz (1 - \cos. z)$, à la fin de la premiere révolution; soit supposé de plus, comme dans le §. XIX, m le tems de la premiere révolution, lequel est connu par observation; on aura pour le tems de la seconde révolution, indépendamment des perturbations pendant cette révolution, & en vertu seulement des perturbations de la précédente,

$$m + \frac{m \sqrt{S}}{\delta^{\frac{1}{2}} . 6,283185} \left(P' a + V' \gamma + \frac{2 S . R' \gamma}{g . g} - \frac{2 S . P' \delta}{g . g} \right).$$

Cette formule, qu'il est très-aisé de se démontrer, si on a bien compris la théorie précédente, sera d'autant plus facile à employer, que les différentes parties qui la composent se trouveront déja calculées (§. XXXVI.

n. 52.) dans les opérations qu'on aura faites pour trouver la perturbation de la premiere révolution.

7. Nous ne devons pas omettre ici une observation qui peut être de quelque considération dans le calcul des altérations du mouvement de la Comète. On a pris pour le tems de la révolution dans l'Ellipse primitive, celui que les observations donnent depuis le passage au premier périhélie, jusqu'au retour au second périhélie. Or les deux périhélies n'étant pas situés sur la même ligne, il est évident que ce tems est un peu plus petit ou plus grand que celui de la révolution. C'est pourquoi, comme on suppose que l'angle entre les deux périhélies est connu, on calculera, dans l'hypothèse Parabolique, le tems que la Comète mettroit à parcourir cet angle, & qui ne peut jamais être que de très-peu de jours tout au plus; & on ajoutera ou on retranchera ce tems de la quantité m, pour avoir celui que la Comète mettroit à faire une révolution entiere depuis son départ du premier périhélie, jusqu'à ce qu'elle revienne sur la ligne du même périhélie. C'est cette quantité m ainsi corrigée qu'il sera bon d'employer dans le calcul, au lieu de la quantité m, qui exprime le tems d'une révolution d'un périhélie à l'autre. Il ne sera pas même nécessaire d'employer cette correction dans toutes les parties du calcul, mais seulement dans celle qui donne le tems du retour de la Comète sur la ligne du périhélie; c'est-à-dire, le tems qui répond à l'anomalie $z = 360°$.

8. La principale source d'erreur dans cette correction, viendra

viendra de la position du premier périhélie, qui peut être assez fautive, étant fondée sur des observations anciennes & grossieres, comme dans les Comètes de 1531 & 1532. A cet inconvénient, qui vient uniquement de l'incertitude des observations, je ne connois point d'autre remede, que d'en attendre de meilleures, & de calculer, comme par provision, d'après celles qu'on a, & qui sont les seules dont on puisse faire usage.

9. Au reste, je le répete encore en finissant ce Mémoire, la nature du Problême est telle, que les quantités négligées pourroient quelquefois occasionner de grandes erreurs dans le dernier résultat, sans qu'il fût possible au Calculateur d'y remédier: c'est pourquoi on ne doit jamais se fier à ce dernier résultat qu'avec beaucoup de réserve & de restriction; & on ne doit même jamais imputer au Calculateur l'erreur commise, avant que d'avoir prouvé par un calcul plus éxact, qu'il pouvoit l'éviter.

En général, & toutes choses d'ailleurs égales, les calculs des altérations seront d'autant moins éxacts, que les Elémens de la Comète seront moins éxactement déterminés, & que sa période sera plus longue; & par cette raison je ne serois point étonné que la Comète de 1661 donnât deux mois, & peut-être plus, d'erreur dans le calcul de son retour; puisque la Comète de 1682, dont les Elémens sont mieux connus, & dont la période est beaucoup plus courte, a donné près d'un mois de différence entre le calcul & l'observation.

Fin du douziéme Mémoire.

TREIZIÉME MÉMOIRE.

Réfléxions sur la Comète de 1682 & 1759.

CETTE Comète, dont le retour a été prédit par M. Halley, & calculé par M. Clairaut, a excité parmi les Savans quelques contestations. Nous allons en rendre compte, & donner en même tems le moyen de les décider.

1. M. Halley ne s'étoit pas contenté de prédire le retour de la Comète de 1682, qui avoit déja paru (comme ses calculs le démontrent) en 1531 & 1607 : il annonça de plus qu'à cause de l'action de Jupiter, la période commencée en 1682 seroit plus longue que celle de 1607 à 1682, qui n'avoit été que de 75 ans; il prédit que la nouvelle période seroit allongée de plus d'une année par cette action, qu'elle seroit de plus de 76 ans; & il annonça le retour de la Comète pour la fin de 1758 ou le commencement de 1759. L'événement a vérifié sa prédiction avec une éxactitude surprenante ; la Comète a été vûe pour la premiere fois en Saxe, le 14 Décembre 1758 (vieux style); ce style est

celui qu'employoit M. Halley dans ses calculs.

2. Un savant Géometre (qu'on dit être M. Da... B.) pense (*a*) que dans cette prédiction, *M. Halley, de la maniere dont il s'énonce, ne s'est trompé que de trois mois*; & il ne paroît pas douter *que M. Halley n'eût déterminé encore plus exactement qu'il n'a fait le retour de la Comète, s'il avoit eû égard à l'action de Saturne*. Ce Géometre paroît donc croire que le calcul de M. Halley sur l'action de Jupiter, étoit suffisamment éxact, & qu'il n'a laissé quelque latitude dans sa prédiction, que par rapport à l'action de Saturne. Pour nous, nous croyons que M. Halley en avoit encore une autre raison; c'est qu'il regardoit lui-même son calcul sur l'action de Jupiter, comme n'étant pas assez rigoureux, & ayant été fait, ainsi qu'il le dit, *levi calamo*.

3. Cependant on ne sauroit douter que M. Halley n'ait fait quelque essai de calcul sur l'action de Jupiter, puisqu'il a prévû & prédit que cette action retarderoit la Comète de plus d'un an; il feroit donc à souhaiter qu'il nous en eût donné plus précisément le résultat, & qu'il nous eût dit dans quel tems le calcul lui donnoit le périhélie. Car si le calcul de l'action de Jupiter lui a donné le périhélie à la fin de 1758, ou au commencement de 1759, on peut dire que ce calcul a été fort éxact dans son résultat, puisque ce calcul ne différeroit de l'observation que d'environ trois mois, & que ces trois

(*a*) Voyez le *Journal Etranger* du mois de Janvier 1760, p. 78.

mois, suivant M. Clairaut, sont l'effet de l'action de Saturne, que M. Halley n'a pas calculée. Si au contraire son calcul lui a donné le périhélie en Mars, par exemple, ou en Avril 1759, & que d'après ce résultat il ait annoncé l'apparition de la Comète pour la fin de 1758, ou le commencement de 1759, comme elle a dû effectivement arriver dans cette supposition; en ce cas son calcul sur l'action de Jupiter auroit à la vérité été en erreur de trois mois; mais par une circonstance heureuse, ce calcul se trouveroit d'accord avec l'observation, l'action de Saturne redressant l'erreur commise.

4. Quoi qu'il en soit, on ne peut refuser à M. Halley la gloire d'avoir prédit le premier le retour de la Comète, & d'avoir de plus annoncé son retard, sinon par un calcul éxact, au moins par un calcul dont le résultat a été heureux. Mais on ne sauroit dissimuler en même tems, que ce calcul avoit besoin d'être fait avec plus d'éxactitude, sur-tout depuis qu'on est parvenu à trouver des méthodes pour cet objet.

5. Ce que M. Halley n'avoit pas fait, M. Clairaut l'a entrepris; la solution du Problême des trois corps, qu'il avoit trouvée conjointement avec M. Euler & moi, & qui est le seul moyen de calculer rigoureusement l'action des Planètes les unes sur les autres, l'a mis en état d'appliquer, ou faire appliquer les opérations arithmétiques à la formule qu'il avoit trouvée (conjointement avec nous) pour la solution de ce Problême: & au mois de Novembre 1758, plus de 76 ans après la derniere

apparition de la Comète, il annonça qu'en vertu de l'action de Jupiter & de Saturne, elle ne repasseroit à son périhélie que vers le 15 Avril 1759. Elle y a passé le 12 Mars; ce qui fait 33 jours de différence entre le calcul & l'observation.

6. Quelques Astronomes, en conséquence du calcul de M. Clairaut, se hâterent de dresser des Ephémérides du mouvement de la Comète, qui furent même lües à l'Académie des Sciences. Mais le calcul de ces Ephémérides donnoit les lieux de la Comète à 40, 50 degrés, & au-delà, du lieu où elle étoit réellement. En conséquence les Astronomes qui avoient aidé M. Clairaut dans ses calculs, cherchant la Comète où elle n'étoit pas, ne la pouvoient trouver; il est vrai qu'ils avoient tort de s'en rapporter si servilement à ces calculs, puisque M. Clairaut lui-même avoit averti qu'il pouvoit bien s'être trompé d'un mois en excès ou en défaut.

7. La différence de plus d'un mois entre le calcul de M. Clairaut & l'observation, différence qui avoit empêché ces Astronomes d'appercevoir la Comète, a été l'objet d'une grande dispute parmi les Mathématiciens. Les uns ont prétendu que l'erreur étoit très-légere, attendu qu'elle devoit être comparée, non-seulement à la révolution totale qui est de 75 ou 76 ans, mais à la somme de deux révolutions consécutives, c'est-à-dire, à plus de 150 ans, ce qui ne fait pas la 1800e partie du tout. D'autres au contraire ont soutenu qu'il falloit comparer cette différence d'un mois, non à la somme, mais

à la ſeule différence des deux périodes conſécutives, laquelle eſt de 18 mois, & qu'ainſi l'erreur eſt au moins d'un dix-huitiéme ; il y en a même qui ont été plus loin, & qui ont fait monter cette erreur à un quart du total. Voyez le *Journal Encycl.* de Juillet 1759, Tome 2, p. 117. Je vais, ſi je ne me trompe, donner des principes bien ſimples pour décider cette conteſtation.

8. Pour déterminer la différence de deux périodes conſécutives de la Comète, qui eſt la ſeule choſe qu'on puiſſe déterminer dans ce Problême, voici comme on s'y prend.

9. On ſuppoſe que la Comète part de ſon périhélie de 1607 avec une certaine viteſſe, qui lui feroit décrire une ellipſe éxacte, ſans l'action de Jupiter & Saturne. En vertu de cette viteſſe, ſa période de 1607 à 1682 auroit été *X*, quantité qu'on ne connoît pas, qu'on ne ſauroit connoître, ni par conſéquent meſurer, & qu'il ſuffit d'avoir groſſiérement, c'eſt-à-dire, à un an près, ou même un peu moins éxactement, par les obſervations des retours de la Comète.

10. D'après cette ſuppoſition on calcule l'altération que les actions de Jupiter & de Saturne ont dû cauſer à la Comète ; & cette altération eſt ſenſiblement la même, quelque valeur qu'on ſuppoſe à *X*, pourvû que cette valeur ne ſoit pas fort différente de 75 ans & demi, ou 76 ans.

11. Soit *a* l'altération que les actions des deux Planètes cauſent à la révolution de la Comète ; on aura

$X+\alpha$ pour la révolution réelle de la Comète, révolution inconnue, parce qu'elle renferme la quantité X, dont on n'eſt pas ſûr à un ou deux ans près.

12. La révolution ſuivante ſeroit $= X$, ainſi que la premiere, ſi pendant les deux révolutions le Soleil ſeul agiſſoit ſur la Comète : mais la même action des deux Planètes qui a altéré la premiere révolution de la quantité α, altere la ſeconde révolution d'une autre quantité β que l'on trouve également par le calcul ; de ſorte qu'on a $X+\beta$ pour la ſeconde révolution.

13. Cette quantité eſt inconnue, ainſi que la valeur $X+\alpha$ de la premiere révolution, parce que X n'eſt pas aſſez éxactement connue ; mais en retranchant la premiere révolution $X+\alpha$ de la ſeconde $X+\beta$, l'inconnue X diſparoît, & l'on a la différence $\beta-\alpha$ des deux révolutions conſécutives, qu'on peut comparer à l'obſervation.

14. Par cet expoſé du calcul, il eſt aiſé, ce me ſemble, de démontrer, que *la différence du calcul à l'obſervation doit être comparée, non à la ſomme, mais à la différence des deux périodes conſécutives.* En effet ; 1°. on convient unanimement, & M. Clairaut l'a très-bien remarqué, que ſi on connoiſſoit éxactement par les obſervations la quantité X, l'erreur commiſe dans le calcul de la révolution devroit être uniquement comparée aux quantités α & β. Or que l'on connoiſſe ou non cette quantité X, l'erreur commiſe dans le calcul n'en doit pas moins être comparée uniquement aux quantités α & β ;

puisque ces quantités α & β sont absolument indépendantes de la valeur précise de X, qu'on ne peut, ni connoître, ni mesurer, & que ces quantités α & β sont les seules qu'on mesure & qu'on calcule véritablement; l'erreur ne peut donc être comparée qu'aux seules quantités qu'on a calculées, c'est-à-dire, α & β. 2°. Non-seulement on n'a point calculé la quantité X, mais encore cette quantité, comme on vient de le voir (*art.* 13.) disparoît entiérement du calcul quand on compare les deux révolutions; nouvelle raison pour n'y avoir aucun égard dans la comparaison du calcul avec l'observation. Il est donc incontestable que la différence d'un mois qui s'est trouvée entre le calcul & l'observation, doit être comparée uniquement à la différence des deux périodes, c'est-à-dire, à 18 mois; d'où il s'ensuit qu'elle est *au moins* $\frac{1}{18}$ du total; je dis *au moins*, car je ferai voir plus bas qu'elle est vraisemblablement beaucoup plus grande.

15. M. Clairaut est venu lui-même à l'appui de ce raisonnement (*a*); » la différence des deux périodes, » dit-il, est bien l'objet que je me suis proposé de mesurer, mais il n'en étoit pas plus susceptible de mesure » immédiate, il falloit toujours calculer les perturbations » de deux périodes. Pourquoi donc répandre l'erreur sur » un autre espace *que sur celui qu'il a fallu mesurer* «? De ce principe incontestable, il est aisé de tirer la conséquence; l'espace *qu'il a fallu mesurer*, n'est pas celui

(*a*) *Réponse à quelques pièces*, &c. 1759.

des

des 151 ans qui font la ſomme des deux périodes ; c'eſt uniquement l'*eſpace de tems* qui exprime l'*altération* de la premiere période, & celle de la ſeconde. Voilà le ſeul eſpace de tems qu'on ait calculé, le ſeul qu'on ait pû calculer, & par conſéquent le ſeul auquel on doive comparer l'erreur du calcul.

16. En un mot, pour comparer l'erreur d'un mois à ces 151 ans, il faudroit que les eſpaces de tems $X+\alpha$ & $X+\beta$ (art. 13.) dont la ſomme fait environ 152 ans, euſſent été meſurés tout entiers : or ils ne l'ont point été ; & la partie $2X$, qui eſt d'environ 151 ans, n'eſt ni meſurée, ni connue ; on n'a calculé, encore une fois, que les ſeuls eſpaces de tems α & β, l'un & l'autre très-petits par rapport à ce nombre d'années.

Avant que d'aller plus loin, il ne ſera peut-être pas inutile de répondre à quelques objections faites par des perſonnes très-peu inſtruites dans cette matiere, & qu'il eſt bon d'éclairer. Un autre motif qui nous y engage, c'eſt que d'habiles Mathématiciens ont paru adopter ces objections ; mais nous ne pouvons croire que ce ſoit ſérieuſement ; & ce n'eſt pas proprement à eux que nous allons répondre.

17. On ſuppoſe, dit-on, qu'un Obſervateur meſure la diſtance de Paris à Saint-Denis, & la trouve de 4300 toiſes ; que le même Obſervateur meſure enſuite la diſtance de Paris à Saint-Cloud, & la trouve de 4700 toiſes ; il en conclura que la différence des deux diſtances eſt de 400 toiſes ; ſi cette différence ſe trouvoit de 401 toiſes,

feroit-il équitable de dire que l'Obfervateur s'eft trompé d'une toife fur 400, lorfqu'au contraire il ne s'eft trompé réellement que d'une toife fur 9000 ?

18. La différence entre cet exemple & celui de la Comète eft bien grande, & faute aux yeux. Dans l'exemple propofé on mefure *en entier* la diftance de Paris à Saint-Cloud, & celle de Paris à Saint-Denis. Dans le cas de la Comète, on ne mefure point en entier, à beaucoup près, chacune des deux périodes; on ne mefure qu'une très-petite partie de ces deux périodes, celle qui eft dûe à l'altération.

19. Pour rendre la comparaifon parfaitement jufte, voici comment il la faut faire. On fuppofe qu'il y ait entre Paris & Saint-Cloud un Village confidérablement plus près de Saint-Cloud que de Paris, & dont on mefure la diftance à Saint-Cloud, fans connoître ni mefurer la diftance de ce Village à Paris. On fuppofe de plus qu'au-delà de Saint-Denis par rapport à Paris, il y ait un autre Village, auffi beaucoup plus près de Saint-Denis, que Saint-Denis ne l'eft de Paris, & qu'on mefure la diftance de ce Village à Saint-Denis, fans mefurer ni connoître la diftance du même Village à Paris. On fuppofe enfin que l'on fache par quelque moyen indépendant de l'opération qu'on a faite, que les deux Villages dont il s'agit, font *à égale diftance* de Paris, fans qu'on connoiffe éxactement cette diftance; je dis 1°. qu'en mefurant les diftances d'un des Villages à Saint-Cloud, & de l'autre à Saint-Denis, & en ajoutant ces diftances, on aura la diffé-

rence des distances de Paris à Saint-Cloud, & de Paris à Saint-Denis. 2°. Que si les distances ajoutées donnoient, par exemple, 190 toises, & que la différence cherchée fût plus petite de 10 toises, on se seroit trompé de 10 toises sur 180, c'est-à-dire, de 1 sur 18.

20. Or voilà précisément le cas de la Comète. La distance inconnue de Paris aux deux Villages, mais qu'on sait être la même de part & d'autre, représente la longueur inconnue *X* dont chaque période auroit été par l'action seule du Soleil. Les quantités α & β qui sont les seules qu'on mesure, représentent les distances des deux Villages à Saint-Cloud & à Saint-Denis. Cette comparaison bien entendue, confirme donc tout ce qui a été dit jusqu'ici, bien loin d'y être contraire.

21. On objecte encore que les Astronomes & les Géometres qui ont construit des tables de la Lune, ont toujours comparé la différence qu'ils trouvoient entre le calcul & l'observation, non aux équations du mouvement de la Lune, mais à la révolution totale. S'ils l'ont fait, ils ont eu tort; car le mouvement vrai de la Lune est composé de deux parties; d'un mouvement moyen *uniquement donné par les observations*, & d'un certain nombre d'équations qui se déterminent par le calcul, & qui se retranchent du mouvement moyen, ou s'y ajoutent, pour avoir le mouvement vrai. Or ces équations étant la seule chose qu'on calcule & qu'on puisse calculer, sont par conséquent la seule à laquelle on doive comparer les erreurs du calcul; c'est pourquoi la somme des équa-

tions lunaires pouvant monter à environ 8 degrés, si l'erreur est, par exemple de 8′, elle sera de 8′ sur 8°; c'est-à-dire, de $\frac{1}{60}$; & si la somme des équations n'étoit que de 2′, & que l'erreur fût de 1′, il seroit vrai de dire que l'erreur seroit de la moitié du tout, quoique cette erreur parût peu considérable en elle-même; ce qui n'implique aucune contradiction, puisque dans ce cas la différence du mouvement vrai au mouvement moyen seroit elle-même peu considérable, n'étant que de deux minutes, & que l'erreur, sans être considérable en elle-même, le seroit par rapport à la quantité qu'on chercheroit.

22. Mais pour rendre d'ailleurs le cas de la Lune parfaitement semblable à celui de la Comète, il faut supposer qu'un Astronome cherche à déterminer la différence de deux révolutions successives de la Lune; or je dis que s'il détermine cette différence à 15 minutes d'heure, par exemple, & qu'elle soit de 14, son erreur aura été de 1′ sur 14, c'est-à-dire, de $\frac{1}{14}$; parce que cette différence est la seule chose qu'il ait mesurée & calculée, & que le mouvement moyen (commun aux deux révolutions de la Lune), non-seulement n'entre point dans le calcul, mais même en a disparu, en retranchant la seconde révolution de la précédente.

23. En voilà, ce me semble, beaucoup plus qu'il n'est nécessaire, pour prouver démonstrativement que la différence d'un mois entre le calcul du retour de la Comète & l'observation de ce retour, ne doit pas être comparée à la révolution totale, & encore moins à la somme de

deux révolutions ſucceſſives, mais à la différence d'environ 18 mois, qui ſe trouve réellement entre ces deux révolutions.

24. Allons plus loin, & tâchons de prouver que cette différence eſt non-ſeulement $\frac{1}{11}$ du total, mais qu'elle eſt même vraiſemblablement bien plus conſidérable.

25. Pour cela ſuppoſons que y ſoit la quantité dont on s'eſt trompé en calculant l'altération α de la premiere révolution, cauſée par Jupiter ſeul; on aura donc pour la valeur éxacte de cette premiere révolution, en vertu de l'action de Jupiter, $X + \alpha + y$; ſuppoſons de même que ζ ſoit la quantité dont on s'eſt trompé en calculant l'altération β de la ſeconde révolution, cauſée par Jupiter ſeul; on aura cette ſeconde révolution $= X + \beta + \zeta$; & la différence réelle des deux révolutions, en vertu de l'action ſeule de Jupiter $= \beta + \zeta - \alpha - y$. M. Clairaut trouve de plus que la ſeconde période a dû être allongée par l'action de Saturne de 100 jours; quantité que j'appelle γ, & dans laquelle je ſuppoſe que l'erreur ſoit $+ z$; donc la différence réelle de la ſeconde révolution ſur la premiere eſt $\beta + \zeta + \gamma + z - \alpha - y$: or cette différence eſt de 586 jours ſuivant l'obſervation; & ſuivant le calcul de M. Clairaut (*a*), on a $\beta + \gamma - \alpha = 618$;

(*a*) Je donne ici le réſultat du calcul de M. Clairaut, tel qu'il ſe trouve dans ſon Mémoire de 1758, publié avant le retour de la Comète; Mémoire qui a donné lieu aux conteſtations que je me propoſe d'examiner dans cet Ecrit. Depuis le retour de la Comète, M. Clairaut a fait un calcul un peu plus éxact; mais il s'agit ici du premier calcul, de celui par lequel il a prédit le retour de la Comète; & d'ailleurs on peut appliquer donc $\zeta + z - y = - 32$; de plus, suivant le même calcul, $\alpha = - 420$; donc $\gamma + \epsilon = 198$.

26. Il faut maintenant comparer les quantités ζ, z & y, aux quantités ϵ, γ & α, trouvées par le calcul; & pour cela il faut tâcher de découvrir, au moins à-peu-près, la valeur de ces quantités ζ, z & y.

27. Or on voit d'abord que les quantités α & $\gamma + \epsilon$ étant à-peu-près comme 2 à 1, la supposition la plus naturelle qu'on puisse faire, c'est de répandre à-peu-près dans la même proportion l'erreur — 32'. sur chacune de ces deux quantités. Supposons donc 22 jours d'erreur sur $\alpha = - 420$, & 10 sur $\gamma + \epsilon = 198 = 100 + 98$, ensorte que $y = + 22$, $z = - 5$, & $\zeta = - 5$; ce qui est la répartition la plus naturelle & *la plus favorable*; & voyons ce qui en résultera pour l'erreur commise sur la période de 1531 à 1607.

28. Soit ξ la valeur qu'auroit eûe la période de 1531 à 1607 par la seule action du Soleil, & δ l'altération causée à cette période par l'action de Jupiter (*a*); on aura par le calcul de M. Clairaut $\delta = - 19$; de plus M. Clairaut trouve que la période suivante (celle qui commence à 1607) seroit abrégée de 31 jours par cette même

---

à ce second calcul, *mutatis mutandis*, les raisonnemens que nous allons faire sur le premier.

(*a*) M. Clairaut trouve que les effets de l'action de Saturne se détruisent à-peu-près dans les deux premieres périodes, & par cette raison n'en fait aucune mention dans son Mémoire de 1758. Nous n'en ferons pas mention non plus, & nous en dirons d'ailleurs plus bas une autre raison.

action de Jupiter depuis 1531 jusqu'en 1607 ; donc en nommant $\xi + \varepsilon$ ce que la période de 1607 devroit être par l'action de Jupiter sur la période précédente, indépendamment de son action de 1607 à 1682, on aura $\varepsilon = -31$. Enfin M. Clairaut trouve encore que cette période de 1607 à 1682, seroit accourcie de 420 jours, quantité que nous avons nommée α, ensorte que $\alpha = -420$. Donc $\varepsilon + \alpha - \delta = -451 + 19 = -432^j$.

29. Soit maintenant ν l'erreur commise dans δ, x l'erreur commise dans ε; on aura $\varepsilon + x + \alpha + y - \delta - \nu = -459^j$. différence réelle de la période de 1531 à celle de 1607. Donc $x + y - \nu = -27$ (a); donc si on suppose comme ci-dessus (art. 27.) $y = +22$, on aura $x - \nu = -49$, & par conséquent $\varepsilon - \delta + x - \nu = -31 + 19 - 49 = -12 - 49$. Ainsi l'erreur de 49^j. commise sur $\varepsilon - \delta = -12$, seroit plus que quadruple de cette quantité : ce qu'on ne sauroit guères supposer ; car il faudroit pour cela (même dans la combinaison la plus favorable) qu'on se fût trompé sur chacun des nombres trouvés 31 & 19, d'une quantité égale à chacun de ces nombres ; ce qui détruiroit toute espéce de confiance dans le résultat de ce calcul.

30. De-là on peut conclure que y est beaucoup plus

(a) M. Clairaut trouve dans son Mémoire de 1758, que la différence est de 37 jours ; en quoi il s'est trompé à son désavantage, n'ayant pas fait attention au retranchement de 10 jours qu'il faut faire de 1531 à 1607, suivant le nouveau style.

petit que $+22$, & vraiſemblablement même eſt négatif ainſi qu'on le va voir. Comme les quantités ϵ, δ, dépendent des obſervations de 1531 qui ſont peu éxactes, ſuppoſons que dans chacune de ces quantités ϵ, δ, on ſe ſoit trompé de la moitié; ce qui donne dans la combinaiſon la plus favorable, $x = -15$, $v = 9$: cette ſuppoſition eſt d'autant moins choquante, que dans un calcul fait poſtérieurement, M. Clairaut a trouvé la quantité $\delta = -8$, après l'avoir trouvée d'abord $= -19$, ce qui donneroit $\delta + v = -8$, & $v = -8 + 19 = 11$; ainſi l'erreur du premier calcul de la quantité δ, en ſuppoſant le ſecond calcul à peu-près éxact, auroit été de plus de la moitié du total. On aura donc $x + y - v = -24 + y = -27$; & $y = -3$ (*a*).

31. Donc puiſque $\zeta + z - y = -32$, on aura $\zeta + z = -35$. Donc la vraie valeur de $\gamma + \beta$ ſera tout au plus $198 - 35 = 163$; donc l'erreur commiſe ſur $\gamma + \beta$ ſeroit au moins de 35 ſur 163, c'eſt-à-dire, de plus d'un cinquiéme.

32. Si on ſuppoſe les erreurs x, v plus petites que de la moitié du total, ou même égales à cette moitié, mais

(*a*) Cette erreur $y = -3$ pourra paroître aſſez petite par rapport à la quantité $\alpha = -420$; mais il faut, ou adopter cette concluſion, ou ſuppoſer que l'erreur commiſe dans les derniers réſultats du calcul ($\epsilon = -31$, & $\delta = -19$) eſt égale ou à-peu-près égale à chacun de ces réſultats mêmes; enſorte que ϵ au lieu d'être -31, auroit dû être environ -60, & que δ au lieu d'être -19, auroit dû être à-peu-près $= 0$; or de pareilles erreurs dans les quantités qu'on cherche, m'ont paru trop conſidérables pour les ſuppoſer.

d'un

d'un autre ſigne, alors l'erreur $z + \zeta$ ſeroit beaucoup plus conſidérable, & pourroit aller à la moitié du tout, ou au-delà. Il n'eſt donc pas ſurprenant que quelques Mathématiciens ayent trouvé l'erreur égale à $\frac{1}{4}$ du total. C'eſt qu'ils ſuppoſoient les erreurs x, v, plus petites que de la moitié des quantités auxquelles elles ſe rapportent; ſuppoſition qu'il étoit aſſez naturel de faire. La nature de la queſtion préſente eſt telle, que quand on diminue les erreurs dans un ſens, elles augmentent dans un autre.

33. J'ai ſuppoſé ici avec M. Clairaut dans ſon Mémoire de 1758, $\delta = -19$, parce qu'encore une fois, c'eſt de ce Mémoire ſeul qu'il s'agit ici. Dans *ſa Théorie des Comètes*, il trouve δ plus petit de la moitié, & $= -8$; donc $\varepsilon + \alpha - \delta = -443$; donc $x + y - v = -16$. Ainſi 1°. en n'ayant égard qu'à l'action de Jupiter, l'erreur dans la différence des deux premieres périodes, ne ſeroit que de 16 jours. 2°. M. Clairaut trouve qu'en ayant égard de plus à l'action de Saturne, l'erreur ſeroit de 33 jours (*a*). La conſidération de l'action de Saturne ſur les

(*a*) M. Clairaut dit dans *ſa Théorie des Comètes*, qu'en négligeant l'action de Saturne ſur les deux premieres périodes, il avoit d'abord trouvé une erreur de 37 jours, & que cette erreur s'eſt réduite à 33 en ayant égard à l'action de Saturne, & en rectifiant quelques erreurs de calcul qui s'étoient gliſſées dans les autres opérations. Il devoit dire (V. la Note ſur l'art 29.) que l'erreur, qui n'étoit d'abord que de 27 jours (& non de 37) en négligeant l'action de Saturne, & qui même n'eſt proprement que de 16 jours, s'eſt trouvée enſuite de 33 jours, en ayant égard à cette action. Ainſi plus de ſcrupule dans les opérations n'a fait ici qu'augmenter l'erreur; c'eſt ce qui eſt encore arrivé à ce ſavant Géometre dans d'autres occaſions; comme on le deux premieres périodes, ne fait donc ici que multiplier l'erreur, & par conséquent on peut avec justice faire abstraction de ce calcul, & regarder l'effet de l'action de Saturne comme nul dans les deux premieres périodes.

34. La supposition de $x + y - v = -16$, donneroit (en faisant toujours $y = 22$) $x - v = -38$, & par conséquent $\epsilon - \delta + x - v = -31 + 8 - 38 = -23 - 38$. Et l'erreur -38 commise sur $\epsilon - \delta$ seroit encore trop forte; puisqu'il faudroit qu'on se fût trompé de la valeur entiere de chacune des quantités ϵ, δ. En corrigeant l'erreur par la supposition de $x = \frac{\epsilon}{2}$; $v = -\frac{\delta}{2}$, c'est-à-dire, $x = -15$, $v = 4$, on auroit $y = +3$, & $\zeta + z = -29$. Ainsi l'erreur seroit encore de 29 sur 169, c'est-à dire d'environ $\frac{1}{5}$. Au reste je ne fais cette remarque qu'en passant, parce qu'il n'est point question ici des résultats que trouve M. Clairaut dans sa *Théorie des Comètes*, mais de ceux qu'il a annoncés dans son Mémoire de 1758, & qui ont été l'objet de la contestation. Or on a vû (art. 31.) que l'erreur dans le dernier résultat est vraisemblablement de plus de $\frac{1}{5}$.

35. Donc en faisant la répartition la plus vraisemblable

---

peut voir p. 229 de sa *Théorie des Comètes*. Que faut-il conclure de-là? Rien autre chose, sinon que le Problême des perturbations des Comètes n'est pas susceptible *par sa nature* d'un certain degré de précision dans sa solution; & c'est uniquement ce que je me propose de faire voir dans cet Ecrit, sans prétendre d'ailleurs attaquer les calculs de M. Clairaut, dont on ne sauroit trop louer le courage & la patience.

& la plus favorable des erreurs commises dans les différens résultats, la différence de 32 jours entre le résultat du calcul & l'observation du périhélie de 1759, suppose une erreur de plus de $\frac{1}{5}$ dans le calcul de la quantité $\gamma + 6$.

36. Quelque considérable que paroisse cette erreur, il seroit néanmoins injuste de l'imputer à M. Clairaut, puisqu'il a reconnu lui-même dans son Mémoire de 1758, que son calcul pourroit bien différer d'un mois d'avec l'observation. Or cette différence d'un mois décomposée & analysée de la maniere la plus vraisemblable, suppose une erreur de $\frac{1}{5}$, & au-delà, sur le dernier résultat, ainsi que nous l'avons fait voir; & tout Calculateur qui prévoit & annonce la quantité dont il peut s'être trompé, ne doit point être chargé de cette erreur, quelque considérable qu'elle puisse être.

37. Il est vrai que dans un Ecrit postérieur, cet habile Mathématicien semble attribuer la différence susdite (au moins en grande partie) aux erreurs des observations antérieures, à l'action des autres Planètes & de leurs Satellites, à celle des Comètes, & à la résistance de l'éther. Mais il ne paroît pas que ces différentes causes puissent altérer beaucoup les révolutions de la Comète. M. Clairaut convient lui-même dans son Mémoire de 1758, que l'action des autres Planètes *ne produit qu'un effet presque insensible*; & à l'égard de l'action des autres Comètes, ou même de quelque Planète trop distante du Soleil pour être jamais apperçûe, il convient aussi

qu'il paroît peu vraiſemblable que de telles cauſes de dérangemens ayent eu lieu. Enfin la réſiſtance de l'éther, dont M. Clairaut n'avoit point parlé dans ſon Mémoire de 1758, paroît ne devoir produire ici qu'un effet preſque inſenſible. Car comment concevoir que cette réſiſtance, qui n'altere pas ſenſiblement un grand nombre de révolutions ſucceſſives des Planètes, rende chaque révolution de la Comète plus courte d'environ un mois dans l'eſpace de 75 ans?

38. Ajoutons, que quelles que ſoient les différentes cauſes, négligées dans le calcul, qui peuvent altérer le mouvement de la Comète, M. Clairaut les a ſéparées entiérement (& ce me ſemble avec raiſon) dans ſon Mémoire de 1758, des cauſes d'erreur qui viennent des quantités négligées dans le calcul de l'action de Jupiter & de Saturne; car il s'exprime ainſi à la fin de ſon Mémoire, après avoir annoncé le retour de la Comète pour le 15 Avril 1759. » On ſent avec quels ménagemens je » préſente une telle annonce, *puiſque tant de petites quan-* » *tités négligées néceſſairement par les méthodes d'appro-* » *ximation pourroient bien en altérer le terme d'un mois.... puiſque* d'ailleurs *tant de cauſes inconnues, ainſi que je l'ai dit au commencement de ce Mémoire, peuvent avoir agi ſur notre Comète.* Ces cauſes inconnues (les ſeules dont M. Clairaut ait parlé dans ſon Mémoire de 1758) ſont l'action des autres Planètes & de leurs Satellites; le mot *d'ailleurs* fait voir que M. Clairaut ne penſoit point alors à leur attribuer la différence d'un mois qui

pouvoit se trouver entre son calcul & l'observation, mais uniquement aux quantités négligées dans le calcul ; & je n'imagine pas non plus qu'il regarde la résistance de l'éther comme une cause qui puisse influer fort sensiblement dans l'altération du mouvement des Comètes, sur-tout dans celle de la Comète de 1682.

39. De toute cette discussion, il s'ensuit 1°. qu'on peut attribuer aux seules quantités qu'on est forcé de négliger dans le calcul de l'action de Jupiter & de Saturne, la différence d'un mois qui s'est trouvée entre le calcul & l'observation ; 2°. que cette différence doit être comparée, non à la révolution entiere de la Comète, ni à plus forte raison à la somme de deux révolutions successives, mais à la différence de 18 mois qui se trouve entre les deux dernieres périodes ; & qu'ainsi l'erreur est au moins de $\frac{1}{18}$, & non pas de $\frac{1}{900}$, ni de $\frac{1}{1800}$, comme l'ont prétendu quelques Ecrivains peu instruits. 3°. Qu'en examinant quelles peuvent être les erreurs les plus vraisemblables des différentes parties du calcul, on trouve que l'erreur commise sur l'altération de la derniere période, peut-être $\frac{1}{5}$ de cette altération. 4°. Que cette erreur, quelque considérable qu'elle soit, doit être imputée uniquement à la nature du Problême ; puisque d'une part il n'est peut-être pas possible (sans s'engager dans des calculs impraticables) de déterminer l'altération plus éxactement ; & puisque d'un autre côté on doit se proposer dans ces sortes de calculs, non de prédire éxactement le retour d'une Comète, de maniere qu'on puisse

avoir son lieu dans le Ciel, à 30, 40 & 50 degrés près, mais seulement de prouver, que par la Théorie de la gravitation, l'action de Jupiter & de Saturne doit altérer considérablement le cours de ces Astres; & c'est ce que M. Clairaut a suffisamment prouvé par son travail.

40. Voilà mon sentiment sur cette dispute; sentiment que plusieurs Savans m'ont engagé à mettre par écrit, & qui ne peut, ce me semble, offenser personne, ni par lui-même, ni par la maniere dont j'ai tâché de l'exposer. Quoique ce Mémoire soit fait il y a long-tems, j'ai différé jusqu'à présent à le mettre au jour, parce qu'il m'a paru à propos d'attendre un tems où personne ne prendroit plus guères d'intérêt à cette question, que celui de la vérité. Peut-être même n'aurois-je point communiqué aux Géometres ces réfléxions, si la méthode dont je me sers pour déterminer d'une maniere vraisemblable les erreurs du calcul dans la théorie des perturbations des Comètes, n'étoit, ce me semble, fondée sur des considérations assez délicates, qui peuvent la rendre curieuse par elle-même, & utile dans d'autres occasions.

Fin du treizième Mémoire.

QUATORZIÉME MÉMOIRE.

Réfléxions sur le Problême des trois Corps, avec de nouvelles Tables de la Lune, d'un usage très-simple & très-facile.

I.

J'AI publié dans mes *Recherches sur le Systême du Monde*, imprimées en 1754, des Tables de la Lune, telles que la théorie me les avoit données. J'avois cru devoir conserver dans ces Tables la forme de celles des *Institutions Astronomiques*, parce que les Astronomes me paroissoient accoutumés à cette forme, & parce que d'ailleurs cette forme me sembloit avoir quelques autres avantages, dont j'ai fait mention p. 249 & 250 de la premiere Partie des *Recherches* déja citées.

II.

Ayant fait réfléxion depuis, qu'il seroit très-commode & très-utile aux Astronomes d'avoir des Tables particulieres qui marquassent seulement la différence des miennes d'avec celles des *Institutions*, j'ai publié ces Tables *de correction* au commencement de 1756; & je me proposois d'en faire usage, pour m'assurer de combien la théorie s'écartoit des observations, & pour rectifier par les observations ces mêmes Tables de correction, qui étant ensuite réunies & comme incorporées dans les Tables des *Institutions Astronomiques*, auroient vraisemblablement donné les lieux de la Lune aussi éxactement qu'on auroit pû le desirer.

III.

Mais d'autres occupations m'ayant empêché de suivre ce travail, je n'ai pû tirer de ces Tables de correction tout le parti que j'aurois desiré. Cependant elles ne m'ont pas été tout-à-fait inutiles. Car comme j'avois indiqué les cas où il falloit les comparer aux observations pour juger de leur éxactitude, quelques Astronomes ayant bien voulu prendre la peine de les calculer dans quelques-uns de ces cas, ont cru s'appercevoir que j'avois fait la *variation* trop petite, & l'*évection* trop grande; ce qui ne m'a point paru surprenant, malgré le soin & la patience que j'avois mis à calculer en particulier la valeur de ces deux équations; car j'ai toujours été persuadé, & je le suis encore, que l'on ne peut jamais être assuré *à priori* d'avoir assigné à une minute près, ou même davantage, les coëfficiens de chacune des équations de la Lune. J'en ai dit ailleurs les raisons plus en détail.

IV.

Il étoit donc nécessaire en conséquence, de réformer ces

ces deux équations dans mes Tables de correction. D'un autre côté je remarquois des différences assez considérables entre mes Tables & celles de M. Mayer, qui jusqu'ici ont paru les plus éxactes, pour me faire naître des soupçons sur l'éxactitude des miennes; enfin je ne pouvois me dissimuler que la forme des Tables de M. Mayer étoit de toutes la plus commode & la plus expéditive. Ces considérations m'ont engagé à calculer de nouvelles Tables de la Lune, auxquelles j'ai donné en partie cette derniere forme, en la simplifiant encore. Ces Tables seront beaucoup plus éxactes que celles que j'ai publiées précédemment, & seront d'ailleurs d'un calcul aussi court qu'on puisse le desirer.

V.

1. Mais avant que d'entrer dans le détail de mes nouveaux calculs, je crois devoir faire quelques réfléxions sur la solution que j'ai donnée du Problême des trois Corps, & en montrer les avantages. Cette discussion est d'autant plus nécessaire, qu'il me paroît très-essentiel de rendre sur cette matiere à chacun la justice qui lui appartient. Quoiqu'on ait affecté, ce me semble, de déprimer mon travail sur ce sujet, je me flatte que les Géometres en jugeront autrement, quand ils auront lû les réfléxions suivantes, qui pourront être utiles à l'Histoire de ce fameux Problême, & qui renferment d'ailleurs des discussions délicates, dont l'Analyse pourra tirer quelque fruit.

2. Le Probléme des trois Corps, entant qu'il est applicable au mouvement des Planètes, se réduit, comme Mrs Euler, Clairaut & moi l'avons remarqué, à trouver, au moins par une méthode d'approximation, l'orbite d'une Planète qui est attirée vers le Soleil en raison inverse du quarré de la distance, & qui est en même tems troublée par deux forces φ & π, très-petites par rapport à la gravitation, & dont la premiere φ est dans la direction du rayon vecteur, & la seconde π perpendiculaire à ce rayon.

3. Pour déterminer cette orbite, il faut remplir deux objets; 1°. trouver l'équation différentielle; 2°. intégrer cette équation.

4. Quant au premier objet, je crois y être arrivé par une méthode beaucoup plus simple qu'aucun des Géometres qui ont résolu la même question.

5. Cette méthode consiste à prendre d'abord l'équation de l'orbite, en la supposant décrite par une force Q qui tende toujours vers le centre commun des rayons vecteurs; cette équation, comme le savent tous les Géometres, est $dz = \frac{-dx}{xx\sqrt{\frac{1}{hh} - \frac{2\int Q dx}{gghh} - \frac{1}{xx}}}$; laquelle en faisant $\frac{1}{x} = u$, & en différentiant, se change en $ddu + udz^2 - \frac{Qdz^2}{hhuugg} = 0$.

6. Dans l'orbite ainsi décrite, l'Elément du tems seroit

$\frac{xxdz}{gh}$, c'eſt-à-dire, proportionnel au ſecteur; mais dans cette même orbite décrite en vertu des forces Ψ & π, dont l'une eſt ſuppoſée dans la direction du rayon vecteur, & l'autre perpendiculaire à ce rayon, l'Elément du tems ſeroit $\frac{qxxdz}{gk}$, q étant une inconnue que nous déterminerons dans un moment. Dans cette derniere orbite décrite en vertu des forces Ψ & π, la force qui agit ſuivant le rayon vecteur, eſt $\Psi + \frac{\pi dx}{xdz}$, comme il eſt aiſé de s'en aſſurer par une décompoſition très-ſimple de la force π: de plus cette force $\Psi + \frac{\pi dx}{xdz}$ faiſant parcourir la même petite ligne parallèle au rayon vecteur, qui eſt parcourue en vertu de la force Q, il s'enſuit que la force $\Psi + \frac{\pi dx}{xdz}$ eſt à la force Q, par les principes de Méchanique, en raiſon inverſe des quarrés des tems, c'eſt-à-dire, comme 1 eſt à q^2; donc $Q = (\Psi + \frac{\pi dx}{xdz}) q^2$; or on trouve par un calcul fort ſimple que $q^2 = (1 - \frac{ds}{vxxdz} \int \frac{\pi x ds}{v})^2$, ou $q^2 = \frac{1}{1 + 2\int \frac{\pi x^3 dz}{g^2 hh}}$ (a); donc l'équation de

(a) Cette ſeconde équation ſe tire de l'équation $d(xxdz) = \pi x dt^2$, qui donne en multipliant par $xxdz$, l'intégrale $\frac{(xxdz)^2}{2} =$

l'orbite sera $ddu + udz^2 - \frac{dz^2}{uugghh} \times q^2 (\Psi - \frac{\pi du}{udz}) = 0$, dans laquelle on peut mettre indifféremment pour q^2, une des deux valeurs trouvées ci-dessus.

7. On voit donc que j'arrive à cette équation par la méthode & le calcul du monde le plus facile, en substituant dans la formule (très-connue & très-usitée) des trajectoires décrites par une seule force centrale, à la place de Q sa valeur, qu'une simple Analogie m'a fournie; & que je n'ai pas besoin des transformations & des substitutions épineuses que d'autres Géometres ont em-

---

$dt^2 \int \pi x^3 dz + \frac{dt^2 \cdot g^2 h^2}{2}$. Voyez *Rech. sur. le Système du Monde*, I. Partie, p. 14. On peut encore considérer que dt, ou $\frac{ds}{v} = \frac{xxdz}{gh} - \frac{ds}{vgh} \int \frac{\pi x ds}{v}$, comme je l'ai trouvé dans mon Mémoire de 1745; ce qui donne $q = 1 - \frac{ds}{vxxdz} \int \frac{\pi x ds}{v}$; expression qui revient absolument au même que $q = \frac{1}{\sqrt{1 + 2\int \frac{\pi x^3 dz}{gghh}}}$; comme il est aisé de s'en assurer; car $(1 + 2\int \frac{\pi x^3 dz}{gghh})^{-\frac{1}{2}}$ réduit en serie, donnera précisément la même formule que $1 - \frac{ds}{v \cdot xxdz} \int \frac{\pi x ds}{v}$, en mettant pour $\frac{ds}{v}$, 1°. sa valeur primitive $\frac{xxdz}{gh}$; 2°. sa valeur corrigée $\frac{xxdz}{gh} (1 - \int \frac{\pi x^3 dz}{g^2 h^2})$; & ainsi de suite.

ployées pour parvenir à la même équation.

VI.

1. A l'égard de l'intégration de cette équation, je ne ſai pourquoi un très-ſavant Mathématicien l'a appellée une *intégration délicate & neuve*; car dès 1740 (ſept ans avant qu'il fût queſtion du Problême des trois Corps), M. Euler avoit donné dans ſa Piéce ſur le *Flux & Reflux de la Mer*, p. 301 & ſuiv. une méthode pour intégrer les équations de cette forme $ddu + Kudz^2 + \Sigma dz^2 = o$, K étant une conſtante quelconque, & Σ une fonction quelconque de z. Cette méthode, que M. Euler explique aſſez au long, & que j'ai depuis dévelopée & un peu ſimplifiée (ce qui étoit très-facile) dans l'art. 101 de la premiere Edition de mon *Traité de Dynamique*, imprimé en 1743 (quatre ans avant aucune ſolution connue du Problême des trois Corps) eſt analogue à celle dont M. Bernoulli s'eſt ſervi en 1697, pour intégrer les équations de cette forme $du + Kudz + \Sigma dz = o$. Elle conſiſte à prendre $u =$ au produit de deux indéterminées; on la peut voir miſe en uſage, p. 131 de la ſeconde Partie de mes *Recherches ſur le Syſtême du Monde*, où elle eſt appliquée à l'intégration même de l'équation différentielle du Problême des trois Corps.

2. La méthode, par laquelle le ſavant Mathématicien déja cité a intégré cette équation, ſe déduit aiſément de cette méthode des indéterminées, qui eſt même plus analytique; car la méthode des indéterminées fait trouver

directement la quantité cof. z, par laquelle le favant Mathématicien multiplie l'équation avant que de l'intégrer. Cette multiplication femble fuppofer qu'on connoiffoit déja l'intégrale par une autre méthode plus directe, dont on a enfuite abrégé tant foit peu le calcul, en multipliant les différentielles avant l'intégration, par les quantités que la méthode des indéterminées a fait trouver.

3. En effet, fuivant la méthode donnée en 1743, dans mon *Traité de Dynamique*, foit $u = s\,q$; on trouve $s\,ddq + 2\,ds\,dq + q\,dds + s\,q\,dz^2 + \Sigma\,dz^2 = 0$; & faifant (comme je l'ai prefcrit dans l'endroit cité) $s\,ddq + s\,q\,dz^2 = 0$, on a $q =$ cof. z, & $2\,ds\,dq + q\,dds + \Sigma\,dz^2 = 0$, ou $d(qq\,ds) + \Sigma\,q\,dz^2 = 0$; ou mettant pour s fa valeur $\frac{u}{q} = \frac{u}{\text{cof.}\,z}\,d\Big(\frac{\text{cof.}\,z^2\,du}{\text{cof.}\,z}$ $+ u\,dz$ fin. $z) + \Sigma\,q\,dz^2 = 0$, ou ddu cof. $z + u\,dz^2$ cof. $z + \Sigma\,dz^2$ cof. $z = 0$; ce qui prouve qu'il faut multiplier l'équation par cof. z pour la rendre intégrable, & pour avoir l'intégrale du cof. $z + u\,dz$ fin. $z + dz\int\Sigma\,dz$ cof. $z =$ conft.

4. Au refte, foit que les Géometres, qui ont eu recours à cette préparation, l'ayent trouvée par la méthode des indéterminées ou autrement, il eft au moins certain que M. Euler, & moi après lui, fommes les premiers qui ayons donné des méthodes pour l'intégration de ces fortes d'équations, plufieurs années avant qu'on en pût prévoir l'ufage par rapport au Problême des trois Corps.

Cela est si vrai, que M. Euler, dans ses Opuscules imprimées à Berlin en 1746, p. 260, cherchant la quantité P, qu'il faut ajouter à u dans l'hypothèse de la résistance du milieu, trouve cette équation $ddP + Pdz^2 = \frac{sdz^2}{cg}$, qui est précisément semblable à celle du Problême des trois Corps; & il ajoute, *quæ si methodo alibi expositâ integretur, dabit* $P = \frac{\text{sin. } t}{cg} \int s\,dt \text{ cos. } t - \frac{\text{cos. } t}{cg} \int s\,dt \text{ sin. } t$; résultat qui est précisément semblable à celui que le savant Mathématicien déja cité a donné depuis, & qu'il regarde, on ne voit pas pourquoi, comme le caractere distinctif de sa solution, qui la rend, selon lui, supérieure à toutes les autres.

Il est donc incontestable; 1°. qu'on avoit long-tems avant 1747, des méthodes pour intégrer l'équation $ddu + udz^2 + \Sigma dz^2$; 2°. qu'on avoit la formule même qui exprime l'intégrale de cette équation; & que ceux qui l'ont intégrée depuis, n'ont rien ajouté à cet égard à ce que les Géometres savoient.

VII.

1. J'ai donné, dans les Mémoires de l'Académie de Berlin de 1748 & 1750, une méthode générale pour intégrer des équations beaucoup plus compliquées que l'équation $ddu + udz^2 + \Sigma dz^2 = 0$, & dont elle n'est qu'un cas très-simple. Cette méthode, qui dans les Mémoires de Berlin de 1748, est datée du 13 Avril 1747;

& qui par conséquent est encore antérieure à toutes les solutions du Problême des trois Corps, est celle dont je me suis servi la même année 1747, pour intégrer l'équation $ddu + udz^2 + \Sigma dz^2$, relative au Problême des trois Corps.

2. Ce qui m'a déterminé à faire usage dans cette solution, des exposans imaginaires (dont j'aurois pû me passer, puisque dès 1743 j'avois intégré de pareilles équations sans employer ces exposans); c'est que l'usage de ces exposans imaginaires dispense de se souvenir des formules des sinus & des cosinus multipliés entr'eux, desquelles on a besoin dans la théorie des perturbations des Planètes. D'ailleurs la solution que j'ai employée, & où se trouvent ces exposans imaginaires, a l'avantage de pouvoir être appliquée à un grand nombre d'autres équations différentielles, plus compliquées que celle à laquelle se réduit le Problême des trois Corps. Enfin les exposans imaginaires ne causent aucun inconvénient dans le résultat de la solution, puisque j'ai donné les moyens de faire disparoître ces exposans, si on le juge à propos (*a*). En un mot, qu'on se serve des exposans imaginaires ou non, on parviendra toujours dans tous les cas à la même formule.

VIII.

1. Un des deux Mathématiciens qui ont donné dans

(*a*) Voyez là-dessus mon Mémoire *sur la Théorie des Comètes*, §. V. Il est imprimé dans ce Volume.

le

le même tems que moi, la solution du Problême des trois Corps, regarde comme un avantage particulier à sa solution (& qui la rend, selon lui, préférable à la mienne & à celle de M. Euler), celui de donner l'intégrale de l'orbite sons une forme telle, qu'elle renferme *deux parties;* dont l'une est l'équation de l'orbite non troublée, & l'autre exprime les dérangemens causés à cette orbite par les forces perturbatrices. Comme cette assertion attaque ma solution, & tend à la déprimer, je me crois obligé d'y répondre.

J'observe d'abord, que quand il s'agit de l'orbite des Comètes, où le terme $u\, d\, z^2$ reste *nécessairement* sans coëfficient, l'intégrale contiendra *nécessairement ces deux parties*. Car les trois premiers termes de l'équation différentielle seront alors, comme je l'ai expressément remarqué dans mon Mémoire de 1745, art. XVII. (& comme je l'ai rappellé ci-dessus, §. IV & VI. de ma *Théorie des Comètes*) $d\, d\, u + u\, d\, z^2 - F\, d\, z^2 = o$; or ces trois premiers termes sont l'équation différentielle de l'orbite non troublée, & par conséquent l'intégrale contiendra *nécessairement* deux parties; dont l'une représentera l'équation de cette orbite non troublée; & l'autre, les dérangemens qui y sont produits par l'action des forces perturbatrices.

2. La méthode du savant Mathématicien dont nous venons de parler, n'a donc encore à cet égard aucun avantage, & ne peut même en avoir, puisque la séparation de l'intégrale en deux parties, est une suite *nécessaire*

de l'intégration dans le cas de l'orbite des Comètes, où le terme $u\,dz^2$ ne sauroit avoir d'autre coëfficient que l'unité. Mai je vais plus loin, & je me propose de faire voir que dans le cas de l'orbite des Planètes, cette disposition de l'intégrale a plusieurs inconvéniens considérables.

IX.

1. Ces inconvéniens, que je vais détailler, viennent en général de ce que cet habile Géometre a laissé mal-à-propos, *dans le cas de l'orbite des Planètes*, l'équation différentielle de l'orbite sous la forme $ddu + u\,dz^2 + \Sigma\,dz^2 = o$. En conséquence l'équation intégrée contient un coëfficient de cette forme A cos. z; or si ce coëfficient se trouvoit dans la valeur du rayon vecteur, il en résulteroit dans la formule intégrale donnée par ce Géometre, des termes affectés d'arcs de cercle, qui rendroient la solution fautive. Pour éviter cet inconvénient, l'habile & adroit Analyste a recours à la méthode des indéterminées; il suppose le rayon de l'orbite égal à une formule dont les coëfficiens sont inconnus, & dans laquelle il a soin que cos. z ne se trouve pas; ensuite il substitue cette valeur dans l'intégrale générale de l'équation de l'orbite, & il fait égal à zéro dans cette intégrale, le terme qui contiendroit cos. z.

2. On pourroit d'abord demander sur quel fondement ce Géometre donne à la valeur du rayon la forme qu'il choisit, & dans laquelle il n'y a d'indéterminés que les

coëfficiens constans. D'où sait-on que la valeur du rayon doit avoir cette forme? Ne pourroit-on pas croire qu'en donnant une autre forme à la valeur du rayon, toujours avec des coëfficiens indéterminés, substituant cette valeur dans l'intégrale générale, & comparant les termes d'une autre maniere, on parviendroit à un autre résultat qui n'approcheroit pas moins du vrai que le premier, ou du moins qui pourroit paroître aussi légitime, puisque l'Analyse n'offriroit aucune raison de préférence? Et ce doute ne seroit-il pas d'autant plus fondé, qu'il ne s'agit point ici d'avoir la valeur du rayon de l'orbite éxactement, mais seulement à peu-près?

3. D'où sait-on en particulier que la valeur du rayon ne doit point contenir cos. z? Il seroit d'autant plus naturel de penser le contraire, que l'équation de l'orbite non troublée contient ce terme cos. z avec un coëfficient considérable, & qu'il est assez difficile de concevoir (sur-tout quand on se contente de le supposer, & qu'on ne le tire pas directement de la solution même) comment ce terme si considérable peut disparoître tout-à-coup par l'action de très-petites forces perturbatrices?

4. La solution dont nous parlons, porte même à conserver les termes de cette forme; car un des grands avantages de cette solution (selon son Auteur) est de renfermer d'une part l'équation de l'orbite non troublée, & de l'autre la perturbation; or il est naturel de croire que la premiere substitution à faire dans la partie qui contient la perturbation, est celle du rayon de l'orbite

primitive & non troublée, lequel rayon contient cos. z dans son expression.

5. Enfin puisque ce terme A cos. z, qu'on avoit exclu de la valeur du rayon, se retrouve après les substitutions dans l'intégrale, pourquoi vouloir l'en chasser en faisant son coëfficient égal à zéro? Quand même on accorderoit à l'Auteur de cette solution, qu'il a pû omettre ce terme dans la premiere valeur approchée qu'il a supposée au rayon de l'orbite, il n'en seroit pas plus en droit de le faire disparoître dans la valeur tirée de l'intégrale. Car la premiere valeur qu'il a supposée au rayon, n'est qu'une valeur approchée; il peut donc se trouver dans la seconde valeur, & il s'y trouve en effet des termes très-petits qui ne sont pas dans la premiere; or le terme qui contient cos. z, peut être du nombre de ces derniers, & avoir un coëfficient très-petit, comme les autres termes qui ne se trouvent pas dans la premiere valeur supposée au rayon; pourquoi donc vouloir que le coëfficient de ce terme soit $= o$, lorsqu'on ne fait pas la même supposition sur les autres?

6. Cette derniere objection revient pour le fond, à celle qui a été déja faite à ce savant Géometre par M. Fontaine, sur la supposition qu'il fait dans sa solution, du coëfficient de cos. z égal à zéro. M. Fontaine, en envisageant l'équation intégrée sous une autre forme, fait voir que supposer le coëfficient de cos. $z = o$, c'est supposer égale à zéro, une constante qu'on doit ajouter en intégrant, & qu'on n'est pas le maître de supposer nulle,

quand on n'a pas démontré directement & *à priori* qu'elle le doit être (*a*).

X.

1. Notre habile Analyste ne peut faire qu'une seule réponse à cette derniere objection & à toutes celles de l'article précédent; c'est que s'il conservoit dans la valeur du rayon des termes qui continssent cos. z, ces termes dans la suite du calcul introduiroient des arcs de cercle dans la valeur du rayon, & rendroient sa solution fautive. Mais en premier lieu, d'où sait-il que la valeur du rayon ne doit point contenir d'arcs de cercle? Il est vrai qu'elle ne doit point en contenir, pour être conforme à ce que les observations nous apprennent du mouvement des Planètes, & principalement de la Lune; mais il pourroit se faire que la théorie Newtonienne donnât à cet égard un résultat différent des Phénomènes; & supposer le contraire, c'est supposer ce qui est en question; il faut faire voir *à priori*, & par la nature de l'équation même (ce que notre savant Mathématicien n'a pas fait) que la valeur du rayon ne doit point contenir d'arcs de cercle.

2. En second lieu, quand même on se seroit assuré, par une voie directe & analytique, qu'il ne devroit point

(*a*) Le Mémoire de M. Fontaine sur ce sujet, doit se trouver dans le Recueil de ses *Œuvres*, qui est actuellement sous Presse, & qui vraisemblablement ne tardera pas à paroitre.

y avoir d'arcs de cercle dans la valeur du rayon, il y auroit, pour faire diſparoître ces arcs, un autre moyen que de ſuppoſer égal à zéro le coëfficient de coſ. z; ce ſeroit de donner à coſ. z un coëfficient indéterminé A, & par le moyen de ce coëfficient & des autres, de rendre égaux à zéro les termes qui contiendroient des arcs de cercle dans l'expreſſion du rayon trouvée par l'intégration. J'avoue que ce calcul ſeroit plus compliqué que celui dans lequel on fait $= o$ le coëfficient de coſ. z; mais le degré de complication plus ou moins grand ne décide rien ici pour ou contre la méthode; il falloit faire voir *à priori*, & par la nature de l'équation même, pourquoi le coëfficient de coſ. z doit être néceſſairement égal à zéro, pour qu'il ne ſe rencontre point d'arcs de cercle dans l'expreſſion du rayon vecteur; & c'eſt encore ce que l'Auteur de la ſolution dont il s'agit, n'a pas fait.

3. Il eſt vrai que dans la premiere ſubſtitution, où l'on néglige une grande quantité de termes, ceux qui renfermeroient des arcs de cercle ne donneroient point d'autre condition que celle du coëfficient A égal à zéro; mais qu'on continue le calcul, qu'on ajoute de nouveaux termes avec des coëfficiens indéterminés à la formule du rayon vecteur, & qu'on pouſſe l'éxactitude plus loin dans les ſubſtitutions, & on verra bientôt que les termes qui doivent renfermer des arcs de cercle dans l'intégrale, contiendront dans leur coëfficient d'autres indéterminées que A; que d'ailleurs cette indéterminée A s'y trouvera

élevée à différentes puissances, & que par conséquent on pourra faire évanouir ces termes par d'autres suppositions que par celle de $A = o$.

4. En troisiéme lieu, quand même toutes les suppositions qu'on peut faire pour anéantir les termes qui contiennent des arcs de cercle, reviendroient à celle de $A = o$ (ce qui n'est pas), il est certain que cela ne se voit pas facilement; & que la solution seroit au moins imparfaite à cet égard, puisqu'on y auroit supposé comme vraies des choses qui demandoient à être prouvées.

5. Enfin (& c'est ici le point important & décisif) si dans la solution que nous examinons, les termes qui contiennent cos. z donnent des arcs de cercle, c'est un défaut particulier à cette solution, & qu'elle n'auroit pas si l'Auteur eût donné à l'équation différentielle de l'orbite, & à son intégrale, la vraie forme qu'elle doit avoir dans le cas de l'orbite des Planètes, & singuliérement de l'orbite de la Lune.

6. Cette forme consiste à supposer, comme je l'ai fait, $u = a + t$, a étant la valeur premiere de u au commencement du mouvement. Cette valeur de u étant substituée dans l'équation différentielle, on verra, après le développement des différens termes, qu'au lieu du terme $u\,dz^2$ dont le coëfficient est l'unité, & qui fait le grand embarras de la solution que nous examinons, on aura un terme de cette forme $K\,t\,dz^2$, K étant un coëfficient différent de l'unité, & qui pour la Lune, par exemple,

est égal à environ $1 - \frac{3n^2}{2}$ (n étant le rapport du mouvement moyen du Soleil à celui de la Lune); au moyen de ce coëfficient, s'il se trouve dans l'expression du rayon des termes qui renferment cos. z, ces termes ne doivent point donner des arcs de cercle dans l'équation intégrée, mais des termes de cette forme $\frac{B \cos. z}{K - 1}$, comme il résulte de ma solution; toute autre solution est donc fautive à cet égard, & induit l'Analyste en erreur.

XI.

1. Aussi la solution que nous éxaminons, ne donneroit-elle point la vraie valeur du rayon vecteur de la Lune, si l'apogée du Soleil étoit immobile; car dans ce cas l'Auteur convient lui-même (Voyez sa *Théorie de la Lune*, p. 51.) que sa solution donneroit des arcs de cercle dans la valeur du rayon vecteur. Cependant il est aisé de voir par l'article précédent, que dans le cas même où l'apogée du Soleil seroit immobile, il ne devroit pas y avoir pour cela des arcs de cercle dans l'expression du rayon; car l'immobilité de l'apogée donneroit à la vérité des cos. z dans la différentielle, mais on vient de voir que dans une solution éxacte (telle qu'est la nôtre) ces cos. z ne doivent point donner d'arcs de cercle.

2. D'ailleurs en supposant même faussement que les termes qui renfermeroient cos. z dans la différentielle, dussent donner des arcs de cercle dans l'intégrale, on peut

peut demander à l'Auteur de la solution que nous éxaminons, pourquoi ces cos. z, que renfermeroit l'équation différentielle dans le cas où l'apogée du Soleil seroit immobile, l'embarrasseroient plus que les cos. z que renferme l'équation intégrale primitive du rayon vecteur, & qu'il fait disparoître au moyen des indéterminées? Pourquoi n'y auroit-il pas quelque expression indéterminée à donner au rayon vecteur, & qui étant substituée dans l'équation différentielle, feroit disparoître tous les cos. z? Cela seroit facile: car trouvant d'abord au rayon vecteur (avec M. Clairaut) un terme de cette forme A cos. z, & substituant ce terme dans l'équation différentielle; soit $m A\, dz^2$ cos. z le terme qui en résulte, & $B\, dz^2$ cos. z le terme qui vient de l'immobilité supposée de l'apogée du Soleil; on aura $mA + B = o$, ou $A = -\frac{B}{m}$: supposition qui empêchera qu'il ne se rencontre des arcs de cercle dans l'intégrale. Pourquoi l'Auteur n'a-t-il pas fait cette supposition, ou pourquoi n'a-t-il pas démontré qu'il ne faut pas la faire?

XII.

1. En vain ce savant Mathématicien allégueroit-il ce qu'il a dit, p. 52 de sa *Théorie de la Lune*, que l'apogée du Soleil n'est pas immobile, & qu'ainsi au lieu des cos. z il y aura dans l'équation différentielle des cos. pz, dans lesquels p est un nombre qui n'est pas éxactement l'unité, quoiqu'il en differe presque insensiblement, attendu le

mouvement presque insensible de cet apogée.

2. Cette réponse ne mettroit pas sa solution hors d'atteinte. Car 1°. il faudroit au moins qu'il convînt que cette solution seroit fautive dans le cas du repos de cet apogée, où d'autres solutions, telles que la mienne, n'ont pas le même inconvénient; or une solution qui ne s'étend pas à tous les cas où elle devroit & pourroit s'étendre, n'est pas une bonne solution. 2°. Dans le cas même de la mobilité de cet apogée, ce savant Géometre a tort de croire, comme il le dit, p. 52 de sa Théorie, que le diviseur de cos. pz dans l'intégrale soit $1-pp$; & d'en conclure, comme il le fait au même endroit, *qu'on ne puisse trouver par la théorie* les coëfficiens de ces sortes de termes; car le diviseur seroit, non pas $1-pp$, mais $K-pp$, ou (pour la Lune) à très-peu-près $1-\frac{3n^2}{2}-pp$, c'est-à-dire, à-peu-près $-\frac{3n^2}{2}$; & comme le numérateur de ces termes est beaucoup plus petit, étant de l'ordre de $\frac{n^2\lambda}{B}$, où λ est à-peu-près l'excentricité de l'orbe de la Terre, c'est-à-dire, $\frac{1}{60}$, & $\frac{1}{B}$ le rapport de la parallaxe du Soleil à celle de la Lune; il n'en résulte point d'inconvénient dans l'intégrale, puisque le coëfficient après l'intégration est encore de l'ordre de $\frac{\lambda}{B}$, c'est-à-dire, d'environ $\frac{15}{57\cdot 60^2}$, en supposant la parallaxe du Soleil de 15", & celle de la

Lune de 57'. C'eſt ce que j'ai fait voir plus en détail dans ma Théorie de la Lune, p. 237 & 244.

XIII.

1. Voilà une partie des défauts qu'on peut reprocher à la ſolution que nous éxaminons, & dont nous avons été forcés de parler, par la néceſſité de défendre la nôtre contre les objections de l'Auteur.

Ajoutons que cette méthode laiſſe à deſirer non-ſeulement du côté de l'éxactitude, mais encore du côté de la ſimplicité & de l'élégance. En effet, ſi on ſe permet avec l'Auteur de ſuppoſer une valeur indéterminée au rayon vecteur, l'intégration de l'équation différentielle de l'orbite devient alors abſolument inutile; il ſuffit de ſubſtituer dans la différentielle la valeur ſuppoſée du rayon vecteur, & de faire les coëfficiens des différens termes chacun égaux à zéro.

2. C'eſt la méthode qu'a ſuivie le célébre M. Euler, & qui eſt la plus ſimple & la plus facile de toutes; elle n'a qu'un ſeul inconvénient, comme je l'ai déja remarqué dans mes *Recherches ſur le Syſtême du Monde*, art. 103, 104 & 106. C'eſt qu'on n'eſt pas aſſuré que la forme qu'on donne à l'expreſſion du rayon vecteur, ſoit la vraie; j'ai même fait voir que cette ſuppoſition avoit en effet produit une mépriſe dans la ſolution de M. Euler.

3. Mais l'inconvénient qui réſulte de cette ſuppoſition, eſt beaucoup moins grand dans la ſolution de M.

Euler, que dans celle que nous éxaminons. On desireroit seulement que M. Euler eût démontré directement & *à priori*, pourquoi la forme qu'il suppose au rayon vecteur est la vraie; & en particulier, pourquoi il ne fait point entrer cos. z dans l'expression de ce rayon. Du reste sa méthode pour connoître le rayon vecteur par le seul secours de l'équation différentielle, est très-courte, très-élégante, & n'est point sujette aux autres difficultés que les cos. z font naître dans la solution éxaminée ci-dessus; difficultés particulieres à cette solution, puisqu'elles viennent de la forme peu avantageuse que son Auteur a donnée à l'intégrale qui exprime le rayon de l'orbite.

XIV.

1. La solution que j'ai donnée du Problême des trois Corps, appliqué au mouvement des Planètes, demande des intégrations pour trouver la valeur du rayon vecteur; & à cet égard elle est moins simple que celle de M. Euler; mais elle a sur cette solution & sur toutes les autres, l'avantage de donner directement & sans aucune supposition précaire, la forme du rayon vecteur. Et d'abord l'on voit d'un coup d'œil par la premiere intégration, qu'à cause du coëfficient K du terme $t\,dz^2$, le rayon vecteur ne doit point renfermer de cos. z.

2. De plus ma solution a sur celle que j'ai éxaminée dans ce Mémoire, l'avantage de n'être point fautive, dans le cas même où il se rencontreroit des cos. z dans l'équation différentielle; cas où cette derniere solution

donne des arcs de cercle, quoiqu'il ne doive point y en avoir ; voyez §. XI.

3. En général si $A d z^2 \cos. Q z$ est un des termes de la différentielle, ma méthode donne dans tous les cas le diviseur que A doit avoir dans l'intégrale, & qui n'est point $1 - QQ$, comme le donne la solution examinée dans ce Mémoire, mais $1 - \frac{3n^2}{2} - QQ$, ou plus généralement $K - QQ$, K étant le coëfficient du terme $t d z^2$.

4. Ma méthode a de plus l'avantage de la facilité du calcul. Car 1°. la seule inspection du coëfficient K du terme $t d z^2$ donne le premier terme de la série qui exprime le mouvement de l'apogée ; ensorte que $z \sqrt{K}$ est la premiere valeur de l'anomalie. 2°. De même la seule inspection des termes qui renferment $\cos. N z$ dans la différentielle, donne tout d'un coup, & sans employer aucun autre calcul, la correction qu'il faut faire au mouvement de l'apogée ; ensorte que si γ est le coëfficient de ces termes, la correction à faire à $\sqrt{K}$ est $\sqrt{K + \frac{\gamma}{P}}$, P exprimant l'excentricité. Et l'on ne sauroit m'objecter que des termes de cette forme $\gamma\, d z^2 \cos. K z$ devroient donner des arcs de cercle dans ma solution ; car j'ai démontré *directement*, art. 27. de ma *Théorie de la Lune*, que la valeur du rayon ne devoit point contenir d'arcs de cercle dans le cas de l'orbite des Planètes, & j'ai donné le moyen de faire disparoître ces arcs. J'ai de

plus déterminé, p. 242 & 243 de la même Théorie; les cas où les termes de cette forme $\gamma\, d z^2 \cos. K z$ donneroient des arcs de cercle; & j'ai remarqué que ces cas n'ont point lieu dans l'orbite des Planètes.

X V.

1. L'avantage que ma solution me paroît avoir de donner avec facilité & d'une maniere directe la forme du rayon vecteur, & le mouvement des apsides, a lieu non-seulement dans la théorie de la Lune & des autres Planètes, mais aussi dans tous les Problêmes du même genre, où il est question de trouver l'orbite décrite en vertu des forces perturbatrices ajoutées à la force primitive. Supposons, par exemple, avec le savant Géometre dont nous examinons la solution, que π soit $= o$, & la force $\Psi = \frac{F}{x^2} + \frac{K}{x^3}$, ou $F u^2 + K u^3$ (a); alors l'équation différentielle de l'orbite, en employant ma méthode, & en faisant $u = a + t = 1 + t$, sera $d d t + (1 - \frac{K}{g g}) t\, d z^2 - F d z^2 + d z^2 - K d z^2 = o$; d'où l'on tire tout d'un coup en intégrant par ma méthode (art. 25, de ma *Théorie*) $t = \frac{(1 - K - F) \times (\cos. z \sqrt{1 - \frac{K}{gg}} - 1)}{1 - \frac{K}{gg}}$; & par conséquent la valeur de u ou $1 + t$.

(a) Voyez p. 18 de sa Théorie de la Lune.

2. Au contraire le Géometre dont nous venons de parler, est obligé, pour ce cas si simple, d'employer la méthode des indéterminées, qui est moins directe, & plus longue; moins directe, parce qu'on a besoin, de l'aveu de ce Géometre, de savoir d'avance la forme que doit avoir l'expression du rayon vecteur; plus longue, parce qu'il faut employer au moins trois indéterminées; la premiere, pour faire disparoître le terme qui contiendroit cos. z; la seconde, pour connoître le coëfficient de z, ou, ce qui revient au même, le mouvement de l'apside; & la troisiéme, pour déterminer le terme constant que l'expression de u doit contenir.

3. L'inconvénient de la méthode que nous éxaminons, est encore plus grand, lorsque la force Ψ est égale à $Fu^2 + Ku^m + Lu^n$ &c. un des coëfficiens m, n &c. étant différent du nombre 3; car indépendamment de la longueur du calcul, qui est incomparablement plus grande que par ma méthode, ce cas a un inconvénient de plus que celui de $\Psi = Fu^2 + Ku^3$. En effet dans le cas où $\Psi = Fu^2 + Ku^3$, quoiqu'on ne soit pas sûr d'abord que la valeur indéterminée qu'on a supposée au rayon vecteur, ait la forme convenable, on en est assuré à la fin du calcul, parce que l'intégrale se trouve éxacte, en déterminant convenablement les constantes inconnues. Au contraire dans le cas de $\Psi = Fu^2 + Ku^m + Lu^n$ &c. l'intégrale n'est pas éxacte, & ne sauroit l'être par aucune méthode; on ne sauroit donc être sûr que la forme qu'on a supposée au rayon vecteur, soit la vraie:

d'autant plus que si on lui donnoit une autre forme; & dans laquelle il se trouvât, par exemple, des cos. z, la formule de notre savant Géometre donneroit en ce cas des arcs de cercle dans l'expression du rayon vecteur; & qu'il faut démontrer auparavant (ce qu'il n'a pas fait) qu'il ne doit point y avoir des arcs de cercle dans cette expression.

4. Ma méthode n'est point sujette à ces inconvéniens. Car 1°. j'ai démontré (art. 27 de *ma Théorie de la Lune*) qu'il ne devoit point y avoir d'arcs de cercle dans l'équation de l'orbite, au moins dans le cas où K & L sont très-petits par rapport à F; ce qui est le seul cas dont il soit question ici. 2°. Je trouve par le calcul le plus court & le plus simple, l'équation différentielle approchée

$$ddt + \left(1 - \frac{\overline{m-2}.K}{gg} - \frac{\overline{n-2}.L}{gg}\right) t\,dz^2 + (1 - K - L - F)\,dz^2 = 0,$$

dont l'intégrale est par l'art. 25 de ma *Théorie*,

$$t = \frac{1 - K - L - F}{1 - \frac{\overline{m-2}.K}{gg} - \frac{\overline{n-2}.L}{gg}} \times \left(-1 + \text{cos. } z\sqrt{1 - \frac{\overline{m-2}.K}{gg} - \frac{\overline{n-2}.L}{gg}}\right).$$

3°. Elle donne enfin, comme on le voit par l'art. 27 de cette même *Théorie*, un moyen facile d'approcher de plus en plus de la vraie valeur de t, & de corriger le mouvement déja trouvé des apsides, sans avoir aucune indéterminée à introduire dans l'expression du rayon, & sans

ſans être embarraſſé des termes qui paroîtroient devoir donner des arcs de cercle dans l'expreſſion du rayon vecteur.

X V I.

1. On peut voir dans mes *Recherches ſur le Syſtême du Monde*, p. 110 de la premiere partie, & p. 237 & ſuiv. pluſieurs autres remarques ſur l'intégration de l'équation différentielle de l'orbite des Planètes. Je ne répéterai point ici ces remarques, auxquelles je renvoye le Lecteur. J'ajouterai ſeulement à ce qui a été dit à la page 241 de cet Ouvrage, que quand il ſe trouveroit dans l'équation différentielle de l'orbite lunaire, des termes de cette forme coſ. $Nz - nz + \pi n z$, (N marquant, non pas la racine du coëfficient de $t d z^2$, mais le mouvement réel de l'apogée de la Lune, & π étant un nombre très-peu différent de l'unité, qui donne le mouvement de l'apogée du Soleil); il n'y auroit point à craindre que ces termes en introduiſiſſent de trop grands par l'intégration. Car le diviſeur de ces termes dans l'intégrale ſeroit (p. 244 & ſuiv. de notre Théorie) $1 - \frac{3 n^2}{2} - (N - n + \pi n)^2$; c'eſt-à-dire, à-très-peu-près $1 - \frac{3 n^2}{2} - N^2$, ou $\frac{3 n^2}{2}$, qui ne ſeroit pas trop petit eu égard au coëfficient que pourroient avoir ces termes dans la différentielle. Ainſi quand même il ſe trouveroit dans l'équation différentielle des termes qui contiendroient coſ.

$Nz - nz + \pi nz$, ces termes, quoique fort augmentés par l'intégration, demeureroient encore très-petits.

XVII.

Après avoir exposé les avantages de ma solution du Problême des trois Corps, je ne dois point dissimuler qu'elle a des inconvéniens : mais ces inconvéniens lui sont communs avec toutes les autres solutions, & viennent de ce qu'on n'a point encore de méthode complette pour résoudre le Problême dont il s'agit.

Ces inconvéniens sont en général ;

1°. Que le grand nombre de quantités, qu'on est forcé de négliger, rend la valeur des coëfficiens très-incertaine. J'en ai donné la preuve dans la premiere & la troisiéme partie de mes *Recherches sur le Systême du Monde*. Voyez premiere Partie, p. 197—204, 234, 235, 249, 250, 254; & troisiéme Partie, p. 17, 18, 29, 30, 31. Voyez aussi l'Ecrit inséré à la fin de la seconde Edition de mon *Traité de Dynamique*.

2°. Que les séries qui expriment la valeur des coëfficiens, ne sont pas toujours convergentes ; c'est ce qu'on remarque sur-tout dans celle qui exprime le mouvement de l'apogée, & dont le premier terme ne donne qu'environ la moitié de ce mouvement. M. Clairaut s'en est apperçu le premier, & a remarqué qu'en poussant le calcul plus loin, on retrouvoit l'autre moitié de ce mouvement. Mais quoique cette remarque soit très-importante, & réponde à la difficulté qui s'étoit élevée sur le mouvement de l'apogée; cependant, pour s'assurer entiérement de la conformité de la théorie avec les observations, ce calcul ne suffisoit pas encore, ainsi que je l'ai déja remarqué ailleurs. Car les deux premiers termes de la série qui exprime le mouvement de l'apogée, étant à-peu-près égaux, il pouvoit se faire que la série ne fût pas convergente au-delà de ces deux termes; il falloit donc prouver que les termes suivans étoient beaucoup plus petits que les deux premiers; & c'est ce que j'ai fait dans la premiere Partie de mes *Recherches*, Ch. XX. Cependant, malgré le résultat favorable de ce calcul, c'est toujours une imperfection commune à toutes les solutions, de ne pas donner le mouvement de l'apogée par une serie qui soit tout d'un coup convergente.

3°. Le même inconvénient se rencontre, mais moins sensiblement, dans plusieurs autres termes de l'équation lunaire; inconvénient qui tient encore à l'imperfection de l'approximation. J'en ai donné la preuve dans les endroits déja cités de mes *Rech. sur le Systême du Monde*.

4°. Enfin on remarquera qu'il y a plusieurs termes, qui étant très-petits dans l'équation différentielle de l'orbite lunaire, augmentent considérablement par l'intégration. Tels sont, par exemple, les termes qui expriment les sinus de $2z - 2nz - 2Nz$, n étant le rapport de la révolution moyenne de la Lune à celle du Soleil, & Nz l'anomalie de la Lune. J'ai remarqué le premier la nécessité d'avoir égard à ces termes dans l'équation de l'orbite lunaire; & je fis part de cette remarque, pendant l'Eté de 1748, à M. Clairaut, qui n'ayant pas encore fait à ces fortes de termes une attention suffisante, croyoit alors que la théorie s'éloignoit entiérement des observations.

5°. Il est d'autres termes qui peuvent augmenter encore plus que ceux-ci par l'intégration; & qui peuvent même augmenter assez pour rendre la vraie valeur des coëfficiens assez incertaine. Tels sont, par exemple, les termes qui renferment sin. $2z - 2pz - 2Nz$, p étant le rapport du mouvement moyen du nœud à celui de la Lune; voyez la premiere Partie de mes *Rech*. p. 47 & 49, & la troisiéme Partie, p. 17. Il y auroit même telle combinaison qui rendroit énormément grand le résultat de l'intégration. Par exemple, s'il se trouvoit dans $\int \pi x^3 dz$ des sinus de $nz - \pi nz$ (πnz exprimant l'anomalie du Soleil); la double intégration qu'exige la quantité $xx dz \int \pi x^3 dz$ dans l'expression du tems, donneroit pour dénominateur $n^2 (1 - \pi)^2$; c'est-à-dire, une quantité d'une petitesse extrême, puisqu'à cause de la lenteur du mouvement de l'apogée du Soleil, $1 - \pi$ est presque égal à zéro; en ce cas l'intégrale deviendroit fort grande. S'il se trouvoit par hasard dans l'équation de l'orbite lunaire des termes de cette sorte, ils mettroient en défaut toutes les théories connues.

Or dans la combinaison infinie & inépuisable des différens termes qui doivent entrer dans l'équation de l'orbite lunaire, il me paroît bien difficile de s'assurer qu'on n'aura point de pareils termes. Leur effet seroit de produire à la longue une altération *apparente* dans le moyen mouvement, tant que $nz - \pi nz$ seroit assez petit pour que sin. $nz - \pi nz$ pût être censé à-peu-près égal à $nz - \pi nz$; car soit A le coëfficient de sin. $nz - \pi nz$ qu'on suppose entrer dans la valeur de $\int \pi x^3 dz$; l'intégration donnera $\frac{A \operatorname{cos.} nz - \pi nz}{n(1-\pi)}$; & la double intégration $\frac{A \operatorname{sin.} nz - \pi nz}{n^2(1-\pi)^2} = \frac{Az}{n(1-\pi)}$, c'est-à-dire, proportionnelle au moyen mouvement; ce qui donne par conséquent une altération apparente au moyen mouvement, tant que $nz - \pi nz$ est une partie assez petite de la circonférence. Mais au bout d'un grand nombre d'années, ou, si l'on veut, de siécles, lorsque sin. $nz - \pi nz$ ne peut plus être pris pour $nz - \pi nz$; alors l'équation n'est plus proportionnelle au moyen mouvement, & rentre dans la classe des équations ordinaires (*a*).

Il suit de-là que les solutions trouvées jusqu'ici du Problême des trois Corps, & en particulier des inégalités de la Lune, n'ont point encore le dégré de perfection qu'on y peut souhaiter; & on ne sauroit trop exhorter les Géometres à chercher les moyens de parvenir à

(*a*) Voyez la seconde Partie de mes *Recherches sur le Systême du Monde*, p. 94 & suiv. J'y fais voir que l'altération *apparente* du moyen mouvement de Saturne pourroit bien tenir à des termes de cette espéce; c'est aussi ce qu'on a remarqué depuis dans la piéce qui a remporté le Prix de l'Académie des Sciences en 1760, sur l'*altération du mouvement moyen des Planètes*.

ce but si desiré, en perfectionnant, si cela est possible, les méthodes analytiques qui peuvent y conduire.

XVIII.

Dans l'application du Problême des trois Corps au mouvement de Jupiter & de Saturne, il se rencontre une difficulté que M. Euler a le premier résolue, & qui vient des coëfficiens de certains termes de l'équation. Voyez mes *Recherches sur le Systême du Monde*, seconde Partie art. 222 & suiv. Je dois remarquer à cette occasion, que quand j'ai proposé, art. 232 du même Ouvrage, une méthode pour trouver les coëfficiens de ces termes, par la rectification des Sections coniques, & que j'ai donné cette méthode *comme plus curieuse & plus géométrique, que commode pour le calcul*; ce n'est pas que je ne la croye très-praticable, & préférable même aux quadratures que d'autres Géometres ont employées pour le même objet; car en général les approximations par rectification sont plus éxactes que les approximations par quadrature: mais c'est que j'avois donné dans cette même *seconde Partie*, pag. 55 — 89, d'autres méthodes encore plus commodes (& aussi éxactes, ce me semble, qu'aucune autre), pour parvenir à la valeur de ces coëfficiens; méthodes qui m'appartiennent en propre, & qui consistent dans la sommation approchée de certaines series, dont les derniers termes forment à-très-peu-près une progression géométrique.

Je fais cette remarque relativement à deux endroits

des Mémoires de l'Académie de 1754, p. 545 & 549. Au reste que l'on employe ces series, ou la quadrature méchanique de certaines courbes, ou la rectification des Sections coniques, il n'est pas moins certain que la méthode donnée dans ces Mémoires, est fondée sur une idée que j'ai proposée le premier, & qui n'a rien de commun, comme on l'a voulu faire entendre, avec la méthode, d'ailleurs très-ingénieuse, de M. Euler. Cette idée consiste à remarquer, comme je l'ai fait art. 232 de la seconde Partie de mes *Recherches sur le Systême du Monde*, que la connoissance des coëfficiens dépend de l'intégration complette de certaines quantités, lorsque la variable qu'elles renferment, est égale à la moitié de la circonférence, ou à la circonférence entiere; ce que j'ai démontré de la maniere la plus simple, sans avoir besoin du savant circuit qu'on a employé pour cela dans les Mémoires cités de 1754.

XIX.

Je viens maintenant à mes nouvelles Tables. La forme que je leur donne, est celle que M. Euler a employée le premier, & que M. Mayer a suivie. Elle consiste à regarder l'excentricité comme constante, & à substituer à l'excentricité variable des Tables des *Institut.* un terme proportionnel à sin $2Z - 2z' - N.Z$, qui fait à-peu-près le même effet. Comme les Astronomes commencent à faire usage des Tables disposées suivant cette nouvelle forme, qui est en effet plus commode & plus simple, je me ſuis déterminé à donner maintenant à mes Tables cette forme qui réſulte immédiatement de la théorie, & que je leur aurois donnée plutôt, ſi je n'avois vû les Aſtronomes encore attachés à la forme ancienne, comme je l'ai dit en publiant mes premieres Tables.

Il y a néanmoins quelque différence entre la forme des Tables de M. Mayer, & la forme des miennes.

1°. M. Mayer ſuppoſe qu'on ait calculé le lieu vrai du Soleil, au lieu que je n'ai beſoin que du lieu moyen de cet Aſtre. Cette ſuppoſition abrege le calcul; il eſt vrai qu'on ne pourroit pas employer le même abrégé pour ſimplifier les Tables des *Inſtitutions*, comme je l'ai remarqué dans la troiſiéme Partie de mes *Recherches*, §. XXIV, mais cela vient de la forme particuliere aux Tables des *Inſtitutions*, qui eſt très-différente de celle des Tables de M. Mayer.

2°. J'ai donné une diſpoſition différente à mes Tables quant à la place que certaines équations y occupent.

3°. Quelques équations, comme celle des argumens VI & XIII, me ſont particulieres.

4°. Quelques équations ſont autrement préſentées, comme celles des argumens IV & V. qui reviennent à l'équation VIII de M. Mayer, & à l'équation qu'il donne pour l'anomalie moyenne, dont je ſuppoſe au contraire que le mouvement eſt uniforme, ce qui me paroît plus ſimple.

5°. Dans notre argument XV, qui répond à l'argument XIII de M. Mayer, on n'a point d'égard à la correction qui

qui vient de l'équation du centre, au lieu que M. Mayer y a eu égard, comme on l'a déja remarqué dans la troisiéme Partie des *Recherches sur le Systême du Monde*, p. 24.

X X.

Du reste, pour construire les différentes équations de ces Tables, voici comment je m'y suis pris.

J'ai eu recours aux quatre différentes Tables, dont j'ai offert la comparaison, p. 28 de la troisiéme Partie de mes *Recherches sur le Systême du Monde*; & voici l'usage que j'en ai fait. Je suppose que le Lecteur ait ces Tables sous les yeux.

La premiere équation qui est proportionnelle à sin. $\pi z'$, & qui dépend de l'anomalie moyenne du Soleil, je l'ai prise de 11′ 30″, qui est à-peu-près le milieu entre les quatre Tables; le vrai milieu est 11′ 40″, mais j'ai retranché 10″, parce que je crois un peu trop grande l'équation 12′ 57″ que donne ma théorie; cette équation est le premier argument de mes nouvelles Tables.

J'ai conservé la seconde équation de mes Tables + 2′ 28″ sin. $2Z - 2z' - 2N.Z$; parce que cette équation ne differe pas beaucoup de celle de M. Clairaut, & qu'il paroît que dans les Tables de Mrs. Mayer & le Monnier, qui donnent 3′ 45″, on s'est contenté de la valeur de cette équation trouvée par Newton, dont la théorie ne semble pas assez éxacte. C'est le second argument des nouvelles Tables de cet Ouvrage.

Il en est de même de l'équation — 1′ 9″ sin. $2z'$ —

$2\,p\,Z$, donnée par ma Théorie, & que j'ai conſervée par les mêmes raiſons. C'eſt le troiſiéme argument de mes nouvelles Tables.

Quant à la *variation* (qui fait l'argument XV des nouvelles Tables, & l'argument IV de la page 28 de la troiſiéme partie de mes *Recherches*); comme il eſt difficile de la déterminer rigoureuſement par la théorie, & que je crois en particulier, ainſi que je l'ai dit ci-deſſus, ne l'avoir pas déterminée aſſez éxactement par la mienne, j'ai pris le milieu 40′ 38″ entre les deux équations de Mrs Mayer & le Monnier, qui paroiſſent fondées ſur les obſervations. De plus (art. 95 de la premiere Partie de mes *Recherches ſur le Syſtême du Monde*) j'ai retranché 23″ à cauſe de la correction du lieu qui provient du mouvement des nœuds & de l'inclinaiſon, & j'ai eû 40′ 15″. Cette équation fait partie de l'argument XV de mes nouvelles Tables, du quel je parlerai encore plus bas.

Pour la cinquiéme équation, j'ai pris d'abord 1′ 30″ qui eſt à-très-peu-près le milieu entre les quatre équations des quatre Tables; ce qui donne d'abord $+ 1' 30''$ ſin. $2\,Z - 2\,z' + \pi\,z' - N\,Z$. De plus en mettant pour z', longitude vraie du Soleil, la quantité $\zeta - 2\,\lambda$ ſin. $\pi\,\zeta$ dans l'équation VII, il en vient à-peu-près un terme de cette forme $- 2' 32''$ ſin. $2\,z - 2\,\zeta + \pi\,\zeta - N.Z$; reſte donc $- 1' 2''$ ſin. $2\,Z - 2\,\zeta + \pi\,\zeta - N.Z$ pour dernier réſultat de l'équation. C'eſt l'argument X de mes nouvelles Tables.

J'ai gardé la ſixiéme équation 2′ 5″ que la Théorie

m'a donnée, & qui d'ailleurs est à-peu-près moyenne entre les deux de M^rs le Monnier & Mayer. Celle de M. Clairaut 3′ 40″ paroît incertaine, & je la crois trop grande. Voyez *Rech. sur le Systême du Monde*, troisiéme Partie, p. 29. C'est une partie de l'argument XV des nouvelles Tables.

Pour l'équation VII nommée *Evection*, j'ai pris l'équation — 1° 17′ de M. le Monnier, qui tient à-peu-près le milieu entre les autres; ayant d'ailleurs lieu de croire, comme je l'ai dit ci-dessus, que l'équation 1° 18′ 18″ que j'ai trouvée par ma Théorie, est un peu trop grande. C'est l'argument XVI de mes nouvelles Tables.

Pour l'équation VIII, j'ai pris celle de M. Mayer — 3′ 0″, qui est à-peu-près moyenne entre les autres; c'est l'argument IX de mes nouvelles Tables.

Pour l'équation IX, j'ai pris — 1 38″ qui est à-peu-près moyenne entre les autres; & à laquelle les deux Tables de M^rs le Monnier & Mayer sont d'ailleurs assez conformes; c'est l'argument IV de mes nouvelles Tables.

Pour l'équation X, j'ai pris + 2 20″, sur laquelle Mrs Clairaut & Mayer s'accordent à-peu-près, & que j'ai reconnue par le calcul avoir en effet à-peu-près cette valeur; c'est l'argument V.

Pour la XIe Equation, j'ai pris d'abord 1′ qui est à-peu-près moyen entre les Tables de M. Clairaut & les miennes, & qui ne différe pas d'ailleurs beaucoup de celles de M. Mayer. Ensuite comme la substitution de $\zeta - 2\lambda$ sin. $\pi\zeta$ au lieu de χ' dans l'*Evection* donne encore ici +

2′ 32″ fin. $2Z - 2\zeta - \pi\zeta - N.Z$, il en réſulte l'équation totale $+$ 3′ 32″ fin. $2Z - 2\zeta - \pi\zeta - N.Z$; c'eſt l'argument XI de mes nouvelles Tables.

Pour la XII Equation, j'ai pris 1′ 2″ qui eſt à-peu-près le milieu entre les Tables de M. Clairaut & les miennes, & qui d'ailleurs s'accorde à-très-peu-près avec celles de M. Mayer; c'eſt l'argument XII.

J'ai ſupprimé la XIIIe Equation, qui eſt nulle dans les deux Tables de Mrs Mayer & le Monnier, & qui eſt aſſez incertaine par la Théorie, comme on le voit non-ſeulement par ce que nous avons dit plus haut §. XVII, & p. 17 de la troiſiéme Partie de mes *Recherches*, mais encore par la comparaiſon des Tables de M. Clairaut avec les miennes, les deux réſultats étant même de ſignes différens.

Pour la XVe Equation, j'ai pris $-$ 45″, qui eſt celle des Tables des *Inſtitutions*, & qui eſt à peu-près moyenne entre les autres; enſuite comme la *variation*, en mettant pour ζ' ſa valeur $\zeta - 2\lambda$ fin. $\pi\zeta$, donne à-peu-près $+$ 1′ 8″ fin. $2Z - 2\zeta + \pi\zeta$, il en réſulte une équation totale de 23″; c'eſt l'argument VII.

Enfin pour la XVIe Equation, j'ai pris d'abord le réſultat $-$ 1′ 2″ des Tables de M. Mayer, qui eſt à-peu-près moyen entre les autres; à quoi ajoutant $-$ 1′ 8″, donné par la ſubſtitution de $\zeta - 2\lambda$ fin. $\pi\zeta$ dans la *variation*, j'ai $-$ 2′ 10″ fin. $2Z - 2\zeta - \pi\zeta$. C'eſt l'argument VIII.

A l'égard de la XVIIe Equation qui eſt nulle dans

les trois Tables de Mrs le Monnier, Clairaut & moi, je l'ai supprimée, quoique dans les Tables de M. Mayer elle monte à près de 30″.

J'aurois pû en faire de même de la XIVe Equation, qui est nulle dans les trois Tables de Mrs Mayer, le Monnier & Clairaut, & qui dans la mienne monte à 18″; cependant, comme j'ai tout lieu de croire que mon résultat est préférable, par la raison que mes formules (§. XII.) sont beaucoup plus éxactes pour calculer ces sortes d'équations, j'ai cru qu'on pourroit faire usage de cette équation; & j'en ai dressé une Table à part, dont j'ai fait l'Argument VI: on peut la supprimer quand l'argument sera de peu de degrés; l'équation qui en résulte, n'étant alors que de quelques secondes.

X X I.

L'Equation du moyen mouvement ou du tems par le mouvement vrai, qui donne la valeur de Z en z, renfermant deux termes de cette forme $+ \alpha$ sin. $2z - 2nz - Nz - \beta$ sin. $2z - 2nz$, il en résulte 1°. une équation $- \frac{\alpha\alpha}{2}$ sin. $4Z - 4z' - 2N.Z$, qui donne en changeant le signe, pour appliquer cette équation au lieu moyen, un résultat égal à $+ 46''$ sin. $4Z - 4z' - 2N.Z$. Ce résultat fait partie de l'Argument XVI. 2°. Une équation $- \beta\beta$ sin. $4Z - 4z'$, qui donne en changeant le signe $+ 23''$ sin. $4Z - 4z'$. Ce résultat fait partie de l'Argument XV; dans la Table propre à cet argument, il eſt combiné avec la *variation* & la VIe Equation dont il a été parlé ci-deſſus. 3°. Deux Equations $-\frac{\alpha \zeta}{2}$ ſin. $N.Z + \frac{3\alpha\zeta}{2}$ ſin. $4Z - 4\zeta' - N.Z$, qui donnent en changeant les ſignes $+ 23''$ ſin. $N.Z - 1' 12''$ ſin. $4Z - 4\zeta' - N.Z$.

La premiere de ces Equations $+ 23''$ ſin. NZ doit ſe combiner avec l'Equation du centre (argument XIV.) que j'ai faite avec M. Mayer $- 6°. 18' 44''$, & qui s'accorde d'ailleurs très-bien avec les Tables de M. le Monnier, & à-très-peu-près avec les miennes.

A l'égard de l'Equation $- 1' 12''$ ſin. $4Z - 4\zeta - N.Z$, j'en ai fait une Table particuliere, qui eſt celle de l'argument XIII. Cette derniere Equation paroît avoir été négligée (au moins en partie) par M. Mayer; & c'eſt peut-être pour cela que dans les ſyzygies, les Tables de cet habile Aſtronome donnent quelquefois autant d'erreur que hors des ſyzygies. Au reſte je ne dis ceci que par conjecture, M. Mayer n'ayant point encore publié la théorie ou la méthode d'après laquelle il a conſtruit ſes Tables.

XXII.

Pour calculer la latitude, j'ai employé la méthode expliquée dans la troiſiéme Partie de mes *Recherches ſur le Syſtême du Monde*, p. 50 & 51; & c'eſt d'après cette méthode, que j'avois dreſſé d'abord les Tables de latitude, en prenant $9' 30''$ pour l'équation du nœud, &

9′ pour la plus grande équation donnée par le second argument de la latitude; & en supposant l'inclinaison moyenne de 5° 9′.

Mais j'ai trouvé ensuite un moyen de rendre ces équations plus éxactes. Pour cela j'ai considéré 1°. que dans les équations du nœud, telles que nous les avons données dans la troisiéme Partie des *Rech. sur le Systême du Monde* §. VIII, on trouve entr'autres équations, ces deux-ci $-8' 22''$ sin. $2z - 2z' + 8' 22''$ sin. $2z - 2pz$. 2°. Qu'à ces équations du mouvement du nœud, il en répond deux de même signe pour l'inclinaison; savoir $(-8' 22''$ cos. $2z - 2z' + 8' 22''$ cos. $2z - 2pz) \times \mu$, μ exprimant le rapport de la tangente de l'inclinaison au sinus total. 3°. Que si par conséquent on se sert de ces équations pour corriger la latitude suivant la méthode donnée dans la troisiéme Partie des *Recherches sur le Systême du Monde* §. XXV; on aura pour la correction de la latitude $-8' 22'' \times \mu \times$ sin. $z - pz - 2z + 2z'$ $+ 8' 22'' \times \mu$ sin. $z - pz - 2z + 2pz =$ à-très-peu-près $41''$ sin. $z - 2nz + pz - 41''$ sin. $z - pz$. Il faut donc retrancher $41''$ de la plus grande équation de la premiere Table, ce qui la réduit à $5° 9' - 41''$, ou $5° 8' 19''$; & il faut au contraire ajouter $41''$ à la plus grande équation de la seconde Table; ce qui la change en $9' 41''$. C'est d'après cette correction que les deux premieres Tables de la latitude ont été formées.

Outre les deux équations du nœud dont nous venons de parler, il y en a encore une autre assez considérable

$+ 4' 45''$ fin. $2z - 2Nz - 2pz$, qui peut produire environ $23''$ dans la latitude; cette équation est à très-peu-près $+ 23''$ fin. $2Nz - z + pz$, & son argument est le double de l'anomalie moyenne de la Lune, moins l'argument de la latitude, ou plus éxactement, le double de l'argument XIV, moins l'argument de la latitude. J'en ai formé une troisiéme Table, qui ne se trouve point dans celles de M. Mayer.

XXIII.

Quant à la parallaxe de la Lune, j'ai employé d'abord la parallaxe moyenne de $57' 12''$, ainsi que je l'ai trouvée dans ma *Théorie de la Lune*, art. 154; or la parallaxe moyenne, suivant les Tables de M. Mayer, est $57' 18''$, (en prenant le milieu entre la plus grande parallaxe de ces Tables $60' 26''$, & la plus petite $54' 10''$); ainsi il faut ôter constamment $6''$ de la Table des parallaxes de M. Mayer. C'est de cette maniere que j'ai formé la Table des parallaxes.

A l'égard des deux Tables de corrections de la parallaxe, elles ont été faites d'après un calcul nouveau, qui s'accorde d'ailleurs assez avec les Tables de Mrs Mayer & Clairaut.

Fin du quatorziéme Mémoire.

NOUVELLES TABLES

NOUVELLES
TABLES
DE
LA LUNE.

EPOQUES POUR LES CALCULS DE LA LUNE.

N. B. Ces Epoques sont conformes à celles des *Institutions Astronomiques*, avec cette seule différence, qu'on a ajouté 15″ à la longitude moyenne de la Lune.

Années.	Longitude moyenne du Soleil.	Anomalie moyenne du Soleil.	Longitude moyenne de la Lune.	Longitude moyenne de son Apogée.	Anomalie moyenne de la Lune.	Nœud ascendant rétrograde.
	Sig. D. M. S.	*Sig. D. M. S*	*Sig. D. M. S.*	*Sig. D. M. S.*	*Sig. D. M. S.*	*Sig. D. M. S.*
1749	9 10 14 40	6 01 39 48	01 28 53 31	04 10 19 02	09 18 34 29	09 29 34 43
1750	9 10 00 21	6 01 24 26	06 08 16 34	05 20 58 52	00 17 17 42	09 10 15 00
1751	9 09 46 01	6 01 09 03	10 17 39 38	07 01 38 43	03 16 00 55	08 20 55 17
1752 B	9 10 30 49	6 01 52 48	03 10 13 16	08 12 25 14	06 27 48 02	08 01 32 23
1753	9 10 16 29	6 01 37 25	07 19 35 20	09 23 05 05	09 26 31 15	07 11 12 40
1754	9 10 02 09	6 01 22 02	11 28 59 23	11 03 44 55	00 25 14 28	06 22 52 56
1755	9 09 47 49	6 01 06 39	04 08 22 27	00 14 24 46	03 23 57 41	06 03 33 13
1756 B	9 10 32 38	6 01 50 25	09 00 56 05	01 25 11 17	07 05 44 48	05 14 10 19
1757	9 10 18 18	6 01 35 02	01 10 19 09	03 05 51 08	10 04 28 01	04 24 50 36
1758	9 10 03 58	5 01 19 39	05 19 42 12	04 16 30 58	01 03 11 14	04 05 30 53
1759	9 09 49 38	6 01 04 16	09 29 05 16	05 27 10 49	04 01 54 27	03 16 11 10
1760 B	9 10 34 27	6 01 48 02	02 21 38 54	07 07 57 20	07 13 41 34	02 26 48 16
1761	9 10 20 07	6 01 32 39	07 01 01 57	08 18 37 10	10 12 24 47	02 07 38 33
1762	9 10 05 47	6 01 17 16	11 10 25 00	09 29 17 02	01 11 07 59	01 18 08 50
1763	9 09 51 27	6 01 01 53	03 19 48 04	11 09 56 51	04 09 51 13	00 28 49 06
1764 B	9 10 36 15	6 01 45 39	08 12 21 43	00 20 43 23	07 21 38 20	00 09 26 12
1765	9 10 21 55	6 01 30 15	00 21 44 46	02 01 23 13	10 20 21 33	11 20 06 29
1766	9 10 07 36	6 01 14 53	05 01 07 50	03 12 03 04	01 19 04 46	11 00 46 45
1767	9 09 53 16	6 00 59 30	09 10 30 53	04 22 42 54	04 17 47 59	10 11 27 03
1768 B	9 10 38 04	6 01 43 15	02 03 04 32	06 03 29 26	07 29 35 06	09 22 04 09
1769	9 10 23 44	6 01 27 52	06 12 27 35	07 14 09 16	10 28 18 19	09 02 44 26
1770	9 10 09 25	6 01 12 30	10 21 50 39	08 24 49 07	01 27 01 32	08 13 24 43
1771	9 09 55 05	6 00 57 07	03 01 13 42	10 05 28 57	04 25 44 45	07 24 05 00
1772 B	9 10 39 53	6 01 40 52	07 23 47 21	11 16 15 29	08 07 31 52	07 04 42 06
1773	9 10 25 33	6 01 25 29	00 03 10 24	00 26 55 19	11 06 15 05	06 15 22 23
1774	9 10 11 13	6 01 10 06	04 12 33 28	02 07 35 10	02 04 58 18	05 26 02 40
1775	9 09 56 54	6 00 54 44	08 21 56 31	03 18 15 00	05 03 41 31	05 06 42 57
1776 B	9 10 41 42	6 01 38 29	01 14 30 10	04 29 01 32	08 15 28 38	04 17 20 03

EPOQUES POUR LES CALCULS DE LA LUNE.

N. B. Ces Epoques sont conformes à celles des *Institutions Astronomiques*, avec cette seule différence, qu'on a ajouté 15" à la longitude moyenne de la Lune.

Années.	Longitude moyenne du Soleil.	Anomalie moyenne du Soleil.	Longitude moyenne de la Lune.	Longitude moyenne de son Apogée.	Anomalie moyenne de la Lune.	Nœud ascendant rétrograde.
	Sig. D. M. S.	*Sig. D. M. S.*	*Sig. D. M. S.*	*Sig. D. M. S.*	*Sig. D. M. S.*	*Sig. D. M. S.*
1777	9 10 27 22	6 01 23 06	05 23 53 13	06 09 41 22	11 14 11 51	03 28 00 20
1778	9 10 13 02	6 01 07 43	10 03 16 17	07 20 21 13	02 12 55 04	03 08 40 37
1779	9 09 58 42	6 00 52 20	02 12 39 20	09 01 01 03	05 11 38 17	02 19 20 54
1780 B	9 10 43 31	6 01 36 06	07 05 12 59	10 11 47 35	08 23 25 24	01 29 58 01
1781	9 10 29 11	6 01 20 43	11 14 36 02	11 22 27 25	11 22 08 37	01 10 38 18
1782	9 10 14 51	6 01 05 20	03 23 59 06	01 03 07 16	02 20 51 50	00 21 28 35
1783	9 10 00 31	6 00 49 57	08 03 22 09	02 13 47 06	05 19 35 03	00 02 08 52
1784 B	9 10 45 20	6 01 33 43	00 25 55 48	03 24 33 38	09 01 22 10	11 12 35 57
1785	9 10 31 00	6 01 18 20	05 05 18 51	05 05 13 28	00 00 05 23	10 23 16 14
1786	9 10 16 40	6 01 02 57	09 14 41 55	06 15 53 19	02 28 48 36	10 03 56 31
1787	9 10 02 20	6 00 47 34	01 24 04 58	07 26 33 09	05 27 31 49	09 14 36 48
1788 B	9 10 47 09	6 01 31 20	06 16 38 37	09 07 19 41	09 09 18 56	08 25 13 54
1789	9 10 32 49	6 01 15 57	10 26 01 40	10 17 59 31	00 08 02 09	08 05 54 11
1790	9 10 18 29	6 01 00 34	03 05 24 44	11 28 39 22	03 06 45 22	07 16 34 28
1791	9 10 04 09	6 00 45 11	07 14 47 47	01 09 19 12	06 05 28 35	06 27 14 45
1792 B	9 10 48 57	6 01 28 56	00 07 21 26	02 20 05 44	09 17 15 42	06 07 51 51
1793	9 10 34 37	6 01 13 33	04 16 44 29	04 00 45 34	00 15 58 55	05 18 32 08
1794	9 10 20 17	6 00 53 10	08 26 07 33	05 11 25 25	03 14 42 08	04 29 12 25
1795	9 10 05 57	6 00 42 47	01 05 30 36	06 22 05 15	06 13 25 21	04 09 52 42
1796 B	9 10 50 46	6 01 26 33	05 28 04 15	08 02 51 47	09 25 12 28	03 20 29 48
1797	9 10 36 26	6 01 11 10	10 07 27 18	09 13 31 37	00 23 55 41	03 01 10 05
1758	9 10 22 06	6 00 55 47	02 16 50 22	10 24 11 29	03 22 38 53	02 11 50 22
1799	9 10 07 46	6 00 40 24	06 26 13 25	00 04 51 19	06 21 22 06	01 22 30 39
1800 B	9 10 52 35	6 01 24 10	11 18 47 04	01 15 37 50	10 03 09 14	01 03 07 46

MOYENS MOUVEMENS DU SOLEIL ET DE LA LUNE.

pour le dernier jour de chaque mois.

Mois.	Longitude moyenne du Soleil.	Anomalie moyenne du Soleil.	Longitude moyenne de la Lune.	Longitude moyenne de l'Apogée.	Anomalie moyenne de la Lune.	Nœud ascendant rétrograde.
	S. D. M. S.	*S. D. M. S.*	*S. D. M. S.*	*S. D. M. S.*	*S. D. M. S.*	*S. D. M. S.*
Janvier	01 00 33 18	01 00 33 13	01 18 28 06	0 03 27 13	01 15 00 53	0 01 38 30
Février	01 28 09 11	01 28 09 01	01 27 24 26	0 06 34 23	01 20 50 03	0 03 07 28
Mars	02 28 42 30	02 28 42 14	03 15 52 32	0 10 01 37	03 05 50 55	0 04 45 57
Avril	03 28 16 39	03 28 16 18	04 21 10 03	0 13 22 [illegible]	04 07 47 54	0 06 21 17
Mai	04 28 49 58	04 28 49 32	06 09 38 08	0 16 49 12	05 22 48 46	0 07 59 47
Juin	05 28 24 08	05 28 23 37	07 14 55 39	0 20 09 54	06 24 45 44	0 09 35 06
Juillet	06 28 57 26	06 28 56 49	09 03 23 45	0 23 37 08	08 09 46 37	0 11 13 35
Août	07 29 30 14	07 29 30 02	10 21 51 51	0 27 04 21	09 24 47 30	0 12 52 05
Septem	08 29 04 54	08 29 04 07	11 27 09 21	01 00 24 53	10 26 44 28	0 14 27 24
Octob.	09 29 38 12	09 29 37 20	01 15 37 27	01 03 52 07	00 11 45 20	0 16 05 53
Nov.	10 29 12 22	10 29 11 24	02 20 54 58	01 07 12 39	01 13 42 19	0 17 41 12
Décem.	11 29 45 40	11 29 44 37	04 09 23 04	01 10 39 52	02 28 43 12	0 19 19 43

MOYENS MOUVEMENS DU SOLEIL ET DE LA LUNE pour les jours du Mois (a).

Jours.	Longitude moyenne du Soleil.	Anomalie moyenne du Soleil.	Longitude moyenne de la Lune.	Longitude moyenne de l'Apogée.	Anomalie moyenne de la Lune.	Nœud ascendant rétrograde.
	S. D. M. S.	S. D. M S.	S. D. M. S.	S. D. M. S.	S. D. M. S.	S. D. M. S.
1	00 00 59 08	00 00 59 08	00 13 10 35	00 00 06 41	00 13 03 54	00 00 03 11
2	00 01 58 17	00 01 58 17	00 26 21 10	00 00 13 22	00 26 07 48	00 00 06 21
3	00 02 57 25	00 02 57 25	01 07 31 45	00 00 20 03	01 09 11 42	00 00 09 32
4	00 03 56 33	00 03 56 33	01 22 42 20	00 00 26 44	01 22 15 36	00 00 12 43
5	00 04 55 42	00 04 55 42	02 05 52 55	00 00 33 25	02 05 19 30	00 00 15 53
6	00 05 54 50	00 05 54 49	02 19 03 30	00 00 40 06	02 18 23 24	00 00 19 04
7	00 06 53 58	00 06 53 57	03 02 14 05	00 00 46 48	03 01 27 17	00 00 22 14
8	00 07 53 07	00 07 53 06	03 15 24 40	00 00 53 29	03 14 31 11	00 00 25 25
9	00 08 52 15	00 08 52 14	03 28 35 15	00 01 00 10	03 27 35 05	00 00 28 36
10	00 09 51 23	00 09 51 22	04 11 45 50	00 01 06 51	04 10 38 59	00 00 31 46
11	00 10 50 32	00 10 50 30	04 24 56 25	00 01 13 32	04 23 42 53	00 00 34 57
12	00 11 49 40	00 11 49 38	05 08 07 00	00 01 20 13	05 06 46 47	00 00 38 08
13	00 12 48 48	00 12 48 46	05 21 17 35	00 01 26 54	05 19 50 41	00 00 41 18
14	00 13 47 57	00 13 47 55	06 04 28 10	00 01 33 35	06 02 54 35	00 00 44 29
15	00 14 47 05	00 14 47 03	06 17 38 45	00 01 40 16	06 15 58 29	00 00 47 40
16	00 15 46 13	00 15 46 11	07 00 49 20	00 01 46 57	06 29 02 23	00 00 50 50
17	00 16 45 22	00 16 45 19	07 13 59 55	00 01 53 38	07 12 06 17	00 00 54 01
18	00 17 44 30	00 17 44 27	07 27 10 30	00 02 00 19	07 25 10 11	00 00 57 11
19	00 18 43 38	00 18 43 35	08 10 21 05	00 02 07 00	08 08 14 05	00 01 00 22
20	00 19 42 47	00 19 42 44	08 23 31 40	00 02 13 41	08 21 17 59	00 01 03 33
21	00 20 41 55	00 20 41 52	09 06 42 15	00 02 20 23	09 04 21 52	00 01 06 43
22	00 21 41 03	00 21 41 00	09 19 52 50	00 02 27 04	09 17 25 46	00 01 09 54
23	00 22 40 12	00 22 40 08	10 03 03 26	00 02 33 45	10 00 29 41	00 01 13 05
24	00 23 39 20	00 23 39 16	10 16 14 01	00 02 40 26	10 13 33 35	00 01 16 15
25	00 24 38 28	00 24 38 24	10 29 24 36	00 02 47 07	10 26 37 29	00 01 19 26
26	00 25 37 37	00 25 37 33	11 12 35 11	00 02 53 48	11 09 41 23	00 01 22 37
27	00 26 36 45	00 26 36 41	11 25 45 46	00 03 00 29	11 22 45 17	00 01 25 47
28	00 27 35 53	00 27 35 49	00 08 56 21	00 03 07 10	00 05 49 11	00 01 28 58
29	00 28 35 02	00 28 34 57	00 22 06 56	00 03 13 51	00 18 53 05	00 01 32 09
30	00 29 34 10	00 29 35 05	01 05 17 31	00 03 20 32	01 01 56 59	00 01 35 19
31	01 00 33 18	01 00 33 13	01 18 28 0[illegible]	00 03 27 13	01 15 00 53	00 01 38 30

(a) Dans les années Bissextiles, il faut retrancher un jour de la date du mois, si cette date tombe dans les mois de Janvier ou de Février. Par exemple, si on demande le lieu de la Lune le 31 Janvier dans une année Bissextile, ou le 10 Février, il faudra prendre le lieu qui répond au 30 Janvier, ou au 9 Février.

MOYENS MOUVEMENS DU SOLEIL ET DE LA LUNE, pour les Heures, Minutes & Secondes.

N. B. Pour les Heures, Minutes & Secondes, le mouvement de l'Apogée du Soleil est insensible. C'est pourquoi dans les deux Tables suivantes l'Anomalie moyenne du Soleil est toujours égale à la longitude moyenne de cet Astre.

	Longitude moy. du Soleil.	Anomalie moy. du Soleil.	Longitude moy. de la Lune.	Longitude moy. de l'Apogée.	Anomalie moy. de la Lune.	Nœud ascendant retrograde.
Secondes.	S. T. Q.	S. T. Q.	S. T. Q.	S. T. Q.	S. T. Q.	S. T. Q.
Minutes.	M. S. T.	M. S. T.	M. S. T.	M. S. T.	M. S. T.	M. S. T.
Heures.	D. M. S.	D. M. S.	D. M. S.	D. M. S.	D. M. S.	D. M. S.
1	00 02 28	00 02 28	00 32 56	00 00 17	00 32 40	00 00 08
2	00 04 56	00 04 56	01 05 53	00 00 33	01 05 20	00 00 16
3	00 07 24	00 07 24	01 38 49	00 00 50	01 37 59	00 00 24
4	00 09 51	00 09 51	02 11 46	00 01 07	02 10 39	00 00 32
5	00 12 19	00 12 19	02 44 42	00 01 24	02 43 18	00 00 40
6	00 14 47	00 14 47	03 17 39	00 01 40	03 15 59	00 00 48
7	00 17 15	00 17 15	03 50 35	00 01 57	03 48 38	00 00 56
8	00 19 43	00 19 43	04 23 32	00 02 14	04 21 18	00 01 04
9	00 22 11	00 22 11	04 56 28	00 02 30	04 53 58	00 01 12
10	00 24 38	00 24 38	05 29 24	00 02 47	05 26 37	00 01 19
11	00 27 06	00 27 06	06 02 21	00 03 04	05 59 17	00 01 27
12	00 29 34	00 29 34	06 35 18	00 03 20	06 31 58	00 01 35
13	00 32 02	00 32 02	07 08 14	00 03 37	07 04 37	00 01 43
14	00 34 30	00 34 30	07 41 10	00 03 54	07 37 16	00 01 51
15	00 36 58	00 36 58	08 14 07	00 04 11	08 09 56	00 01 59
16	00 39 25	00 39 25	08 47 03	00 04 27	08 42 36	00 02 07
17	00 41 53	00 41 53	09 20 00	00 04 44	09 15 16	00 02 15
18	00 44 21	00 44 21	09 52 56	00 05 01	09 47 55	00 02 23
19	00 46 49	00 46 49	10 25 53	00 05 18	10 20 35	00 02 31
20	00 49 17	00 49 17	10 58 49	00 05 34	10 53 15	00 02 39
21	00 51 45	00 51 45	11 31 46	00 05 51	11 25 55	00 02 47
22	00 54 12	00 54 12	12 04 42	00 06 08	11 58 34	00 02 55
23	00 56 40	00 56 40	12 37 39	00 06 24	12 31 15	00 03 03
24	00 59 08	00 59 08	13 10 35	00 06 41	13 03 54	00 03 11
25	01 01 36	01 01 36	13 43 32	00 06 58	13 36 34	00 03 19
26	01 04 04	01 04 04	14 16 28	00 07 14	14 09 14	00 03 27
27	01 06 32	01 06 32	14 49 24	00 07 31	14 41 53	00 03 35
28	01 09 00	01 09 00	15 22 21	00 07 48	15 14 33	00 03 43
29	01 11 27	01 11 27	15 55 18	00 08 05	15 47 13	00 03 51
30	01 13 55	01 13 55	16 28 14	00 08 21	16 19 53	00 03 59

SUITE de la Table des Moyens Mouvemens du Soleil & de la Lune, pour les Heures, Minutes & Secondes.

	Longitude moyenne du Soleil.	Anomalie moyenne du Soleil.	Longitude moyenne de la Lune.	Longitude moyenne de l'Apogée.	Anomalie moyenne de la Lune.	Nœud ascendant rétrograde.
Secondes.	*S. T. Q.*	*S. T. Q.*	*S. T. Q.*	*S. T. Q.*	*S. T. Q.*	*S. T. Q.*
Minutes.	*M. S. T.*	*M. S. T.*	*M. S. T.*	*M. S. T.*	*M. S. T.*	*M. S. T.*
31	01 16 23	01 16 23	17 01 10	00 08 38	16 52 32	00 00 04
32	01 18 51	01 18 51	17 34 07	00 08 55	17 25 12	00 00 04
33	01 21 19	01 21 19	18 07 03	00 09 11	17 57 52	00 00 04
34	01 23 47	01 23 47	18 39 59	00 09 28	18 30 31	00 00 04
35	01 26 14	01 26 14	19 12 55	00 09 44	19 03 11	00 00 05
36	01 28 42	01 28 42	19 45 52	00 10 01	19 35 51	00 00 05
37	01 31 10	01 31 10	20 18 48	00 10 17	20 08 31	00 00 05
38	01 33 38	01 33 38	20 51 45	00 10 35	20 41 10	00 00 05
39	01 36 06	01 36 06	21 24 41	00 10 51	21 13 50	00 00 05
40	01 38 34	01 38 34	21 57 38	00 11 08	21 46 30	00 00 05
41	01 41 01	01 41 01	22 30 34	00 11 24	22 19 10	00 00 06
42	01 43 29	01 43 29	23 03 31	00 11 42	22 51 49	00 00 06
43	01 45 57	01 45 57	23 36 27	00 11 58	23 24 29	00 00 06
44	01 48 25	01 48 25	24 09 24	00 12 15	23 57 09	00 00 06
45	01 50 53	01 50 53	24 42 20	00 12 31	24 29 49	00 00 06
46	01 53 21	01 53 21	25 15 17	00 12 49	25 02 28	00 00 06
47	01 55 48	01 55 48	25 48 13	00 13 05	25 35 08	00 00 06
48	01 58 16	01 58 16	26 21 10	00 13 22	26 07 48	00 00 06
49	02 00 44	02 00 44	26 54 06	00 13 38	26 40 28	00 00 06
50	02 03 12	02 03 12	27 27 03	00 13 56	27 13 07	00 00 07
51	02 05 40	02 05 40	27 59 59	00 14 12	27 45 47	00 00 07
52	02 08 08	02 08 08	28 32 56	00 14 29	28 18 27	00 00 07
53	02 10 36	02 10 36	29 05 52	00 14 45	28 51 07	00 00 07
54	02 13 03	02 13 03	29 38 49	00 15 03	29 23 46	00 00 07
55	02 15 31	02 15 31	30 11 45	00 15 19	29 56 26	00 00 07
56	02 17 59	02 17 59	30 44 42	00 15 36	30 29 06	00 00 07
57	02 20 27	02 20 27	31 17 38	00 15 52	31 01 46	00 00 08
58	02 22 55	02 22 55	31 50 34	00 16 09	31 34 25	00 00 08
59	02 25 23	02 25 23	32 23 31	00 16 26	32 07 05	00 00 08
60	02 27 50	02 27 50	32 56 27	00 16 42	32 39 45	00 00 08

ARG. I. Anomalie moyenne du Soleil.

	Ajoutez en descendant			
	0ˢ.	**I.**	**II.**	
	Otez en descendant.			
	VI.	VII.	VIII.	
D.	**M. S.**	**M. S.**	**M. S.**	**D.**
0	0 00	5 38	9 51	30
1	0 12	5 49	9 58	29
2	0 24	6 00	10 4	28
3	0 36	6 09	10 10	27
4	0 47	6 19	10 15	26
5	0 59	6 29	10 20	25
6	1 10	6 39	10 25	24
7	1 22	6 49	10 30	23
8	1 34	6 58	10 35	22
9	1 46	7 8	10 39	21
10	1 56	7 16	10 44	20
11	2 8	7 25	10 48	19
12	2 20	7 34	10 52	18
13	2 31	7 43	10 57	17
14	2 42	7 51	11 2	16
15	2 54	8 0	11 4	15
16	3 5	8 9	11 7	14
17	3 17	8 18	11 10	13
18	3 29	8 26	11 12	12
19	3 40	8 34	11 14	11
20	3 51	8 41	11 17	10
21	4 3	8 49	11 20	9
22	4 14	8 57	11 22	8
23	4 24	9 5	11 24	7
24	4 35	9 13	11 25	6
25	4 46	9 20	11 27	5
26	4 56	9 27	11 28	4
27	5 7	9 32	11 29	3
28	5 18	9 39	11 30	2
29	5 28	9 45	11 31	1
30	5 38	9 51	11 31	0
	V.	IV.	III.	
	Ajoutez en montant.			
	XI.	**X.**	**IX.**	
	Otez en montant.			

ARG. II. Distance moyenne du Soleil à l'Apogée moyen de la Lune.

	Otez en descendant.			
	0ˢ. VI.	I. VII.	II. VIII.	
D.	**M. S.**	**M. S.**	**M. S.**	**D.**
0	0 0	2 9	2 9	30
1	0 6	2 12	2 6	29
2	0 11	2 14	2 3	28
3	0 17	2 16	2 1	27
4	0 21	2 18	1 58	26
5	0 26	2 20	1 55	25
6	0 32	2 21	1 52	24
7	0 36	2 22	1 48	23
8	0 42	2 23	1 44	22
9	0 46	2 24	1 40	21
10	0 52	2 25	1 36	20
11	0 56	2 26	1 32	19
12	1 1	2 27	1 28	18
13	1 5	2 27	1 23	17
14	1 11	2 28	1 19	16
15	1 14	2 28	1 14	15
16	1 19	2 28	1 11	14
17	1 23	2 27	1 5	13
18	1 28	2 27	1 1	12
19	1 32	2 26	0 56	11
20	1 36	2 25	0 52	10
21	1 40	2 24	0 46	9
22	1 44	2 23	0 42	8
23	1 48	2 22	0 36	7
24	1 52	2 21	0 32	6
25	1 55	2 20	0 26	5
26	1 58	2 18	0 21	4
27	2 1	2 16	0 17	3
28	2 3	2 14	0 11	2
29	2 6	2 12	0 6	1
30	2 9	2 9	0 0	0
	XI. V.	X. IV.	IX. III.	
	Ajoutez en montant.			

ARG. III. Distance moyenne du Soleil au lieu moyen du Nœud.

Otez en descendant.

	Os. VI.	I. VII.	II. VIII.	
D.	M. S.	M. S.	M. S.	D.
0	0 0	1 1	1 1	30
1	2	1 1	1 0	29
2	4	1 3	58	28
3	7	1 4	57	27
4	9	1 4	55	26
5	12	1 5	54	25
6	15	1 6	53	24
7	17	1 6	51	23
8	18	1 6	48	22
9	23	1 7	47	21
10	24	1 8	45	20
11	26	1 8	43	19
12	28	1 8	41	18
13	30	1 8	39	17
14	32	1 8	38	16
15	35	1 8	35	15
16	38	1 8	32	14
17	39	1 8	30	13
18	41	1 8	28	12
19	43	1 8	26	11
20	45	1 8	24	10
21	47	1 7	23	9
22	48	1 6	18	8
23	51	1 6	17	7
24	53	1 6	15	6
25	54	1 5	12	5
26	55	1 4	9	4
27	57	1 4	7	3
28	58	1 3	4	2
29	1 0	1 1	0	1
30	1 1	1 1	0	0
	XI. V.	X. IV.	IX. III.	

Ajoutez en montant.

ARG. IV. Anomalie moyenne de la Lune, plus l'Anomalie moyenne du Soleil.

Otez en descendant.

	Os.	I.	II.	
	Ajoutez en descendant.			
	VI.	VII.	VIII.	
D.	M. S.	M. S.	M. S.	D.
0	0	47	1 22	30
1	1	48	1 23	29
2	2	50	1 24	28
3	3	51	1 24	27
4	5	52	1 25	26
5	8	54	1 26	25
6	9	55	1 27	24
7	10	56	1 28	23
8	11	58	1 28	22
9	13	59	1 29	21
10	14	1 0	1 30	20
11	17	1 1	1 31	19
12	18	1 2	1 31	18
13	19	1 3	1 32	17
14	21	1 5	1 33	16
15	22	1 6	1 33	15
16	25	1 7	1 34	14
17	26	1 8	1 34	13
18	27	1 9	1 34	12
19	29	1 10	1 35	11
20	30	1 11	1 35	10
21	33	1 13	1 36	9
22	34	1 14	1 36	8
23	35	1 15	1 35	7
24	37	1 16	1 37	6
25	39	1 17	1 37	5
26	42	1 18	1 38	4
27	43	1 19	1 38	3
28	44	1 20	1 38	2
29	46	1 21	1 38	1
30	47	1 22	1 38	0
	V.	IV.	III.	
	Otez en montant.			
	XI.	X.	IX.	

Ajoutez en montant.

ARG. V. Anomalie moyenne de la Lune, moins l'Anomalie moyenne du Soleil.

Ajoutez en descendant.

O^s. I. II.

Otez en descendant.

	VI.		VII.		VIII.		
	M.	S.	M.	S.	M.	S.	
0		0	1	10	2	1	30
1		2	1	12	2	2	29
2		5	1	14	2	4	28
3		7	1	16	2	5	27
4		10	1	18	2	6	26
5		12	1	20	2	7	25
6		15	1	22	2	8	24
7		17	1	24	2	9	23
8		19	1	26	2	10	22
9		22	1	28	2	11	21
1		24	1	30	2	12	20
11		27	1	32	2	12	19
12		29	1	34	2	13	18
13		31	1	35	2	14	17
14		34	1	38	2	15	16
15		36	1	39	2	15	15
16		39	1	41	2	16	14
17		41	1	42	2	16	13
18		43	1	44	2	17	12
19		46	1	4[illegible]	2	17	11
20		48	1	47	2	18	10
21		50	1	49	2	18	9
22		52	1	50	2	19	8
23		55	1	52	2	19	7
24		57	1	5[illegible]	2	19	6
25		59	1	55	2	20	5
26	1	2	1	56	2	20	4
27	1	4	1	58	2	20	3
28	1	6	1	59	2	20	2
29	1	8	2	0	2	20	1
30	1	10	2	1	2	20	0
	V.		IV.		III.		

Ajoutez en montant.

XI. X. IX.

Otez en montant.

ARG. VI. Distance moy. de la Lune au Soleil, plus l'Anom. moy. du Soleil.

Otez en descendant.

O^s. I. II.

Otez en descendant.

	VI.	VII.	VIII.	
	S.	S.	S.	
0	0	9	15	30
1	0	9	16	29
2	0	9	16	28
3	0	10	16	27
4	1	10	16	26
5	1	10	17	25
6	1	10	17	24
7	2	11	17	23
8	2	11	17	22
9	2	11	17	21
10	3	12	17	20
11	3	12	17	19
12	3	12	17	18
13	4	12	17	17
14	4	13	17	16
15	4	13	18	15
16	5	13	18	14
17	5	13	18	13
18	5	13	18	12
19	6	13	18	11
20	6	14	18	10
21	6	14	18	9
22	6	14	18	8
23	7	14	18	7
24	7	14	18	6
25	7	14	18	5
26	8	14	18	4
27	8	15	18	3
28	8	15	18	2
29	9	16	18	1
30	9	16	18	0
	V.	IV.	III.	

Otez en montant.

XI. X. IX.

Ajoutez en montant.

ARG. VII. Double dist. moy. de la Lune au Soleil, moins l'Anom. moy. du Sol.

Ajoutez en descendant.

O^s. I. II.

Otez en descendant.

	VI.	VII.	VIII.	
	S.	S.	S.	
0	0	11	20	30
1	0	11	20	29
2	0	12	20	28
3	1	12	20	27
4	1	13	21	26
5	2	13	21	25
6	2	13	21	24
7	2	13	21	23
8	2	14	21	22
9	3	14	21	21
10	3	15	22	20
11	4	15	22	19
12	4	15	22	18
13	5	15	22	17
14	5	16	22	16
15	5	16	22	15
16	6	16	22	14
17	6	17	22	13
18	7	17	23	12
19	7	17	23	11
20	7	17	23	10
21	8	18	23	9
22	8	18	23	8
23	9	18	23	7
24	9	19	23	6
25	9	19	23	5
26	10	19	23	4
27	10	19	23	3
28	11	19	23	2
29	11	20	23	1
30	11	20	23	0
	V.	IV.	III.	

Ajoutez en montant.

XI. X. IX.

Otez en montant.

ARG. VIII. Double distance moy. de la Lune au Soleil, moins l'Anomalie moyenne du Soleil.

	Otez en descendant.			
	0ˢ.	I.	II.	
	Ajoutez en descendant.			
	VI.	VII.	VIII.	
D.	M. S.	M. S.	M. S.	D.
0	0	1 5	1 53	30
1	2	1 7	1 54	29
2	4	1 9	1 55	28
3	7	1 11	1 56	27
4	9	1 13	1 57	26
5	11	1 14	1 58	25
6	13	1 16	1 59	24
7	16	1 18	2 0	23
8	18	1 20	2 1	22
9	20	1 22	2 1	21
10	22	1 23	2 2	20
11	25	1 25	2 3	19
12	27	1 27	2 3	18
13	29	1 29	2 4	17
14	31	1 30	2 5	16
15	34	1 32	2 5	15
16	36	1 34	2 6	14
17	38	1 35	2 7	13
18	40	1 37	2 7	12
19	42	1 38	2 8	11
20	44	1 40	2 8	10
21	47	1 41	2 8	9
22	49	1 42	2 9	8
23	51	1 44	2 9	7
24	53	1 45	2 9	6
25	55	1 47	2 9	5
26	57	1 48	2 10	4
27	59	1 49	2 10	3
28	1 1	1 50	2 10	2
29	1 3	1 51	2 10	1
30	1 5	1 53	2 10	0
	V.	IV.	III.	
	Otez en montant.			
	XI.	X.	IX.	
	Ajoutez en montant.			

ARG. IX. Double distance moyenne de la Lune au Soleil, plus l'Anomalie moyenne de la Lune.

	Otez en descendant.			
	0ˢ.	I.	II.	
	Ajoutez en descendant.			
	VI.	VII.	VIII.	
D.	M. S.	M. S.	M. S.	D.
0	0	1 30	2 36	30
1	3	1 33	2 37	29
2	6	1 35	2 38	28
3	11	1 38	2 40	27
4	13	1 41	2 41	26
5	15	1 42	2 42	25
6	18	1 45	2 44	24
7	23	1 48	2 45	23
8	26	1 50	2 47	22
9	28	1 53	2 47	21
10	31	1 54	2 48	20
11	35	1 57	2 49	19
12	38	2 0	2 49	18
13	41	2 3	2 51	17
14	43	2 5	2 52	16
15	47	2 7	2 52	15
16	50	2 10	2 53	14
17	53	2 11	2 54	13
18	56	2 14	2 54	12
19	58	2 15	2 55	11
20	1 1	2 18	2 55	10
21	1 5	2 19	2 55	9
22	1 8	2 20	2 56	8
23	1 11	2 23	2 56	7
24	1 14	2 25	2 56	6
25	1 17	2 28	2 57	5
26	1 19	2 30	2 57	4
27	1 21	2 31	2 58	3
28	1 24	2 32	2 58	2
29	1 27	2 33	2 59	1
30	1 30	2 36	2 59	0
	V.	IV.	III.	
	Otez en montant.			
	XI.	X.	IX.	
	Ajoutez en montant.			

ARG. X. Argument VII, moins l'Anomalie moyenne de la Lune.

Otez en descendant.

	0s.	I.	II.	
	Ajoutez en descendant.			
	VI.	VII.	VIII.	
D.	M. S.	M. S.	M. S.	D.
0	0	31	54	30
1	1	32	54	29
2	2	33	55	28
3	3	34	55	27
4	4	35	56	26
5	6	36	56	25
6	7	37	56	24
7	8	38	57	23
8	9	38	57	22
9	10	39	58	21
10	11	40	58	20
11	12	41	58	19
12	13	42	59	18
13	14	42	59	17
14	15	43	1 0	16
15	16	44	1 0	15
16	17	45	1 0	14
17	18	45	1 0	13
18	19	46	1 1	12
19	20	47	1 1	11
20	21	48	1 1	10
21	22	48	1 1	9
22	23	49	1 1	8
23	24	50	1 1	7
24	25	50	1 2	6
25	26	51	1 2	5
26	27	51	1 2	4
27	28	52	1 2	3
28	29	52	1 2	2
29	30	53	1 2	1
30	31	54	1 2	0
	V.	IV.	III.	
	Otez en montant.			
	XI.	X.	IX.	

Ajoutez en montant.

ARG. XI. Argument VIII, moins l'Anomalie moyenne de la Lune.

Ajoutez en descendant.

	0s.	I.	II.	
	Otez en descendant.			
	VI.	VII.	VIII.	
D.	M. S.	M. S.	M. S.	D.
0	0	1 46	3 3	30
1	3	1 49	3 5	29
2	7	1 52	3 7	28
3	11	1 55	3 9	27
4	15	1 58	3 10	26
5	18	2 1	3 12	25
6	23	2 4	3 13	24
7	26	2 7	3 15	23
8	29	2 10	3 16	22
9	34	2 13	3 18	21
10	37	2 16	3 19	20
11	41	2 19	3 20	19
12	45	2 22	2 21	18
13	48	2 24	3 23	17
14	52	2 28	3 24	16
15	55	2 30	3 25	15
16	59	2 33	3 26	14
17	1 3	2 35	3 27	13
18	1 6	2 37	3 28	12
19	1 10	2 40	3 28	11
20	1 13	2 42	3 29	10
21	1 16	2 45	3 30	9
22	1 20	2 47	3 30	8
23	1 24	2 49	3 31	7
24	1 27	2 51	3 31	6
25	1 30	2 54	3 32	5
26	1 34	2 55	3 32	4
27	1 37	2 58	3 32	3
28	1 40	3 0	3 32	2
29	1 43	3 1	3 32	1
30	1 46	3 3	3 32	0
	V.	IV.	III.	
	Ajoutez en montant.			
	XI.	X.	IX.	

Otez en montant.

ARG. XII. Double distance moyenne de la Lune au Nœud, moins l'Anomalie moyenne de la Lune.

Ajoutez en descendant.

	0.	I.	II.	
	Otez en descendant.			
	VI.	VII.	VIII.	
D.	M. S.	M. S.	M. S.	D.
0	0	31	54	30
1	1	32	54	29
2	2	33	55	28
3	3	34	55	27
4	4	35	56	26
5	6	36	56	25
6	7	37	56	24
7	8	38	57	23
8	9	38	57	22
9	10	39	58	21
10	11	40	58	20
11	12	41	58	19
12	13	42	59	18
13	14	42	59	17
14	15	43	1 0	16
15	16	44	1 0	15
16	17	45	1 0	14
17	18	45	1 0	13
18	19	46	1 1	12
19	20	47	1 1	11
20	21	48	1 1	10
21	22	48	1 1	9
22	23	49	1 1	8
23	24	50	1 1	7
24	25	50	1 2	6
25	26	51	1 2	5
26	27	51	1 2	4
27	28	52	1 2	3
28	29	52	1 2	2
29	30	53	1 2	1
30	31	54	1 2	0
	V.	IV.	III.	
	Ajoutez en montant			
	XI.	X.	IX.	

Otez en montant.

ARG. XIII. Argument VII, plus Argument XI.

Otez en descendant.

	0.	I.	II.	
	Ajoutez en descendant.			
	VI.	VII.	VIII.	
D.	M. S.	M. S.	M. S.	D.
0	0	36	1 2	30
1	1	37	1 3	29
2	2	38	1 3	28
3	[illegible]	39	1 4	27
4	5	40	1 4	26
5	6	41	1 5	25
6	8	42	1 5	24
7	9	43	1 6	23
8	10	44	1 6	22
9	12	45	1 7	21
10	13	46	1 7	20
11	14	47	1 8	19
12	16	48	1 8	18
13	17	49	1 9	17
14	18	50	1 9	16
15	19	51	1 10	15
16	20	52	1 10	14
17	22	52	1 10	13
18	23	53	1 11	12
19	24	54	1 11	11
20	25	55	1 11	10
21	26	56	1 11	9
22	28	56	1 11	8
23	29	57	1 11	7
24	30	58	1 12	6
25	31	59	1 12	5
26	32	59	1 12	4
27	33	1 0	1 12	3
28	34	1 1	1 12	2
29	35	1 1	1 12	1
30	36	1 2	1 12	0
	V.	IV.	III.	
	Otez en montant.			
	XI.	X.	IX.	

Ajoutez en montant.

ARGUMENT XIV.
EQUATION DU CENTRE.
ANOMALIE MOYENNE DE LA LUNE + A.

N. B. J'appelle *A* la somme des Equations précédentes.

Otez en descendant.

	O.		I.		II.		
		Differ.		Differ.		Differ.	
D.	*D. M. S.*	*M. S.*	*D. M. S.*	*M. S.*	*D. M. S.*	*M. S.*	*D.*
0	0 0 0	6 11	2 58 22	5 28	5 16 8	3 27	30
1	0 6 11	6 10	3 3 50	5 24	5 19 35	3 22	29
2	12 21	6 10	3 9 14	5 22	5 22 57	3 17	28
3	18 31	6 10	3 14 36	5 18	5 26 14	3 11	27
4	24 41	6 10	3 19 54	5 17	5 29 25	3 7	26
5	30 51	6 9	3 25 11	5 14	5 32 32	3 1	25
6	37 0	6 8	3 30 25	5 10	5 35 33	2 55	24
7	43 8	6 8	3 35 35	5 6	5 38 28	2 49	23
8	49 16	6 7	3 40 41	5 3	5 41 17	2 43	22
9	55 23	6 7	3 45 44	4 58	5 44 0	2 36	21
10	1 1 30	6 5	3 50 42	4 56	5 46 36	2 31	20
11	1 7 35	6 5	3 55 38	4 52	5 49 7	2 26	19
12	1 13 40	6 2	4 0 30	4 49	5 51 33	2 20	18
13	1 19 42	6 2	4 5 19	4 44	5 53 53	2 14	17
14	1 25 44	6 2	4 10 3	4 41	5 56 7	2 8	16
15	1 31 46	5 59	4 14 44	4 37	5 58 15	2 2	15
16	1 37 45	5 58	4 19 21	4 32	6 0 17	1 55	14
17	1 43 43	5 56	4 23 53	4 28	6 2 12	1 49	13
18	1 49 39	5 55	4 28 21	4 24	6 4 1	1 43	12
19	1 55 34	5 53	4 32 45	4 20	6 5 44	1 36	11
20	2 1 27	5 50	4 37 5	4 15	6 7 20	1 30	10
21	2 7 17	5 49	4 41 20	4 11	6 8 50	1 24	9
22	2 13 6	5 46	4 45 31	4 6	6 10 14	1 18	8
23	2 18 52	5 46	4 49 37	4 1	6 11 32	1 10	7
24	2 24 38	5 44	4 53 38	3 58	6 12 42	1 5	6
25	2 30 22	5 41	4 57 36	3 53	6 13 47	0 58	5
26	2 36 3	5 38	5 1 29	3 48	6 14 45	0 51	4
27	2 41 41	5 34	5 5 17	3 43	6 15 36	0 44	3
28	2 47 15	5 35	5 9 0	3 36	6 16 20	0 37	2
29	2 52 50	5 31	5 12 36	3 32	6 16 57	0 30	1
30	2 58 21		5 16 8		6 17 27		0
	XI.		X.		IX.		

Ajoutez enmontant

ARGUMENT XIV.

EQUATION DU CENTRE.

ANOMALIE MOYENNE DE LA LUNE + A.

Otez en descendant.

	III.		IV.		V.		
		Differ.		Differ.		Differ.	
D.	*D. M. S.*	*M. S.*	*D. M. S.*	*M. S.*	*D. M. S.*	*M. S.*	*D.*
0	6 17 27	0 24	5 38 40	3 7	3 20 53	6 0	30
1	6 17 51	0 17	5 35 33	3 12	3 14 53	6 3	29
2	6 18 8	0 10	5 32 21	3 20	3 8 50	6 6	28
3	6 18 18	0 3	5 29 1	3 27	3 2 44	6 11	27
4	6 18 21	0 4	5 25 34	3 32	2 56 33	6 14	26
5	6 18 17	0 11	5 22 2	3 39	2 50 19	6 19	25
6	6 18 6	0 18	5 18 23	3 45	2 44 0	6 22	24
7	6 17 48	0 25	5 14 38	3 52	2 37 38	6 25	23
8	6 17 23	0 32	5 10 46	3 59	2 31 13	6 30	22
9	6 16 51	0 38	5 6 47	4 5	2 24 43	6 32	21
10	6 16 13	0 46	5 2 42	4 12	2 18 11	6 36	20
11	6 15 27	0 53	4 58 30	4 18	2 11 35	6 38	19
12	6 14 34	0 59	4 54 12	4 24	2 4 57	6 40	18
13	6 13 35	1 7	4 49 48	4 28	1 58 17	6 44	17
14	6 12 28	1 14	4 45 20	4 35	1 51 33	6 46	16
15	6 11 14	1 21	4 40 45	4 41	1 44 47	6 49	15
16	6 9 53	1 28	4 36 4	4 46	1 37 58	6 51	14
17	6 8 25	1 35	4 31 18	4 54	1 31 7	6 53	13
18	6 6 50	1 43	4 26 24	4 59	1 24 14	6 55	12
19	6 5 7	1 50	4 21 25	5 6	1 17 19	6 55	11
20	6 3 17	1 56	4 16 19	5 10	1 10 24	6 58	10
21	6 1 21	2 05	4 11 9	5 16	1 3 26	6 58	9
22	5 59 17	2 10	4 5 53	5 20	56 28	7 1	8
23	5 57 7	2 17	4 0 33	5 25	49 27	7 2	7
24	5 54 50	2 25	3 55 8	5 30	42 25	7 3	6
25	5 52 25	2 30	3 49 38	5 35	35 21	7 3	5
26	5 49 55	2 37	3 44 3	5 39	28 18	7 4	4
27	5 47 18	2 41	3 38 24	5 46	21 14	7 4	3
28	5 44 27	2 47	3 32 38	5 49	14 10	7 5	2
29	5 41 40	3 0	3 26 49	5 56	7 5	7 5	1
30	5 38 40		3 20 53		0 0		0
	VIII.		VII.		VI.		

Ajoutez en montant.

ARGUMENT XV.

VARIATION.

DISTANCE MOYENNE DE LA LUNE AU SOLEIL, + A.

	0s.	Differ.	I.	Differ.	II.	Differ.	
D.	M. S.	M. S.	M. S.	M. S.	M. S.	M. S.	D.
0	+ 0 0		+ 34 14		+ 32 46		30
1	+ 1 23	1 23	+ 34 48	34	+ 31 59	47	29
2	+ 2 46	1 23	+ 35 20	37	+ 31 12	47	28
3	+ 4 9	1 23	+ 35 52	33	+ 30 23	49	27
4	+ 5 31	1 22	+ 36 21	29	+ 29 32	0 51	26
5	+ 6 53	1 22	+ 36 49	28	+ 28 39	0 53	25
6	+ 8 14	1 21	+ 37 14	25	+ 27 43	0 56	24
7	+ 9 34	1 20	+ 37 36	22	+ 26 43	1 0	23
8	+ 10 43	1 19	+ 37 54	18	+ 25 42	1 1	22
9	+ 12 1	1 18	+ 38 11	17	+ 24 40	1 2	21
10	+ 13 26	1 15	+ 38 24	13	+ 23 36	1 4	20
11	+ 14 41	1 15	+ 38 34	10	+ 22 31	1 5	19
12	+ 15 55	1 14	+ 38 42	8	+ 21 24	1 7	18
13	+ 17 18	1 13	+ 38 45	3	+ 20 16	1 8	17
14	+ 18 31	1 13	+ 38 46	1	+ 19 4	1 12	16
15	+ 19 41	1 10	+ 38 45	1	+ 17 51	1 13	15
16	+ 21 1	1 10	+ 38 41	4	+ 16 37	1 14	14
17	+ 22 9	1 8	+ 38 32	9	+ 15 23	1 14	13
18	+ 23 17	1 8	+ 38 21	11	+ 14 7	1 16	12
19	+ 24 23	1 6	+ 38 6	15	+ 13 50	1 17	11
20	+ 25 26	· 3	+ 37 48	18	+ 11 32	1 18	10
21	+ 26 30	1 4	+ 37 28	20	+ 9 14	1 18	9
22	+ 27 30	1 0	+ 37 6	22	+ 8 54	1 20	8
23	+ 28 28	0 58	+ 36 42	24	+ 7 33	1 21	7
24	+ 29 24	0 56	+ 36 15	27	+ 6 12	1 21	6
25	+ 30 18	0 54	+ 35 54	31	+ 4 50	1 22	5
26	+ 31 10	0 52	+ 35 21	31	+ 3 27	1 23	4
27	+ 32 0	0 50	+ 34 46	35	+ 2 04	1 23	3
28	+ 32 48	0 48	+ 34 10	36	+ 0 41	1 23	2
29	+ 33 34	0 46	+ 33 29	41	— 0 42	1 23	1
30	+ 34 14	40	+ 32 46	43	— 2 5.	1 23	0
	XI.		X.		IX.		

Signe contraire en montant.

ARGUMENT XV.

VARIATION.

DISTANCE MOYENNE DE LA LUNE AU SOLEIL, + A.

	III.		Differ.	IV.		Differ.	V.		Differ.	
D.	M.	S.	M. S.	M.	S.	M. S.	M.	S.	M. S.	
0	— 2	5		— 36	28		— 36	10		30
1	— 3	28	1 23	— 37	7	39	— 35	26	44	29
2	— 4	51	1 23	— 37	45	39	— 34	39	47	28
3	— 6	13	1 22	— 38	20	34	— 33	51	48	27
4	— 7	34	1 21	— 38	51	31	— 33	01	50	26
5	— 8	55	1 21	— 39	22	31	— 32	9	52	25
6	— 10	15	1 20	— 39	49	27	— 31	10	59	24
7	— 11	35	1 20	— 40	3	24	— 30	10	1 0	23
8	— 12	55	1 20	— 40	37	24	— 29	6	1 4	22
9	— 14	14	1 19	— 40	50	23	— 28	2	1 4	21
10	— 15	33	1 19	— 41	5	15	— 26	56	1 6	20
11	— 16	51	1 18	— 41	18	13	— 25	49	1 7	19
12	— 18	8	1 17	— 41	31	13	— 24	37	1 12	18
13	— 19	24	1 16	— 41	38	7	— 23	25	1 12	17
14	— 20	39	1 15	— 41	45	7	— 21	13	1 12	16
15	— 21	51	1 12	— 41	45	0	— 20	56	1 17	15
16	— 23	02	1 11	— 41	44	1	— 19	42	1 14	14
17	— 24	12	1 10	— 41	38	6	— 18	22	1 20	13
18	— 25	22	1 10	— 41	34	4	— 17	2	1 20	12
19	— 26	29	1 7	— 41	22	12	— 15	41	1 21	11
20	— 27	34	1 5	— 41	8	14	— 14	2[illegible]	1 21	10
21	— 28	36	1 2	— 40	51	17	— 12	59	1 23	9
22	— 29	36	1 0	— 40	32	1[illegible]	— 11	36	1 23	8
23	— 30	35	0 59	— 40	10	22	— 10	21	1 24	7
24	— 31	33	0 58	— 39	44	26	— 8	47	1 25	6
25	— 32	29	0 56	— 39	15	29	— 7	21	1 26	5
26	— 33	20	0 51	— 38	43	32	— 5	54	1 27	4
27	— 34	11	51	— 38	10	33	— 4	27	1 27	3
28	— 34	57	46	— 37	33	37	— 2	59	1 28	2
29	— 35	43	46	— 36	53	40	— 1	31	1 28	1
30	— 36	28	45	— 36	10	43	— 0	0	1 3[illegible]	0
	VIII.			*VII.*			VI.			

Signe contraire en montant.

ARGUMENT XVI.

DOUBLE ARGUMENT XV,

moins l'anomalie moyenne de la Lune.

Otez en descendant.

	0s.		I.		II.		
		Differ.		Differ.		Differ.	
D.	D. M. S.	M. S.	D. M. S.	M. S.	D. M. S.	M. S.	D.
0	0 0	1 20	37 48	1 10	1 6 1	40	30
1	1 20	1 20	38 58	1 9	1 6 41	38	29
2	2 40	1 19	40 7	1 8	1 7 19	38	28
3	3 59	1 19	41 15	1 7	1 7 57	37	27
4	5 18	1 18	42 22	1 6	1 8 34	35	26
5	6 36	1 18	43 28	1 5	1 9 9	34	25
6	7 54	1 18	44 33	1 5	1 9 43	33	24
7	9 12	1 18	45 38	1 3	1 10 16	32	23
8	10 30	1 18	46 41	1 2	1 10 48	30	22
9	11 48	1 18	47 43	1 2	1 11 18	30	21
10	13 06	1 18	48 45	1 2	1 11 48	30	20
11	14 24	1 18	49 47	1 0	1 12 18	27	19
12	15 42	1 17	50 47	0 58	1 12 45	25	18
13	16 59	1 17	51 45	0 59	1 13 10	23	17
14	18 16	1 16	52 44	0 57	1 13 33	23	16
15	19 32	1 16	53 41	0 57	1 13 56	23	15
16	20 48	1 16	54 38	0 55	1 14 19	22	14
17	22 4	1 16	55 33	0 54	1 14 41	18	13
18	23 20	1 15	56 27	0 54	1 14 59	18	12
19	24 35	1 15	57 21	0 53	1 15 17	17	11
20	25 50	1 14	58 14	0 51	1 15 34	15	10
21	27 4	1 13	59 5	0 51	1 15 49	12	9
22	28 17	1 13	59 56	0 49	1 16 1	12	8
23	29 30	1 12	1 0 45	48	1 16 13	12	7
24	30 42	1 12	1 1 33	48	1 16 25	10	6
25	31 54	1 11	1 2 21	47	1 16 35	8	5
26	33 5	1 11	1 3 8	46	1 16 43	6	4
27	34 16	1 11	1 3 54	44	1 16 49	5	3
28	35 27	1 11	1 4 38	42	1 16 54	4	2
29	36 38	1 10	1 5 20	41	1 16 58	2	1
30	37 48		1 6 1		1 17 0		0
	XI.		X.		IX.		

Ajoutez en montant.

ARGUMENT XVI.

DOUBLE ARGUMENT XV,

moins l'Anomalie moyenne de la Lune.

Otez en descendant.

	III.		IV.		V.		
		Differ.		Differ.		Differ.	
D.	D M. S.	M. S.	D. M. S.	M. S.	D. M. S.	M. S.	D.
0	1 17 0	0 0	1 7 21	0 41	0 39 09	1 10	30
1	1 17 0	0 0	1 6 40	0 42	37 59	1 11	29
2	1 17 0	0 2	1 5 58	0 42	36 48	1 11	28
3	1 16 58	0 3	1 5 16	0 44	35 37	1 12	27
4	1 16 5	0 4	1 4 32	0 45	34 25	1 12	26
5	1 16 51	0 8	1 3 47	0 46	33 13	1 13	25
6	1 16 43	0 8	1 3 1	0 48	32 00	1 14	24
7	1 16 35	0 8	1 2 13	0 49	30 46	1 15	23
8	1 16 27	0 10	1 1 24	0 49	29 31	1 16	22
9	1 16 17	0 11	1 0 35	0 51	28 15	1 17	21
10	1 16 6	0 15	59 44	0 53	26 58	1 17	20
11	1 15 51	0 15	58 51	0 53	25 41	1 18	19
12	1 15 36	0 15	57 58	0 53	24 23	1 19	18
13	1 15 21	0 17	57 5	0 55	23 04	1 20	17
14	1 15 4	0 19	56 10	0 57	21 44	1 20	16
15	1 14 45	0 21	55 13	0 57	20 14	1 20	15
16	1 14 24	0 22	54 16	0 59	19 04	1 21	14
17	1 14 2	0 23	53 17	0 58	17 43	1 21	13
18	1 13 39	0 23	52 19	1 2	16 22	1 21	12
19	1 13 16	0 25	51 17	1 2	15 01	1 21	11
20	1 12 51	0 26	50 15	1 2	13 40	1 21	10
21	1 12 25	0 30	49 13	1 3	12 19	1 22	9
22	1 11 55	0 31	48 10	1 4	10 57	1 22	8
23	1 11 24	0 31	47 6	1 6	9 35	1 22	7
24	1 10 53	0 32	46 0	1 6	8 13	1 22	6
25	1 10 21	0 33	44 54	1 7	6 51	1 22	5
26	1 9 48	0 35	43 47	1 9	5 29	1 22	4
27	1 9 13	0 36	42 38	1 9	4 07	1 22	3
28	1 8 37	0 36	41 29	1 10	2 45	1 22	2
29	1 8 1	0 40	40 19	1 10	1 23	1 22	1
30	1 7 21		39 9		0 0		0
	VIII.		VII.		VI.		

Ajoutez en montant.

RE'DUCTION A L'E'CLIPTIQUE.

Longitude vraie de la Lune, moins la longitude moyenne du Nœud.

Otez en descendant.

	O. VI.		I. VII.		II. VIII.		
D.	*M.*	S.	*M.*	*S.*	*M.*	*S.*	*D.*
0	0	0	5	59	5	59	30
1	0	14	6	7	5	52	29
2	0	29	6	13	5	44	28
3	0	43	6	19	5	36	27
4	0	58	6	26	5	27	26
5	1	12	6	31	5	18	25
6	1	26	6	36	5	7	24
7	1	40	6	40	4	57	23
8	1	54	6	44	4	47	22
9	2	8	6	47	4	37	21
10	2	21	6	50	4	27	20
11	2	34	6	52	4	16	19
12	2	47	6	54	4	3	18
13	3	1	6	55	3	52	17
14	3	14	6	56	3	40	16
15	3	27	6	56	3	27	15
16	3	40	6	56	3	14	14
17	3	52	6	55	3	1	13
18	4	3	6	54	2	47	12
19	4	16	6	52	2	34	11
20	4	27	6	50	2	21	10
21	4	37	6	47	2	8	9
22	4	47	6	44	1	54	8
23	4	57	6	40	1	40	7
24	5	7	6	36	1	26	6
25	5	18	6	31	1	12	5
26	5	27	6	26	0	58	4
27	5	36	6	19	0	43	3
28	5	44	6	13		29	2
29	5	52	6	7		14	1
30	5	59	5	59		0	0
	XI.	*V.*	*X.*	*IV.*	*IX.*	*III.*	

Ajoutez en montant.

ÉQUATION DU NŒUD.

ANOMALIE MOYENNE DU SOLEIL.

Ajoutez en descendant.

	0 s.		I.		II.		
	Otez en descendant						
	VI.		VII.		VIII.		
D.	M.	S.	M.	S.	M.	S.	D.
0	0	0	4	40	8	9	30
1		9	4	48	8	14	29
2		19	4	57	8	19	28
3		29	5	5	8	24	27
4		39	5	13	8	28	26
5		48	5	21	8	32	25
6		58	5	29	8	36	24
7	1	8	5	37	8	40	23
8	1	18	5	45	8	44	22
9	1	27	5	53	8	48	21
10	1	37	6	00	8	52	20
11	1	46	6	8	8	55	19
12	1	55	6	15	8	58	18
13	2	5	6	22	9	2	17
14	2	15	6	30	9	5	16
15	2	24	6	37	9	7	15
16	2	34	6	44	9	10	14
17	2	43	6	50	9	12	13
18	2	53	6	57	9	15	12
19	3	2	7	4	9	17	11
20	3	11	7	11	9	19	10
21	3	20	7	17	9	21	9
22	3	29	7	23	9	22	8
23	3	38	7	29	9	24	7
24	3	47	7	35	9	25	6
25	3	56	7	41	9	26	5
26	4	5	7	46	9	27	4
27	4	14	7	52	9	28	3
28	4	23	7	58	9	29	2
29	4	31	8	4	9	29	1
30	4	40	8	9	9	30	0
	V.		IV.		III.		
	Ajoutez en montant.						
	XI.		X.		IX.		
	Otez en descendant.						

LATITUDE DE LA LUNE.

ARGUMENT I.

(*) *Longitude vraie de la Lune, moins la longitude du Nœud, corrigée par l'équation précéd.*

	O. Boreal.		I. Boreal.		II. Bor.		
	VI. aust.	Differ.	VII. aust.	Differ.	VIII. aust.	Differ.	
D.	D. M. S.	M. S.	D. M. S.	M. S.	D. M. S.	M. S.	D.
0	0 0 0		2 34 02		4 26 57		30
1	5 23	5 23	2 38 41	4 39	4 29 37	2 40	29
2	10 46	5 23	2 43 15	4 34	4 32 11	2 34	28
3	16 8	5 22	2 47 47	4 32	4 34 40	2 29	27
4	21 30	5 22	2 52 17	4 30	4 37 05	2 25	26
5	26 51	5 21	2 56 43	4 26	4 39 24	2 19	25
6	32 12	5 21	3 01 06	4 23	4 41 38	2 14	24
7	37 33	5 21	3 05 25	4 19	4 43 47	2 09	23
8	42 53	5 20	3 09 41	4 16	4 45 51	2 04	22
9	48 12	5 19	3 13 54	4 13	4 47 49	1 58	21
10	53 31	5 19	3 18 03	4 09	4 49 43	1 54	20
11	58 47	5 16	3 22 09	4 06	4 51 30	1 47	19
12	1 04 02	5 15	3 26 15	4 06	4 53 13	1 43	18
13	1 09 17	5 15	3 30 10	3 55	4 54 50	1 37	17
14	1 14 32	5 15	3 34 04	3 54	4 56 22	1 32	16
15	1 19 44	5 12	3 37 55	3 51	4 57 49	1 27	15
16	1 24 54	5 10	3 41 41	3 46	4 59 09	1 20	14
17	1 30 04	5 10	3 45 24	3 43	5 00 25	1 16	13
18	1 35 11	5 7	3 49 02	3 38	5 01 35	1 10	12
19	1 40 16	5 5	3 52 37	3 35	5 02 38	1 03	11
20	1 45 21	5 5	3 56 06	3 29	5 03 37	59	10
21	1 50 22	5 1	3 59 31	3 25	5 04 31	54	9
22	1 55 23	5 1	4 02 52	3 21	5 05 19	48	8
23	2 0 22	4 59	4 06 10	3 18	5 06 01	42	7
24	2 5 18	4 56	4 09 22	3 12	5 06 39	39	6
25	2 10 12	4 54	4 12 29	3 07	5 07 10	31	5
26	2 15 01	4 49	4 15 33	3 04	5 07 34	24	4
27	2 19 50	4 49	4 18 31	2 58	5 07 54	20	3
28	2 24 37	4 47	4 21 25	2 54	5 08 08	14	2
29	2 29 21	4 44	4 24 13	2 48	5 08 16	8	1
30	2 34 02	4 41	4 26 57	2 44	5 08 19	3	0
	V. Bor.		IV Bor.		III. Bor.		
	XI. Aust.		*X. Aust.*		*IX. Aust.*		

(*) N. B. Cette longitude vraie de la Lune est celle qu'on trouve avant la réduction à l'Ecliptique, qui ne doit point entrer ici en ligne de compte.

LATITUDE DE LA LUNE.

ARGUMENT II.

La [illegible] moyenne de la Lune au Soleil, [illegible] équation au lieu de la Lune, moins la [illegible] moyenne [illegible] au lieu moyen du Nœud.

	O. Bor.	I. Bor.	II. Bor.	
	VI. aust.	VII. aust.	VIII aust.	
D.	M. S.	M. S.	M. S.	D.
0	0 0	4 45	8 19	30
1	9	4 52	8 23	29
2	19	5 02	8 29	28
3	29	5 10	8 34	27
4	39	5 18	8 38	26
5	48	5 27	8 43	25
6	59	5 35	8 46	24
7	1 08	5 43	8 50	23
8	1 19	5 52	8 54	22
9	1 28	6 00	8 59	21
10	1 38	6 07	9 02	20
11	1 47	6 15	9 05	19
12	1 58	6 23	9 08	18
13	2 05	6 29	9 13	17
14	2 16	6 38	9 15	16
15	2 26	6 44	9 17	15
16	2 34	6 52	9 20	14
17	2 45	6 58	9 22	13
18	2 55	7 05	9 25	12
19	3 05	7 12	9 28	11
20	3 13	7 18	9 29	10
21	3 23	7 25	9 31	9
22	3 32	7 32	9 32	8
23	3 41	7 37	9 34	7
24	3 50	7 43	9 36	6
25	3 59	7 50	9 37	5
26	4 09	7 55	9 37	4
27	4 18	8 02	9 38	3
28	4 27	8 08	9 39	2
29	4 35	8 14	9 40	1
30	4 45	8 19	9 41	0
	V. Bor.	IV. Bor.	III. Bor.	
	XI. aust.	X. aust.	IX. aust.	

ARGUMENT III.

Double Argument XIV, moins l'Argument I. de la latitude.

	O. Bor.	I. Bor.	II. Bor.	
	VI aust.	VII. aust.	VIII. aust.	
D.	S.	S.	S.	D.
0	0	11	20	30
1	0	11	20	29
2	0	12	20	28
3	1	12	20	27
4	1	13	21	26
5	2	13	21	25
6	2	13	21	24
7	2	13	21	23
8	2	14	21	22
9	3	14	21	21
10	3	15	22	20
11	4	15	22	19
12	4	15	22	18
13	5	15	22	17
14	5	16	22	16
15	5	16	22	15
16	6	16	22	14
17	6	17	22	13
18	7	17	23	12
19	7	17	23	11
20	7	17	23	10
21	8	18	23	9
22	8	18	23	8
23	9	18	23	7
24	9	19	23	6
25	9	19	23	5
26	10	19	23	4
27	10	19	23	3
28	11	19	23	2
29	11	20	23	1
30	11	20	23	0
	V. Bor.	IV. Bor.	III. Bor.	
	XI. aust.	X. aust.	IX. aust.	

POUR LA PARALLAXE DE LA LUNE.

Longitude vraie de la Lune, moins la longitude moyenne de l'Apogée.

	0ˢ.	I.	II.	III.	IV.	V.	
D.	*M. S.*	*M. S.*	*M. S.*	*M. S.*	*M. S.*	*M. S.*	*D.*
0	54 4	54 24	55 23	56 52	58 31	59 50	30
1	54 4	54 26	55 26	56 55	58 34	59 52	29
2	54 4	54 27	55 28	56 59	58 37	59 54	28
3	54 4	54 29	55 31	57 2	58 40	59 56	27
4	54 4	54 30	55 33	57 6	58 43	59 58	26
5	54 5	54 32	55 36	57 9	58 46	59 59	25
6	54 5	54 33	55 39	57 13	58 49	60 1	24
7	54 5	54 35	55 41	57 16	58 52	60 2	23
8	54 5	54 36	55 44	57 19	58 55	60 4	22
9	54 6	54 38	55 47	57 23	58 58	60 5	21
10	54 6	54 40	55 50	57 26	59 1	60 7	20
11	54 6	54 42	55 53	57 29	59 4	60 8	19
12	54 7	54 43	55 56	57 32	59 7	60 9	18
13	54 7	54 45	55 59	57 36	59 10	60 10	17
14	54 8	54 47	56 2	57 39	59 12	60 11	16
15	54 9	54 49	56 5	57 42	59 15	60 12	15
16	54 9	54 51	56 8	57 45	59 17	60 12	14
17	54 10	54 53	56 11	57 49	59 20	60 13	13
18	54 11	54 55	56 14	57 52	59 23	60 14	12
19	54 12	54 57	56 17	57 55	59 25	60 15	11
20	54 13	54 59	56 20	57 58	59 28	60 16	10
21	54 14	55 1	56 23	58 2	59 30	60 16	9
22	54 15	55 3	56 26	58 5	59 33	60 17	8
23	54 16	55 6	56 30	58 8	59 35	60 18	7
24	54 17	55 8	56 33	58 12	59 38	60 19	6
25	54 18	55 11	56 36	58 15	59 40	60 10	5
26	54 19	55 13	56 39	58 18	59 42	60 20	4
27	54 20	55 16	56 43	58 22	59 44	60 20	3
28	54 22	55 18	56 46	58 25	59 46	60 20	2
29	54 23	55 21	56 49	58 28	59 48	60 20	1
30	54 24	55 23	56 52	58 31	5 [illegible]	60 20	0
	XI.	X.	*IX.*	*VIII.*	*VII.*	*VI.*	

CORRECTIONS DE LA PARALLAXE.

I. CORRECTION.

ARG. XVI. De la longitude.

	Otez en descendant.			
	0 s.	I.	II.	
	Ajoutez en descendant.			
	VI.	VII.	VIII.	
D.	S.	S.	S.	D.
0	40	35	20	30
1	40	35	19	29
2	40	34	19	28
3	40	34	18	27
4	40	34	17	26
5	40	33	17	25
6	40	33	16	24
7	40	32	15	23
8	40	32	15	22
9	39	31	14	21
10	39	31	13	20
11	39	30	13	19
12	39	30	12	18
13	39	29	11	17
14	39	29	11	16
15	39	28	10	15
16	38	28	9	14
17	38	27	9	13
18	38	27	8	12
19	38	26	7	11
20	38	26	7	10
21	38	25	6	9
22	37	24	6	8
23	37	24	5	7
24	37	23	4	6
25	37	23	4	5
26	36	22	3	4
27	36	21	2	3
28	36	21	2	2
29	35	20	1	1
30	35	20	0	0
	V.	IV.	III.	
	Ajoutez en montant			
	XI.	X.	IX.	
	Otez en montant.			

II. CORRECTION.

DOUBLE ARG. XI. De la latitude.

	Ajoutez en descendant.			
	0 s.	I.	II.	
	Otez en descendant.			
	VI.	VII.	VIII.	
D.	S.	S.	S.	D.
0	30	25	15	30
1	30	25	15	29
2	30	25	15	28
3	30	24	14	27
4	30	24	14	26
5	30	24	13	25
6	30	24	13	24
7	30	24	12	23
8	30	23	12	22
9	30	23	11	21
10	30	23	11	20
11	29	22	10	19
12	29	22	10	18
13	29	21	9	17
14	29	21	9	16
15	29	21	8	15
16	29	20	8	14
17	28	20	7	13
18	28	19	6	12
19	28	19	6	11
20	28	19	5	10
21	27	18	5	9
22	27	18	4	8
23	27	18	4	7
24	27	17	3	6
25	26	17	3	5
26	26	17	2	4
27	26	17	1	3
28	26	16	1	2
29	26	16	0	1
30	25	15	0	0
	V.	IV.	III.	
	Otez en montant.			
	XI.	X.	IX.	
	Ajoutez en montant.			

EXEMPLE

Pour faire usage de ces Tables.

SOIT proposé de trouver la longitude de la Lune, le 18 Mai 1761 à 10 heures 22 minutes 12 secondes de de tems moyen au Méridien de Paris.

On ajoutera aux époques le moyen mouvement pour le dernier jour du mois d'Avril, celui qui répond à 18 jours pour le mois de Mai, & celui de $10^h\ 22'\ 12''$, de la maniere suivante.

	Longitude moyenne du Soleil.	Anomalie moyenne du Soleil.	Longitude moyenne de la Lune.	Longitude moyenne de l'Apogée.	Anomalie moyenne de la Lune.	Nœud ascendant rétrograde.
	Sig. D. M. S.	*Sig. D. M. S.*	*Sig. D. M. S.*	*Sig. D. M. S.*	*Sig. D M. S.*	*Sig. D. M. S.*
1761.	09 10 20 07	06 01 32 39	07 01 01 57	08 18 37 10	10 12 24 47	02 07 38 33
Avril.	3 28 16 39	3 28 16 18	4 21 10 03	00 13 22 09	4 07 47 54	00 06 21 17
18 jour.	17 44 30	17 44 27	7 27 10 30	2 00 19	7 25 10 11	57 11
10 heur.	24 38	24 38	5 29 24	2 47	5 26 37	1 19
22 min.	54	54	12 05	6	11 57	3
12 sec.	1	1	7	0	7	0
						00 07 19 50
	01 26 46 49	10 17 58 57	07 25 04 06	09 04 02 31	10 21 01 33	02 00 18 43

Le nœud étant rétrograde, il faut, pour avoir sa longitude moyenne $2^s.\ 0^d.\ 18'\ 43''$, soustraire de l'époque $2^s.\ 7^d.\ 38'\ 33''$ la somme $7^d\ 19'\ 50''$ des moyens mouvemens qui répondent au mois, au jour du mois, &c.

I. Equation. Avec l'Anomalie moyenne du Soleil 10^{s} 17° 58′ 57″, on trouvera l'équation — 7′ 34″.

II. Equation. De la Longitude moyenne du Soleil, si on retranche celle de l'Apogée de la Lune, on a 4^{s} 22° 44′ 17″, distance moyenne du Soleil à l'apogée moyen de la Lune, ou l'Argument II, avec lequel on trouve cette équation + 2′ 22″ 20‴.

III. Equation. De la Longitude moyenne du Soleil, ôtant celle du Nœud, on a 11^{s} 26° 28′ 05″, distance moyenne du Soleil au lieu moyen du Nœud, ou l'Argument III, avec lequel on trouve cette équation + 8″.

IV. Equation. L'Argument IV. 9^{s} 09° 00′ 28″, est la somme de l'Anomalie moyenne de la Lune & de celle du Soleil. Il sert à trouver cette équation + 1′ 36″.

V. Equation. De l'Anomalie moyenne de la Lune, ôtant celle du Soleil, il vient pour l'Argument V, 00^{s} 03° 02′ 36″, avec lequel on trouve cette équation + 7″.

VI. Equation. De la Longitude moyenne de la Lune, ôtant celle du Soleil, on a 05^{s} 28° 17′ 17″, distance moyenne de la Lune au Soleil: on ajoute à cette distance l'Anomalie moyenne du Soleil; ce qui donne 04^{s} 16° 16′ 13″, ou l'Argument VI, avec lequel on trouve cette équation — 13″.

VII. Equation. Au double de la distance moyenne de la Lune au Soleil, ajoutant l'Anomalie moyenne du Soleil, la somme est l'Argument VII 10^{s} 14° 33′ 30″, avec lequel on trouve cette équation — 16″.

VIII. Equation. Du double de la diſtance moyenne de la Lune au Soleil, ôtant l'Anomalie moyenne du Soleil, la différence eſt l'Argument VIII, 1ˢ 08° 35′ 38″, qui ſert à trouver cette équation — 1′ 21″.

IX. Equation. Au double de la diſtance moyenne de la Lune au Soleil, ajoutant l'Anomalie moyenne de la Lune, la ſomme eſt l'Argument IX. 10ˢ 17° 36′ 6″, qui ſert à trouver cette équation + 2′ 2″.

X. Equation. L'Argument VII, moins l'Anomalie moyenne de la Lune, donne pour l'Arg. X. 11ˢ 23° 31′ 58″, avec lequel on trouve cette équation + 8″.

XI. Equation. L'Argument VIII, moins l'Anomalie moyenne de la Lune, donne pour l'Argument XI. 02ˢ 17° 34′ 06″, avec lequel on trouve cette équation + 3′ 27″ 30‴.

XII. Equation. La diſtance moyenne de la Lune au Nœud égale la longitude moyenne de la Lune, moins celle du Nœud. Or ſi du double de cette diſtance l'on ôte l'Anomalie moyenne de la Lune, la différence eſt l'Argument XII. 0ˢ 28° 29′ 12″, avec lequel on trouve cette équation + 29″ 30‴.

XIII. Equation. L'Argument VII, plus l'Argument XI donne l'Argument XIII. 01ˢ 02° 07′ 36″, qui ſert à trouver cette équation — 38″.

Somme des équations poſitives	10′ 19″ 40‴
Somme des équations négatives	10 02
Eqution *A* poſitive	00 17 40

Si la ſomme des équations négatives avoit ſurpaſſé la ſomme des équations poſitives, l'équation *A* auroit été négative.

XIV. Equation. A l'Anomalie moyenne de la Lune, il faut ajouter l'équation *A* pour avoir l'Argument XIV. 10ſ 21° 01′ 50″, avec lequel on trouve l'équation du centre de 3° 45′ 41″ poſitive.

XV. Equation. A la diſtance moyenne de la Lune au Soleil, il faut ajouter l'équation *A*. Cela donne l'Arg. XV. 5ſ 28° 17′ 35″, qui ſert à trouver la variation de − 2′ 33″.

XVI. Equation. Du double de l'Argument XV, ôtant l'Anomalie moyenne de la Lune, on a l'Argument XVI. 1ſ 05° 33′ 36″, qui fait trouver la derniere équation de 44′ 25″.

Equation du centre poſitive	3°	45′	41″	0‴.
Equation *A*			17	40
Somme des équations poſitives . . .	3	45	58	40
Equation de la variation négative . . .		2′	33″	
XVI. Equation auſſi négative		44	25	
Somme des équations négatives		46	58.	

La ſomme des équations poſitives eſt plus grande que celle des négatives : ainſi leur différence doit être ajoutée à la longitude moyenne de la Lune, pour avoir la longitude vraie de cet Aſtre dans ſon orbite.

Longitude moyenne de la Lune . . .	7ſ	25°	04′	06″.
Equation additive		2	59	01
Long. vraie de la Lune dans ſon orbite	7	28	03	07.

Réduction à l'Ecliptique. De la longitude vraie de la Lune, ôtant la longitude moyenne du Nœud, il vient $5^{s}\ 27^{\circ}\ 44'\ 16''$. Avec cet Argument on trouvera la réduction de $+ 33''$. Ainſi la longitude vraie de la Lune réduite à l'Ecliptique, & comptée de l'Equinoxe, ſera de $7^{s}\ 28^{\circ}\ 03'\ 40''$, dont il faudra retrancher $15''$ à cauſe de l'équation de la *préceſſion* en longitude.

Correction du Nœud. L'Anomalie moyenne du Soleil donnera pour l'équation du nœud — $5'\ 53''$; la longitude du nœud corrigée ſera donc de $02^{s}\ 00^{\circ}\ 12'\ 50''$.

Latitude. I. Equation. Si de la longitude vraie de la Lune dans ſon orbite, on ôte la longitude du nœud corrigée, on aura l'Argument premier de la latitude de $5^{s}\ 27^{\circ}\ 50'\ 17''$. Avec cet Argument on trouve la latitude de $11'\ 37''$ boréale.

II. Equation. Retranchant la diſtance moyenne du Soleil au lieu moyen du Nœud, de la diſtance moyenne de la Lune au Soleil, & y ajoutant la derniere équation du lieu de la Lune, on a le ſecond Argument de la latitude de $6^{s}\ 01^{\circ}\ 04'\ 47''$. Cet Argument fait trouver une ſeconde latitude de $10''$ auſtrale.

III. Equation. Otant du double de l'Argument XIV, l'Argument I. de la latitude, il vient un troiſiéme Argument qui ſert à trouver une troiſiéme latitude de $22''$, boréale.

La latitude vraie de la Lune ſera donc boréale, & de $11'\ 49''$.

Parallaxe. La longitude vraie de la Lune, moins la

longitude moyenne de l'Apogée, nous fera trouver pour la parallaxe 54′ 33″.

I. Correction. L'Argument XV. de la longitude donne pour cette premiere correction — 40″.

II. Correction. Le double de l'Argument XIV de la longitude, fait trouver pour cette seconde correction + 30″.

Ainsi la vraie Parallaxe de la Lune se trouve être de 54′ 23″.

Si on s'en rapporte aux calculs faits dans la *Connoissance des Tems* sur les Tables de M. Mayer, on aura,

La longitude vraie sur l'orbite de . . .	7ˢ	28°	04′	16″.
La longit. vraie réd. à l'Ecliptique de	7	28	04	46
La latitude vraie boréale de			10	37
La Parallaxe de			54′	40″.

Fin des nouvelles Tables de la Lune.

QUINZIÉME

QUINZIÉME MÉMOIRE.

De la Libration de la Lune.

I.

LA figure non circulaire de l'orbite de la Lune, & l'irrégularité du mouvement de la Lune dans cette orbite, ne sont pas les seules causes de la libration que l'on observe dans cette Planète. Cette libration vient aussi en partie de deux autres causes; 1°. de ce que l'axe de la Lune n'est pas perpendiculaire à l'orbite de cette Planète; 2°. de ce que les nœuds de cette orbite, & probablement l'axe même de la Lune, ont un mouvement de rotation autour des pôles de l'Ecliptique.

I I.

Le mouvement des nœuds de l'orbite lunaire est constaté par les observations & par la théorie, & on en connoît assez éxactement la valeur. A l'égard du mouvement de l'axe lunaire, ni la théorie, ni les observations ne nous ont encore presque rien appris à ce sujet. Cependant si la Lune, comme on n'en sauroit douter, tourne autour de son axe, il s'ensuit qu'elle doit être un sphéroïde applati, & dès-là il est démontré par la théorie de la précession des équinoxes, que cet axe ne sauroit demeurer exactement parallèle à lui-même.

III.

Ce n'est pas tout; la Lune nous présentant toujours à-peu-près la même face, il est visible que l'action de la Terre doit allonger cette Planète dans le sens de la ligne qui joint la Lune & la Terre; or comme l'axe de la Lune fait un angle de près de 90 degrés avec l'Ecliptique, la ligne qui joint les centres de la Terre & de la Lune, est à-peu-près dans le plan de l'équateur de cette derniere Planète. L'équateur de la Lune doit donc être allongé dans le sens du diametre qui va de la Lune à la Terre, & par conséquent avoir la figure d'une Ellipse, dont le grand axe soit à peu-près dans la direction de la Lune à la Terre. D'un autre côté la rotation de la Lune autour de son axe, doit renfler l'équateur, & rendre les méridiens des Ellipses; ainsi dans la Lune les méridiens, l'équateur & les parallèles doivent être des Ellipses.

IV.

J'ai donné dans les Mémoires de l'Académie des Sciences de 1754, une méthode pour trouver les mouvemens de l'axe dans de pareils sphéroïdes. Voici le résultat de cette méthode, qu'il est nécessaire de rappeller ici. Suppoſons qu'on faſſe paſſer un méridien par l'axe de la Planète, & par un des deux axes de l'équateur, n'importe lequel; ſoit le demi axe de la Planète (celui qui eſt commun à tous les méridiens) $= 1$, & un des demi-axes de l'équateur $1 + \alpha$, α étant poſitif ou négatif; ſoit auſſi l'autre demi axe de l'équateur $1 + \alpha + \rho$, ρ étant auſſi poſitif ou négatif; les phénomenes de la préceſſion des équinoxes ſeront les mêmes que ſi l'équateur étoit circulaire, & que ſon demi diametre fût $1 + \alpha + \frac{\rho}{2}$, le demi axe de la Planète étant toujours ſuppoſé égal à l'unité.

V.

Si on avoit fait paſſer le méridien par les demi axes 1, & $1 + \alpha + \rho$, l'autre demi axe $1 + \alpha$ auroit été $1 + \alpha + \rho - \rho$; & le demi diametre de l'équateur, ſuppoſé circulaire, auroit été, ſuivant la Propoſition précédente, $1 + \alpha + \rho - \frac{\rho}{2} = 1 + \alpha + \frac{\rho}{2}$, comme ci-deſſus; ce qui prouve ce que nous diſions il n'y a qu'un moment, qu'il n'importe par lequel des deux axes de l'équateur on faſſe paſſer le méridien ſuppoſé, & que le réſultat ſera toujours le même.

V I.

Or en ſuppoſant la Lune homogene (car c'eſt la ſeule ſuppoſition que nous puiſſions faire ici) & en regardant d'abord l'équateur comme circulaire, soit la masse de la Terre . . . . θ,

Celle de la Lune . . . . λ,

Le tems de la révolution de la Terre autour de son axe . . . . t,

Le tems de la révolution de la Lune autour de son axe . . . . t',

Le rayon de la Terre . . . . r,

Celui de la Lune . . . . r',

Et on aura, comme il est aisé de conclure de la seconde Partie de nos *Recherches sur le Systême du Monde*, art. 346;

$$\alpha = \frac{\theta\, r'^3\, t^2}{230\, \lambda\, r^3\, t'^2};$$

quantité dans laquelle le rapport $\frac{\theta}{\lambda}$ de la masse de la Terre à celle de la Lune = à-peu-près 75, $\frac{r'}{r} = \frac{100}{365}$, & $\frac{t}{t'} = \frac{23^h \cdot 56'}{27^j \cdot 7^h \cdot 43'}$; ce qui donne,

$$\alpha = \frac{1}{111936,6720}.$$

VII.

Faisons présentement abstraction de la rotation de la Lune; & n'ayons égard qu'à l'action de la Terre, qui doit allonger cette Planète dans le sens de son équateur: soit ρ la quantité dont le demi axe de l'équateur de la Lune, qui est à-peu-près dans la même ligne que le centre de la Terre, surpasse l'autre demi axe; & on aura par les formules que j'ai données dans mes *Recherches sur la Cause des Vents* (art. 31.), en nommant δ la distance de la Terre à la Lune,

$$\rho = \frac{3\,\theta\, r'^3}{2\,\lambda\,\delta^3} \times \frac{5}{2}.$$

Et par conséquent,

$$\frac{\rho}{2} = \frac{15\,\theta\, r'^3}{8\,\lambda\,\delta^3};$$

Donc supposant $\delta = 60$ fois le rayon de la Terre, on trouvera $\frac{\rho}{2} = \frac{1}{746\,91,2640}$.

VIII.

Maintenant, puisque α est la quantité dont le Globe de la Lune seroit applati par la rotation, & ρ celle dont il seroit allongé par l'action de la Terre; il s'ensuit, comme il a été démontré dans les *Recherches sur la Cause des Vents*, art. 62, que ces deux causes conjointes produiront sensiblement le même effet sur le sphéroïde lunaire; ensorte que le demi axe étant supposé $= 1$, le demi axe de l'équateur lunaire qui passe par le centre de la Terre, sera à-très-peu-près $1 + \alpha + \rho$, & l'autre demi axe, distant de celui-là de 90 degrés, sera $1 + \alpha$.

IX.

Donc en regardant la Lune comme homogene, le mouvement de son axe autour des poles de l'Ecliptique sera le même que si le demi axe étant $= 1$, l'équateur étoit circulaire, & avoit pour rayon $1 + \alpha + \frac{\rho}{2} =$

$$1 + \frac{1}{111936,6720} + \frac{1}{74691,2040} = 1 + \frac{1}{44800,1634}.$$

Voyons ce qui résulte de cette supposition.

X.

Nous nous rappellerons d'abord, que suivant l'art. 34 de la seconde Partie des *Recherches sur le Systême du Monde*, si on fait

l'angle de l'axe de la Lune avec l'Ecliptique $= \pi$;

$1 + \beta = 178 \frac{1}{4} = 179$ à-très-peu-près;

$$k = -\frac{27^{j}.7^{h}.43'}{365^{j}.6^{h}.9'};$$

le mouvement rétrograde des points équinoxiaux lunaires pendant une année solaire, sera

$$\frac{3}{2}\left(\alpha + \frac{\rho}{2}\right) \times \frac{2+\beta}{-k} \times 360^{\circ} \times \text{sin. } \pi.$$

Et comme l'angle de l'axe de la Lune avec l'Ecliptique est de près de 90 degrés, si on regarde sin. π comme $= 1$, on aura le mouvement rétrograde cherché égal à

$$\frac{3}{2}\left(\alpha + \frac{\rho}{2}\right) \times \frac{2+\beta}{-k} \times 360^{\circ} = \text{environ } 11' \, 8''$$

dans le cours d'une année solaire.

X I.

Dans le cours d'un mois périodique lunaire, qui n'est que de $27^{j}\,7^{h}\,43'$, il faudra, pour avoir la précession des points équinoxiaux lunaires, multiplier la quantité précédente par $\frac{27^j. 7^h. 43'}{365^j. 6^h. 9'}$; ce qui donnera la précession pendant un mois lunaire, égale à 50″, précisément comme celle qu'on observe dans les points équinoxiaux de la Terre pendant le tems d'une révolution de cette Planète.

Ainsi, en supposant la Lune homogene, ses points équinoxiaux rétrograderoient pendant le tems d'une révolution de la Lune autour de la Terre, précisément de la même quantité que les points équinoxiaux de la Terre rétrogradent pendant le tems d'une révolution de la Terre autour du Soleil. Proposition qui m'a paru digne d'être remarquée; quoique je ne prétende d'ailleurs en tirer aucune conséquence. Car outre que nous ignorons si la Lune est homogene, & si par conséquent la précession de ses points équinoxiaux est réellement de 50″ dans l'espace d'un mois périodique, il est certain que si la Terre étoit homogene, la précession annuelle de ses points équinoxiaux, seroit de beaucoup plus de 50″; en effet par l'action seule du Soleil, cette précession seroit d'environ 21″ 13‴, & la précession par l'action seule de la Lune seroit environ $21'' \, 13''' \times (\frac{179}{75}) = 21'' \, 13''' \times (2 + \frac{29}{75}) = 21'' \, 13''' \times (2 + \frac{2}{5})$ à-très-peu-près. Ainsi la précession totale des points équinoxiaux de la Terre seroit d'environ 1′ 12″, si la Terre étoit homogene (*a*).

(*a*) Dans nos *Recherches sur le Systême du Monde*, seconde Partie art. 374 à la fin, nous avons remarqué une autre analogie singuliere entre la rotation

XII.

Outre cette précession, l'axe de la Lune aura un mouvement de nutation répondant au mouvement des nœuds de la Lune, & qui s'achevera dans le même tems; & si on appelle m' la tangente de l'inclinaison de l'orbite lunaire au plan de l'Ecliptique, n' le rapport du mouvement annuel des nœuds de la Lune à l'arc de 360°, on trouvera (art. 345 des *Recherches sur le Systême du Monde, seconde Partie*) 1°. que la nutation de l'axe sera $\frac{3}{2}\left(\alpha + \frac{\epsilon}{2}\right) \times \frac{1+\epsilon}{-k} \times \frac{\text{fin. } \pi \times m'}{n' - M}$, M étant $= \frac{11' \, 8''}{360°}$; c'est-à-dire, égal au rapport du mouvement annuel des points équinoxiaux lunaires à l'arc de 360 degrés.

2°. Que l'équation de la précession sera $\frac{3}{2}\left(\alpha + \frac{\epsilon}{2}\right) \times \frac{1+\epsilon}{-k} \times \frac{m'}{n' - M} \times \frac{\text{cof. } 2\pi}{\text{cof. } \pi} \times 57° \, 17' \, 44''$.

XIII.

Or comme les nœuds de la Lune parcourent environ 19° 21' par an, on aura $n' = \frac{19° \, 21'}{360°} =$ environ $\frac{29}{540}$; & il est clair que cette fraction étant considérablement plus grande que $M = \frac{11' \, 8''}{360°}$, on peut dans la formule

de la Terre & celle de la Lune, supposées toutes deux homogenes. Nous y renvoyons le Lecteur.

précédente

précédente mettre ſimplement n' au lieu de $n' - M$; de plus la tangente m' de l'inclinaiſon de l'orbite lunaire $= \text{tang. } 5^\circ 9' = \frac{901273}{10000000}$. Donc en ſuppoſant ſin. $\pi =$ au ſinus total $= 57^\circ 17' 44''$, on trouvera (à cauſe de $1 + 6 = 179$) la nutation de l'axe de la Lune $= 2' 48''$ environ.

XIV.

A l'égard de l'équation de la préceſſion, comme π eſt à-peu-près 90 degrés, coſ. 2π ſera à-peu-près = au ſinus total; mais pour coſ. π nous prendrons le coſinus de 88 degrés, l'angle de l'axe lunaire avec l'Ecliptique étant à-peu-près de cette quantité, ſuivant les obſervations de M. Caſſini. Donc on aura coſ. $\pi = \frac{348995}{10000000}$; & pour avoir l'équation de la préceſſion, il faudra multiplier la quantité de la nutation, trouvée dans l'article précédent, par $\frac{1}{\text{coſ. } \pi}$, ou $\frac{10000000}{348995}$; ce qui donnera pour cette équation, $1^\circ 20' 13''$.

XV.

Donc, en récapitulant tout ce qui vient d'être trouvé, on voit que ſi la Lune eſt ſuppoſée homogene,

Ses points équinoxiaux rétrograderont pendant une année ſolaire d'environ . . . . $11' 8''$,

Et pendant un mois périodique lunaire, d'environ $50''$.

Que de plus le mouvement des points équinoxiaux

fera sujet à une équation d'environ 1° 20', tantôt additive, & tantôt soustractive, pendant le tems d'une révolution des nœuds de la Lune, c'est-à-dire, en dix-huit ans & sept mois.

Qu'enfin pendant ce même-tems de dix-huit ans & sept mois, l'axe de la Lune sera sujet à une nutation d'environ 2' 48", tantôt pour s'approcher, tantôt pour s'éloigner de l'Ecliptique; & par conséquent à une nutation totale d'environ deux fois 2' 48", c'est-à-dire, de 5' 36".

XVI.

Tels sont les phénomenes de la nutation de l'axe de la Lune & de la précession des points équinoxiaux de la Lune, dans l'hypothèse que cette Planète soit homogène. Mais comme cette supposition est absolument gratuite, les conséquences qui en résultent par rapport au mouvement de l'axe Lunaire, le sont aussi. Cependant j'ai cru que les Mathématiciens verroient avec plaisir cet essai sur les mouvemens de l'axe de la Lune, dans l'hypothèse la plus simple que l'on puisse faire à ce sujet, & par laquelle on peut au moins donner quelque idée de ces mouvemens.

XVII.

Pour déterminer par la théorie les loix du mouvement de l'axe lunaire, il faudroit connoître par observation; 1°. le rapport de cet axe aux deux axes de l'équateur; 2°. le rapport des deux axes de l'équateur; 3°. la dispofition intérieure des parties qui compofent la maffe de la Lune; car la variété de cette difpofition doit faire varier les mouvemens de l'axe, comme il eft aifé de le conclure des formules que nous avons données fur cela dans les Mém. de l'Académie de 1754, p. 421.

Or quant à ce dernier article, aucune obfervation, ni aucune théorie ne peuvent nous le faire connoître. Quant au fecond, comme un des axes de l'équateur lunaire eft à-peu-près dans la ligne qui joint la Lune & la Terre, il n'eft pas poffible non plus de connoître cet axe par l'obfervation, ni par conféquent le rapport des axes de l'équateur lunaire. Quant au troifiéme, la différence de l'axe de la Lune & de celui des axes de l'équateur que nous pouvons voir & mefurer, eft fi petite qu'elle échappe à une mefure éxacte. M. Mayer laiffant à part le diametre de la Lune qui paffe par la Terre, & qu'on ne fauroit mefurer, a obfervé la différence des deux diametres vifibles; il l'a trouvée tantôt en plus, tantôt en moins, & raffemblant enfuite les différences par une efpéce de milieu, il juge que l'axe de la Lune eft plus petit d'environ 2″ à 3″, que le diametre vifible de l'équateur lunaire. Mais cet habile Aftronome ne diffimule pas lui-même combien ces déterminations font peu certaines.

XVIII.

Au refte il n'eft pas étonnant, vû la lenteur du mouvement de rotation de la Lune, que la différence de ses deux diametres visibles soit si petite ; la théorie hypothétique que nous avons exposée ci-dessus, ne donne pour la différence de ces deux diametres qu'environ $\frac{1}{112000}$, ce qui est fort au-dessous de 1″ ; car le diametre de la Lune étant supposé d'environ 34′, une seconde de différence dans les deux diametres donneroit $\frac{1}{2040}$ pour cette différence, quantité fort au-dessus de $\frac{1}{112000}$ que nous a donné la théorie. Et quand même la différence des deux diametres de la Lune seroit de $\frac{1}{2040}$, il seroit très-difficile, suivant la remarque de M. Mayer, de s'en assurer ; puisque les erreurs qu'on peut commettre dans l'observation des diametres de la Lune, sont de 1″ au moins, & par conséquent au moins égales à la fraction $\frac{1}{2040}$.

XIX.

Il résulte de tout ce qu'on vient de dire, qu'on ne peut connoître par la théorie le mouvement de l'axe de la Lune, faute d'élémens suffisans pour le déterminer. Ce ne peut donc être que par les observations, qu'on peut espérer d'y parvenir. M. Mayer a publié sur ce sujet un savant Ecrit dans les Ephémérides de Nuremberg ; & un habile Géometre Italien ayant cherché une méthode (*a*) pour trouver la position de l'axe de la Lune par trois observations d'une tache, trouve, d'après les observations de M. Mayer, que la position de l'axe de la Lune est variable, que son inclinaison est, suivant les circonstances, de 2° 8', de 1° 22'', de 1° 38''; d'où il conclud que l'inclinaison moyenne est de 1° 43'; ce qui est fort différent de l'inclinaison fixée par M. Cassini à deux degrés $\frac{1}{2}$. Il trouve aussi que par une des observations, le nœud de l'équateur lunaire, son point d'intersection avec l'Ecliptique, est de 12° plus oriental que le nœud de l'orbite lunaire; dans une seconde observation il le trouve de 4° plus oriental; & enfin dans une troisiéme de 21°. plus occidental; d'où il conclud que les nœuds de l'équateur lunaire ont un mouvement rétrograde beaucoup plus prompt que les nœuds de l'orbite de la Lune; ce qui suffiroit pour renverser, s'il étoit nécessaire, la prétention de quelques Astronomes, qui ont supposé, sans aucune preuve tirée des observations ni de la théorie, que les nœuds de l'équateur lunaire, & ceux de l'orbite lunaire, ont le même mouvement. Au reste le Géometre dont nous venons de parler, convient que toutes les déterminations précédentes sont assez incertaines, parce qu'une légere erreur dans les observations, en produit une fort grande dans le résultat

(*a*) Cette méthode que M. Delisle a bien voulu me communiquer, ainsi que la traduction françoise de l'Ouvrage de M. Mayer, n'est, je crois, encore que manuscrite; je ne la donne point ici, afin de laisser à l'Auteur l'avantage de la publier lui-même, s'il le juge à propos.

qu'on cherche. Ce n'est donc que par des observations multipliées & réitérées, qu'on pourra parvenir à quelques connoissances certaines sur les vrais mouvemens de l'axe de la Lune.

X X.

Il est d'autant plus nécessaire de connoître éxactement ces mouvemens, que c'est le seul moyen de décider si la rotation de la Lune autour de son axe est éxactement égale à son mouvement moyen autour de la Terre. En effet nous avons déja fait voir dans nos *Recherches sur le Systême du Monde*, II. Partie art. 374, que si l'axe de la Lune n'est pas supposé toujours parallèle à lui-même, l'égalité prétendue entre le mouvement de rotation de la Lune, & son mouvement moyen autour de la Terre, n'est pas rigoureusement vraie; ce qui ne doit pas paroître surprenant; car le mouvement conique de l'axe autour du centre, produit dans le reste du globe une sorte de rotation qui doit se combiner avec la rotation autour de ce même axe, & d'où il résulte une seule & unique rotation qui se fait à chaque instant autour d'un axe mobile & variable, & qui elle-même n'est pas uniforme.

X X I.

Avant que de finir ce Mémoire, je ferai quelques observations sur la solution du Problême de la précession des Equinoxes, dans l'hypothèse des Méridiens semblables ou dissemblables entr'eux. Nous avons trouvé dans les Mémoires de l'Académie de 1754, $d\,P = -d\,\epsilon$ fin. $\pi + k\,d\,z$, $d\,P$ exprimant le mouvement de rotation du sphéroïde, $d\,\epsilon$ le mouvement de rotation de l'axe projetté sur le plan de l'Ecliptique, π l'angle de l'axe avec l'Ecliptique, & $k\,d\,z$ une constante. Or il est aisé de voir que tandis que la projection de l'axe parcourt l'angle $d\,\epsilon$, le point de l'équateur qui se trouve dans le plan passant par l'axe, & perpendiculaire à l'Ecliptique, décrit dans le plan même de l'équateur un angle $= + d\,\epsilon$ sin. π; & cela en vertu du seul mouvement de l'axe, tel que nous l'avons supposé dans la solution de ce Problême, & dans le second Mémoire imprimé au *Tome I.* de ces Opuscules. Donc combinant ce mouvement $+ d\,\epsilon$ sin. π avec le mouvement $d\,P$, il en résulte que le point de l'équateur dont il s'agit, décrit réellement un angle $= + d\,\epsilon$ sin. $\pi - d\,\epsilon$ sin. $\pi + k\,d\,z$, c'est-à-dire, un angle constant $k\,d\,z$. D'où il s'ensuit que si au lieu de supposer mobile avec l'axe, comme nous l'avons fait, le rayon de l'équateur qui est perpendiculaire à la commune section de l'équateur & de l'Ecliptique, on suppose d'abord ce rayon immobile à cet égard pendant l'instant $d\,t$, & qu'on appelle $d\,P$ le mouvement de rotation que cet axe auroit ensuite dans le plan de l'équateur, on trouveroit alors simplement $d\,P = k\,d\,z$, ou $d\,d\,P = o$; ce qui pourroit rendre les équations plus simples, au moins à certains égards. C'est une vûe que nous proposons à ceux qui voudront dans la ſuite réſoudre par une méthode ſemblable à la nôtre, le Problême de la préceſſion des Equinoxes; & même celui qui eſt réſolu dans le ſecond Mémoire de ces Opuſcules, *Tome I.* Peut-être pourrai-je moi-même revenir ſur cette matiere dans quelqu'autre occaſion, ſi je ne ſuis là-deſſus prévenu par perſonne.

XXII.

Une autre remarque que je ne dois pas omettre, c'eſt que la ſolution du Problême de la préceſſion des Equinoxes, dans l'hypothèſe des Méridiens diſſemblables, ceſſeroit d'être éxacte, & peut-être poſſible, ſi k n'étoit pas un nombre aſſez grand par rapport à l'unité. Car, comme je l'ai remarqué, p. 418 des Mémoires de l'Académie de 1754, cette ſolution demande que l'on puiſſe négliger dans l'intégration les termes qui contiendroient ſin. kz, ou coſ. kz; & pour cela il faut que la quantité kk qui ſe trouve au dénominateur de ces termes après la double intégration, ſoit beaucoup plus grande que l'unité. Or cela arrive en effet; 1°. dans le mouvement de rotation de la Terre, où k eſt $= 366\frac{1}{4}$; 2°. dans celui de la Lune, où $k = 13\frac{1}{2}$ à-peu-près, & où $kk =$ environ 180. Mais ſi k étoit, par exemple, $= 1$, c'eſt-à-dire, ſi le tems de la rotation de la Lune autour de ſon axe étoit de $365^j\frac{1}{4}$, alors la ſolution ne pourroit plus être admiſe.

Fin du Tome ſecond.

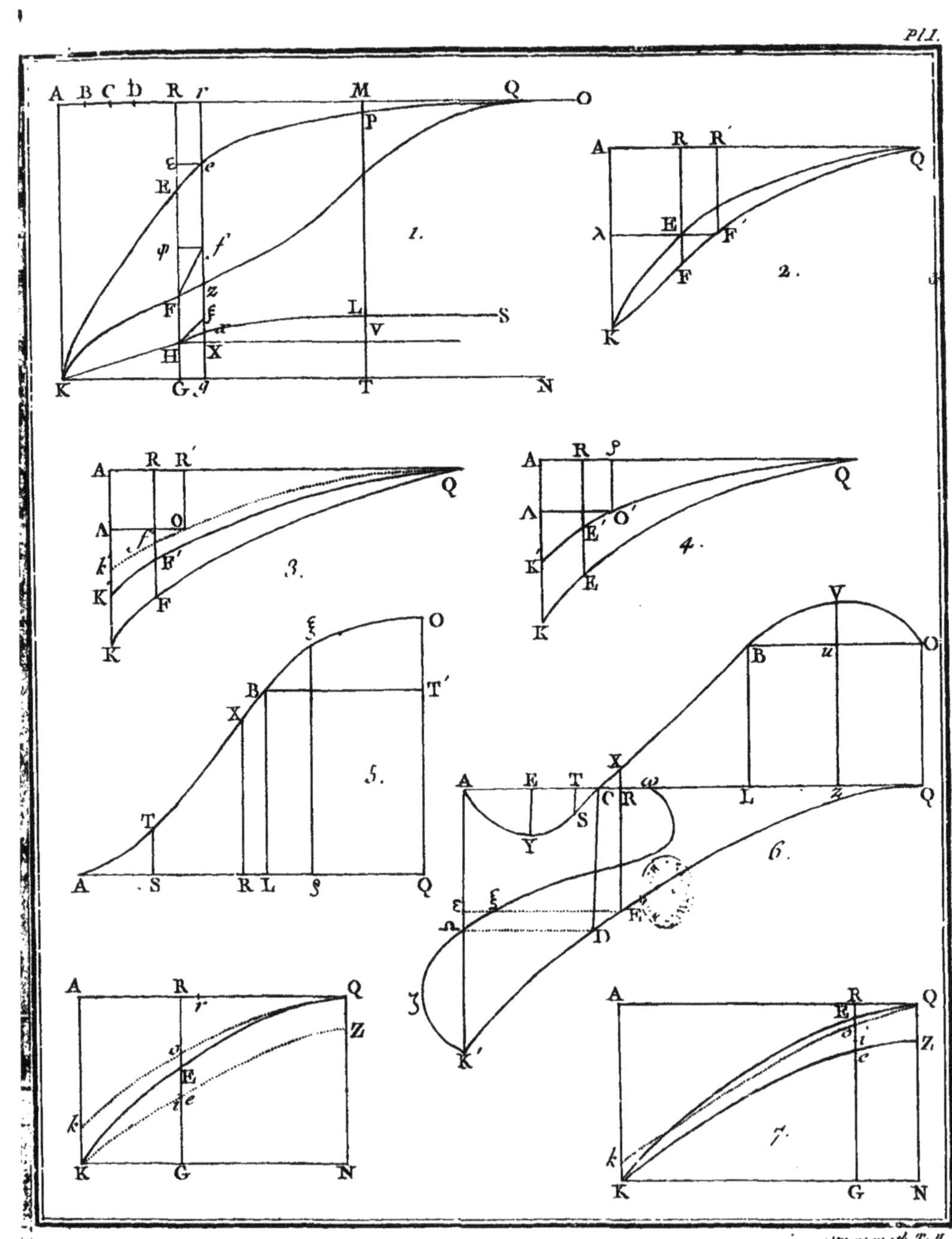
1.
2.
3.
4.
5.
6.
7.

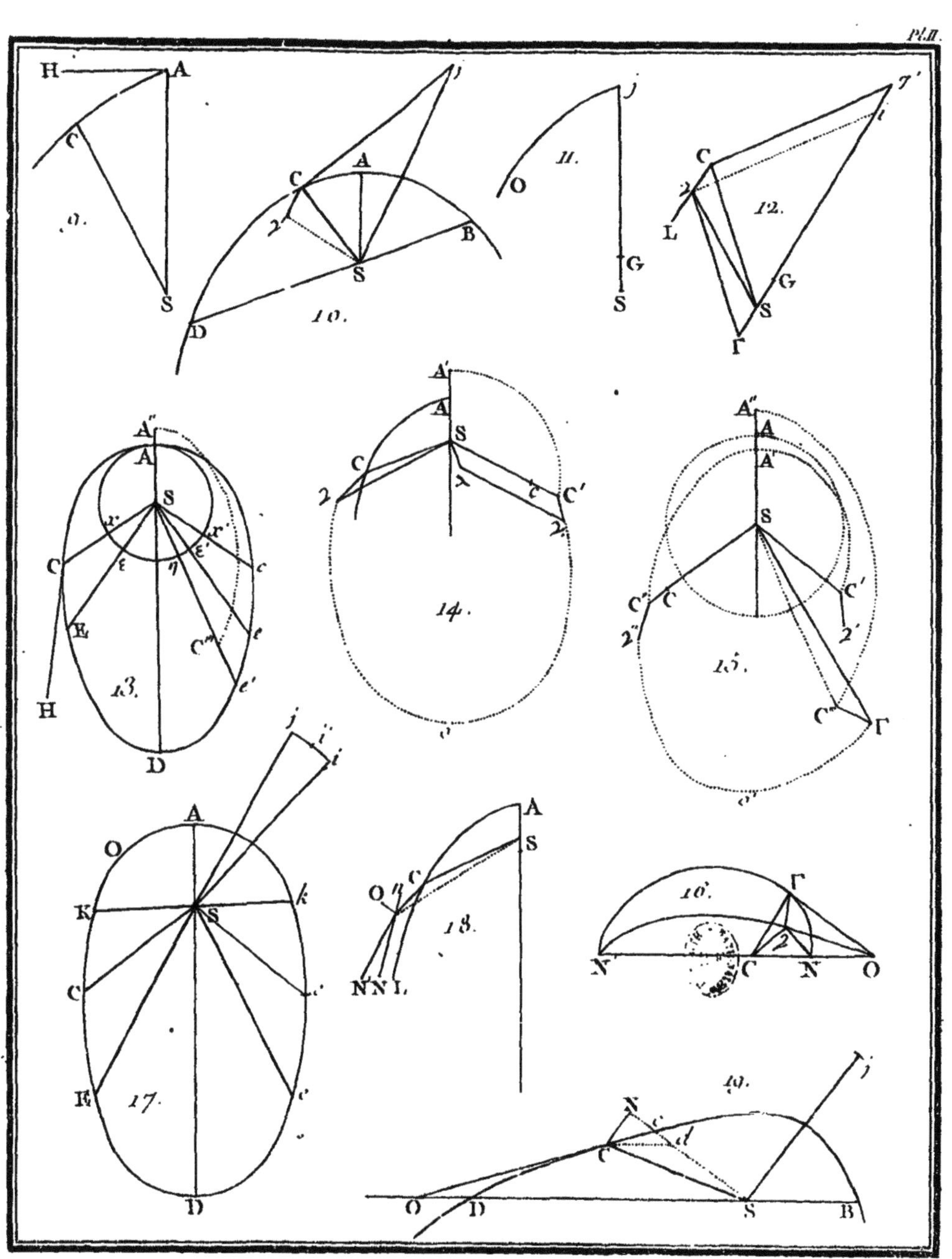

9.
10.
11.
12.
13.
14.
15.
16.
17.
18.
19.

FAUTES À CORRIGER.

Dans ce fecond Tome.

P*Age* 80, *lig.* 8, *au lieu de* plus grand, *lifez* plus petit; & *lig.* 9, *au lieu de* plus petit, *lifez* plus grand.

Page 110, *lig.* 19. *au lieu de* nous y avions, *lifez* nous avions.

Page 125, *lig.* 6, au lieu de $- Q X$, lifez $+ Q X$; & au lieu de $+ \int X \, d Q$, lifez $- \int X \, d Q$.

Page 160, *lig.* 3, *au lieu de* 4″, *lifez* 44″.

Page 166, *lig.* 8, *au lieu de* $\operatorname{cof.} \alpha' = \frac{-2000000 + \delta}{\delta - a}$, *lifez* $\operatorname{cof.} \alpha' = \frac{\theta}{2000000} - \varrho$.

Page 175, *lig.* 10, au lieu de *Y*, lifez *Y″*.

Page 246, *lig.* 15, *après* $\frac{u}{\operatorname{cof.} z}$ *mettez* une virgule.

EXTRAIT DES REGISTRES

DE L'ACADÉMIE ROYALE DES SCIENCES,

Du 17 Juin 1761.

MEssieurs LE MONNIER & BEZOUT, qui avoient été nommés pour examiner un Ouvrage de M. D'ALEMBERT, intitulé *OPUSCULES MATHÉMATIQUES*, en ayant fait leur rapport, l'Académie a jugé cet Ouvrage digne de l'impression; en foi de quoi j'ai signé le présent Certificat. A Paris le 17 Juin 1761.

GRANDJEAN DE FOUCHY,
Secrétaire perpétuel de l'Académie Royale des Sciences.

PRIVILEGE DU ROI.

LOUIS, par la grace de Dieu, Roi de France & de Navarre, à nos amés & féaux Conseillers, les Gens tenans nos Cours de Parlement, Maitres des Requêtes ordinaires de notre Hôtel, Grand'Conseil, Prévôt de Paris, Baillifs, Sénéchaux, leurs Lieutenans Civils, & autres nos Justiciers qu'il appartiendra, SALUT. Nos bien amés LES MEMBRES DE L'ACADÉMIE ROYALE DES SCIENCES de notre bonne Ville de Paris, nous ont fait exposer qu'ils auroient besoin de nos Lettres de Privilége pour l'impression de leurs Ouvrages: A CES CAUSES, voulant favorablement traiter les Exposans, nous leur avons permis & permettons par ces Présentes, de faire imprimer, par tel Imprimeur qu'ils voudront choisir, toutes les Recherches ou Observations journalieres, ou Relations annuelles de tout ce qui aura été fait dans les Assemblées de ladite Académie Royale des Sciences, les Ouvrages, Mémoires ou Traités de chacun des Particuliers qui la composent, & généralement tout ce que ladite Académie voudra faire paroitre, après avoir fait examiner lesdits Ouvrages, & jugé qu'ils sont dignes de l'impression, en tels volumes, forme, marge, caracteres, conjointement ou séparément, & autant de fois que bon leur semblera, & de les faire vendre & débiter partout notre Royaume, pendant le tems de vingt années consécutives, à compter du jour de la date des Présentes; sans toutefois qu'à l'occasion des Ouvrages ci-dessus spécifiés, il puisse en être imprimé d'autres qui ne soient pas de ladite Académie: faisons défenses à toutes sortes de personnes, de quelque qualité & condition qu'elles soient, d'en introduire d'impression étrangere dans aucun lieu de notre obéissance; comme aussi à tous Libraires & Imprimeurs d'imprimer ou faire imprimer, vendre, faire vendre & débiter lesdits Ouvrages, en tout ou en partie, & d'en faire aucunes traductions ou extraits, sous quelque prétexte que ce puisse être, sans la permission expresse & par écrit desdits Exposans, ou de ceux qui auront droit d'eux, à peine de confiscation des Exemplaires contrefaits, de trois mille livres d'amende contre chacun des contrevenans; dont un tiers à Nous, un tiers à l'Hôtel-Dieu de Paris, & l'autre tiers ausdits Exposans, ou à celui qui aura droit d'eux, & de tous dépens, dommages & intérêts; à la charge que ces Présentes seront enregistrées tout au long sur le Registre de la Communauté des Libraires & Imprimeurs de Paris, dans trois mois de la date d'icelles; que l'impression desdits Ouvrages sera faite dans notre Royaume, & non ailleurs, en bon papier & beaux caracteres, conformément aux Réglemens de la Librairie; qu'avant de les exposer en vente, les Manuscrits ou Imprimés qui auront servi de copie à l'impression desdits Ouvrages, seront remis ès mains de notre très-cher & féal Chevalier le sieur DAGUESSEAU, Chancelier de France, Commandeur de nos Ordres, & qu'il en sera ensuite remis deux Exemplaires dans notre Bibliothéque publique, un en celle de notre

Château du Louvre, & un en celle de notre-dit très-cher & féal Chevalier le Sieur DAGUESSEAU, Chancelier de France; le tout à peine de nullité desdites Présentes: du contenu desquelles vous mandons & enjoignons de faire jouir lesdits Exposans & leurs ayans cause, pleinement & paisiblement, sans souffrir qu'il leur soit fait aucun trouble ou empêchement. Voulons que la copie des Présentes, qui sera imprimée tout au long au commencement ou à la fin desdits Ouvrages, soit tenue pour dûement signifiée, & qu'aux copies collationnées par l'un de nos amés féaux Conseillers & Secrétaires, foi soit ajoutée comme à l'Original. Commandons au premier notre Huissier ou Sergent sur ce requis, de faire pour l'exécution d'icelles, tous actes requis & nécessaires, sans demander autre permission, & nonobstant Clameur de Haro, Charte Normande & Lettres à ce contraires; CAR tel est notre plaisir. DONNÉ à Paris le dix-neuviéme jour du mois de Mars, l'an de grace mil sept cens cinquante, & de notre Régne le trente-cinquiéme. Par le Roi en son Conseil. MOL.

Regiſtré sur le Regiſtre XII. de la Chambre Royale & Syndicale des Libraires & Imprimeurs de Paris, No. 430. fol. 309. conformément au Réglement de 1723, qui fait défenses, article IV, à toutes personnes, de quelque qualité qu'elles soient, autres que les Libraires & Imprimeurs, de vendre, débiter & faire afficher aucuns Livres pour vendre, soit qu'ils s'en disent les Auteurs ou autrement; à la charge de fournir à la susdite Chambre huit Exemplaires de chacun, prescrits par l'art. CVIII. du même Réglement. A Paris le 5 Juin 1750.

Signé, LE GRAS, *Syndic.*

De l'Imprimerie de J. CHARDON.

BIBLIOTHEQUE NATIONALE

SERVICE DES NOUVEAUX SUPPORTS

58, rue de Richelieu, 75084 PARIS CEDEX 02 Téléphone 266 62 62

Acheve de micrographier le 14 / 11 / 1977

Défauts constatés sur le document original

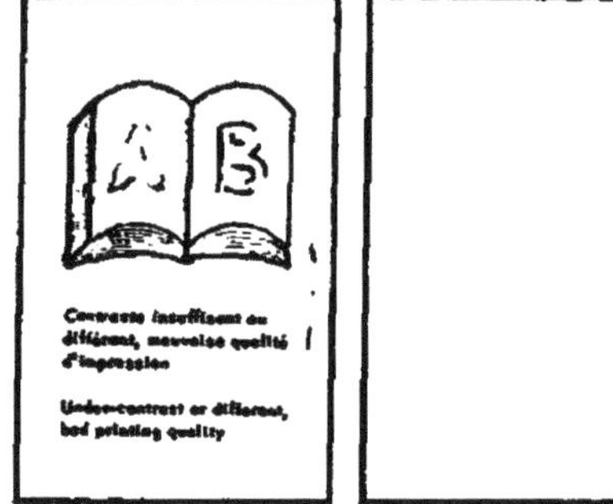

www.ingramcontent.com/pod-product-compliance
Ingram Content Group UK Ltd.
Pitfield, Milton Keynes, MK11 3LW, UK
UKHW012155240726
13966UKWH00002B/357